电脑实用技能培训系列

Photoshop CS4 图像处理

刘思哲 编

基础学习快上加快

实际应用速战速决

难点疑点一通百通

西北工業大學出版社

【内容简介】本书为电脑实用技能培训系列图书之一。全书从实用性、通俗性出发，全面介绍了中文 Photoshop CS4 的入门知识、选区的创建与编辑、调整图像的色彩、绘制与修饰图像、创建与编辑文本、图层的使用、通道与蒙版的使用、路径的使用、滤镜的使用以及综合应用实例。各章后附有小结及习题，使读者在学习时更加得心应手，做到学以致用。

本书结构合理，内容系统全面，讲解由浅入深，实例实用丰富，既可作为社会培训班实用技术的培训教材，也可作为高职院校及中职学校 Photoshop 课程的教材，同时也可供电脑爱好者自学参考。

图书在版编目（CIP）数据

Photoshop CS4 图像处理快速通/刘思哲编. —西安：西北工业大学出版社，2010.11
（电脑实用技能培训系列）
ISBN 978-7-5612-2954-5

Ⅰ. ①P…　Ⅱ. ①刘…　Ⅲ. ①图形软件，Photoshop CS4　Ⅳ. ①TP391.41

中国版本图书馆 CIP 数据核字（2010）第 230556 号

出版发行：西北工业大学出版社
通信地址：西安市友谊西路 127 号　　**邮编：**710072
电　　话：（029）88493844　88491757
网　　址：www.nwpup.com
电子邮箱：computer@nwpup.com
印 刷 者：陕西向阳印务有限公司
开　　本：787 mm×1 092 mm　1/16
印　　张：13
字　　数：344 千字
版　　次：2010 年 11 月第 1 版　　2010 年 11 月第 1 次印刷
定　　价：22.00 元

前 言

21 世纪是信息时代，是科学技术高速发展的时代，也是人类进入以“知识经济”为主导的时代。电脑已经成为连接世界各个角落的工具！学会了电脑，就等于在眼前打开了一扇窗，让人们看到外面的世界，真正做到足不出户，便知天下事。

电脑虽然是一种高科技产品，但其应用已经日渐“大众化”“简单化”，大多数人不必费心去了解电脑的原理，只要知道怎么应用就可以了。学会了使用电脑，可以说不仅是改变了一种观念，更多的是增添了一种技能。尽管最初可能只是掌握了电脑的一些基本操作，但却为今后的工作、学习和生活打下了坚实的基础。

为此，我们根据《国家教育事业发展“十一五”规划纲要》的指示精神，结合初学者的接受能力和社会的基本需求，精心策划和编写了“电脑实用技能培训系列”图书，《Photoshop CS4 图像处理快速通》就是其中之一。

本书内容

Photoshop CS4 是美国 Adobe 公司开发的图形图像绘制与处理软件，被广泛用于广告设计、婚纱摄影、网页制作、产品包装设计等领域。它以简洁的界面语言、灵活变通的处理命令、得心应手的操作工具、随意的浮动面板、强大的图像处理功能，得到了广大用户的青睐，它可以满足用户在图形图像处理领域中的各种要求，从而帮助用户设计制作出高品质的作品。

全书共分 10 章。其中前 9 章主要介绍 Photoshop CS4 的基础知识和基本操作，使读者初步掌握图像处理的相关知识。第 10 章列举了几个有代表性的综合实例，通过理论联系实际，希望读者能够举一反三、学以致用，进一步巩固前面所学的知识。

本书特点

（1）选取市场上应用最普遍的中文版本，突出“易操作、好掌握”的特点。

（2）结构合理，内容系统全面，语言通俗易懂，讲解由浅入深，图文并茂，详略得当，为初学者量身定制。

（3）从实用性、通俗性出发，将知识点融入每个实例中，做到以应用为目的。

（4）书中贯穿有“注意”“提示”“技巧”小模块，且各章后附有习题，以供读者快速掌握，学以致用。

读者定位

（1）需要接受计算机职业技能培训的读者。

（2）全国各高职及中职院校相关专业的师生。

（3）计算机初、中级用户。

由于水平有限，错误和疏漏之处在所难免，希望广大读者批评指正。

编　者

目　录

第 1 章　Photoshop CS4 入门知识

Photoshop CS4 是 Adobe 公司推出的一款功能强大的图形图像处理软件。它以强大的图形图像处理功能，成为平面设计爱好者及专业设计师必不可少的工具之一。

本章要点

- Photoshop 概述
- Photoshop 的相关概念
- Photoshop CS4 的工作界面
- 图像处理的基本操作
- 辅助工具的使用

1.1　Photoshop 概 述

Photoshop 是美国 Adobe 公司开发的图形图像处理软件。它的出现，不仅使人们告别了对图像进行修整时的传统手工方式，而且能够通过创作者自己的意愿，制作出现实世界里无法拍摄到的图像效果。无论是对于设计师还是摄影师来说，Photoshop 都提供了无限的创作空间，为图像处理开辟了一个极富弹性且易于控制的世界。对于普通用户来说，Photoshop 同样也提供了一个前所未有的自我表现的舞台。用户可以尽情发挥想像力，充分展现自己的艺术才能，制作出令人赞叹的平面作品。

Photoshop CS4 在 Photoshop CS3 的基础上有了诸多改进，包括对文件浏览器、色彩管理、消失点特性、图层面板的改进等，并增加了 3D 等功能，从而使 Photoshop 的功能又获得进一步的增强，这也是 Adobe 公司历史上最大规模的一次产品升级。

1.1.1　Photoshop 的功能

Photoshop 的功能十分强大。它可以支持多种图像格式，也可以对图像进行修复、调整以及绘制。综合使用 Photoshop 的各种图像处理技术，如各种工具、图层、通道、蒙版与滤镜等，可以制作出各种特殊的图像效果。

1．选取功能

Photoshop 可以在图像内对某区域进行选择，并对所选区域进行移动、复制、删除、改变大小等操作。选择区域时，利用矩形选框工具或椭圆形选框工具可以实现规则区域的选取；利用套索工具可以实现不规则区域的选取；利用魔棒工具或色彩范围命令则可以对相似或相同颜色的区域进行选取，并结合“Shift”键或“Alt”键，增加或减少某区域的选取。

2．图案生成器

图案生成器滤镜可以通过选取简单的图像区域来创建现实或抽象的图案。由于采用了随机模拟和复杂分析技术，因此可以得到无重复并且无缝拼接的图案，也可以调整图案的尺寸、拼接平滑度、偏

移位置等。

3．丰富的图像格式

作为强大的图像处理软件，Photoshop 支持大量的图像格式与颜色模式的文件。这些图像格式包括 PSD，EPS，TIFF，JPEG，BMP，PCX 和 PDF 等 20 多种，利用 Photoshop 可以将某种图像格式另存为其他图像格式。

4．修饰图像功能

利用 Photoshop 提供的加深工具、减淡工具与海绵工具可以有选择地调整图像的颜色饱和度或曝光度；利用锐化工具、模糊工具与涂抹工具可以使图像产生特殊的效果；利用图章工具可以将图像中某区域的内容复制到其他位置；修复画笔工具可以轻松地消除图像中的划痕或蒙尘区域，并保留其纹理、阴影等效果。

5．多种颜色模式

Photoshop 支持多种图像的颜色模式，包括位图模式、灰度模式、双色调、RGB 模式、CMYK 模式、索引颜色模式、Lab 模式、多通道模式等，同时还可以灵活地进行各种模式之间的转换。

6．色调与色彩功能

在 Photoshop 中，利用色调与色彩功能可以很容易地调整图像的明亮度、饱和度、对比度和色相。

7．旋转与变形

利用 Photoshop 中的旋转与变形功能可以对选择区域中的图像、图层中的图像或路径对象进行旋转与翻转，也可对其进行缩放、倾斜、自由变形与拉伸等操作。

8．图层、通道与蒙版

利用 Photoshop 提供的图层、通道与蒙版功能可以使图像的处理更为方便。通过对图层进行编辑，如合并、复制、移动、合成和翻转，可以产生出许多特殊效果。利用通道可以更加方便地调整图像的颜色。而使用蒙版，则可以精确地创建选择区域，并进行存储或载入选区等操作。

9．滤镜功能

利用 Photoshop 提供的多种不同类型的内置滤镜，可以对图像制作各种特殊的效果，例如，打开一幅图像，为其应用水彩画笔滤镜。

1.1.2 Photoshop CS4 的新增功能

Photoshop CS4 使用全新、顺畅的缩放和遥摄可以定位到图像的任何区域，借助全新的像素网格保持实现缩放到个别像素时的清晰度，并以最高的放大率实现轻松编辑，通过创新的旋转视图工具随意转动画布，按任意角度实现无扭曲查看。

1．调整面板

通过轻松使用所需的各个工具简化图像调整，实现无损调整并增强图像的颜色和色调，新的实时和动态调整面板中还包括图像控件和各种预设。

2．图像自动混合

将曝光度、颜色和焦点各不相同的图像（可选择保留色调和颜色）合并为一个经过颜色校正的图像。

3．蒙版面板

从新的蒙版面板快速创建和编辑蒙版。该面板提供给用户需要的所有工具，它们可用于创建基于像素和矢量的可编辑蒙版、调整蒙版密度和轻松羽化、选择非相邻对象等。

4．改进的 Adobe Photoshop Lightroom 工作流程

在 Adobe Photoshop Lightroom 软件（单独出售）中选择多张照片， 并在 Adobe Photoshop CS4 中自动打开它们，将它们合并到一个全景、高动态光照渲染（HDR）照片或多层 Photoshop 文档，并无缝往返回到 Lightroom。

5．内容感知型缩放

创新的全新内容感知型缩放功能可以在用户调整图像大小时自动重排图像，在图像调整为新的尺寸时智能保留重要区域。一步到位制作出完美图像，无需高强度裁剪与润饰。

6．更好的原始图像处理

使用行业领先的 Adobe Photoshop Camera Raw 5 插件，在处理原始图像时实现出色的转换质量。该插件现在提供本地化的校正、裁剪后晕影、TIFF 和 JPEG 处理，以及对 190 多种相机型号的支持。

7．更远的景深

使用增强的自动混合层命令，可以根据焦点不同的一系列照片轻松创建一个图像，该命令可以顺畅混合颜色和底纹，现在又延伸了景深，可自动校正晕影和镜头扭曲。

8．业界领先的颜色校正

体验大幅增强的颜色校正功能以及经过重新设计的减淡、加深和海绵工具，现在可以智能保留颜色和色调详细信息。

9．层自动对齐

使用增强的自动对齐层命令创建出精确的合成内容。移动、旋转或变形层，从而更精确地对齐它们。也可以使用球体对齐创建出令人惊叹的全景。

10．3D 描绘

借助全新的光线描摹渲染引擎，可直接在 3D 模型上绘图、用 2D 图像绕排 3D 形状、将渐变图转换为 3D 对象、为层和文本添加深度、实现打印质量的输出并导出为支持的常见 3D 格式。

11．使用 Adobe Bridge CS4 有效管理文件

以更快的启动速度快速访问 Adobe Bridge CS4，使用新工作区转到每个任务的正确屏幕，轻松创建 Web 画廊和 PDF 联系表等。

12．更强大的打印选项

借助出众的色彩管理与先进打印机型号的紧密集成，以及预览溢色图像区域的能力实现卓越的打

印效果。Mac OS 上的 16 位打印支持提高了颜色深度和清晰度。

13. photoshop CS4 将支持 GPU 加速

有了 GPU 加速支持，用 Photoshop CS4 打开一个 2 GB、4.42 亿像素的图像文件将非常简单，就像在 Intel Skulltrail 八核心系统上打开一个 500 万像素文件一样迅速，而对图片进行缩放、旋转也不会存在任何延迟；另外还有一个 3D 加速 Photoshop 全景图演示，这项当今最耗时的工作再也不会让人头疼了。

1.2 Photoshop 的相关概念

在学习 Photoshop 之前有必要了解一些图像处理的有关概念。本节主要介绍在 Photoshop 中处理图像时的一些基本概念。

1.2.1 位图与矢量图

在图像处理软件中，图像的色彩可以千变万化，尤其是在 Photoshop CS4 中，更可以将图像的色彩淋漓尽致地表达出来。图像中所有颜色的构成，都可以通过在前景色、背景色色块中选择相应的色彩来进行调节。

1. 位图图像

位图图像又称为点阵图像或栅格图像，即由成千上万个点组成的图像，这些组成图像的点被称为像素点。每个像素点都有一个固定的位置和特定的色彩值，而每个像素点又是相互关联的。也就是说，如果把一幅位图图像由 100%放大到 300%，图像就会失真，由此可见，位图图像与分辨率有关，如图 1.2.1 所示。

图 1.2.1 位图图像局部放大后效果对比

2. 矢量图形

矢量图形又称为向量图形，它是根据图形轮廓的几何特性来描绘图形的。绘制出图形的轮廓后，图形就具有了形状、颜色等属性，并被放置在特定的位置。每个轮廓被称为对象，而每个对象又是一个独立的个体。因此，即使对某个对象进行缩放，也不会影响图形中的其他部分，即不会出现失真现象，由此可见，矢量图形与分辨率无关，如图 1.2.2 所示。

图 1.2.2　矢量图形局部放大后效果对比

1.2.2　像素与分辨率

像素和分辨率是 Photoshop 中最常用的两个概念，图像文件的大小和质量都由它们来决定。

1．像素

像素是组成图像的最小单位，它是小方形的颜色块。图像通常由许多像素组成，这些像素被排成横行或纵列，每个像素都是方形的，而且每一个方形只显示一种颜色。

2．分辨率

分辨率是指在单位长度内含有像素的多少。其单位是“像素/英寸”，也就是每英寸所包含的像素数，是用来描述图像文件信息的术语。图像分辨率与图像大小之间有着非常密切的关系，分辨率越高，所包含的像素越多，图像的信息量越大，因而文件也就越大。分辨率有很多种，如屏幕分辨率、扫描分辨率、打印分辨率等。

1.2.3　色彩模式

在计算机中，色彩模式可以通过不同的组合方式来表达。下面介绍一些常用的色彩模式。

1．灰度色彩模式

灰度色彩模式可以用 256 级的灰度来表示图像，与位图色彩模式相比，灰度色彩模式表现出来的图像层次效果更好。

在该模式中，图像中所有像素的亮度值变化范围都为 0～255。其灰度值也可以用图像中黑色油墨所占的百分比来表示（0 表示白色，100%表示黑色）。

2．索引色彩模式

索引色彩模式通常用于网页中图像或动画的色彩模式，该模式最多使用 256 种色彩来表示图像。

3．RGB 色彩模式

RGB 也称为光谱三原色，由红色（R）、绿色（G）、蓝色（B）3 种色彩组成。该模式又被称为加色模式，可以通过红、绿、蓝 3 种色彩的混合，生成所需要的各种颜色。

RGB 色彩模式使用 RGB 模型，它为图像中的每一个 RGB 分量分配一个 0～255 范围内的强度值。例如，纯蓝色的 R，G 值为 0，B 值为 255；黑色的 R，G，B 值都为 0；白色的 R，G，B 值都为 255；

中性灰色的 3 个值相等（除了 0 和 255）。

4．CMYK 色彩模式

CMYK 色彩模式也称为减色模式，这种模式是印刷中常用的色彩模式。它是由青（C）、洋红（M）、黄（Y）、黑（K）4 种色彩按照不同的比例合成的。在该模式中，每一种颜色都被分配一个百分比值，百分比值越低，颜色越浅，百分比值越高，颜色就越深。

在 CMYK 模式中，当 CMYK 百分比值都为 0 时，会产生纯白色，而给任何一种颜色添加黑色，图像的色彩都会变暗。

5．BMP 黑白位图模式

黑白位图模式只用黑、白两种颜色来表示图像，这种色彩模式是最简单的。由于位图模式中只有黑白两种颜色，在进行图像模式的转换时，会损失大量的细节，因此它一般只用于文字的描述。

6．Lab 色彩模式

Lab 色彩模式是由 CIE 协会在 1976 年制定的衡量颜色的标准。Lab 颜色与机器设备无关，使用任何设备创建或输出图像，都能保持颜色的一致。

Lab 色彩模式是由亮度分量 L 和两个颜色分量 a，b 组合而成的。L 表示色彩的亮度值，它的取值范围为 0～100；a 表示由绿到红的颜色变化范围，b 表示由蓝到黄的颜色变化范围，它们的取值范围为－120～120。

Lab 色彩模式能表示的色彩范围最广，几乎能表示所有 RGB 和 CMYK 模式的颜色。

1.2.4　图像格式

根据记录图像信息的方式（位图或矢量）和压缩图像数据的方式的不同，图像文件可以分为多种格式，每种格式的文件都有相应的扩展名。Photoshop 可以处理大多数格式的图像文件，但是不同格式的文件可以使用的功能不同。常见的图像文件格式有以下几种：

1．PSD 格式

Photoshop 软件默认的图像文件格式是 PSD 格式，它可以保存图像数据的每一个细小部分，如层、蒙版、通道等。尽管 Photoshop 在计算过程中应用了压缩技术，但是使用 PSD 格式存储的图像文件仍然很大。不过，因为 PSD 格式不会造成任何的数据损失，所以在编辑过程中，最好还是选择将图像存储为该文件格式，以便于修改。

2．JPEG 格式

JPEG 格式是一种图像文件压缩率很高的有损压缩文件格式。它的文件比较小，但用这种格式存储时会以失真最小的方式丢掉一些数据，而存储后的图像效果也没有原图像的效果好，因此印刷品很少用这种格式。

3．GIF 格式

GIF 格式是各种图形图像软件都能够处理的一种经过压缩的图像文件格式。正因为它是一种压缩的文件格式，所以在网络上传输时，比其他格式的图像文件快很多。但此格式最多只能支持 256 种色彩，因此不能存储真彩色的图像文件。

4．TIFF 格式

TIFF 格式是由 Aldus 为 Macintosh 开发的一种文件格式。目前，它是 Macintosh 和 PC 机上使用最广泛的位图文件格式。在 Photoshop 中 TIFF 格式能够支持 24 位通道，它是除 Photoshop 自身格式（即 PSD 与 PDD）外唯一能够存储多于 4 个通道的图像格式。

5．BMP 格式

BMP 格式是 Windows 中的标准图像文件格式，将图像进行压缩后不会丢失数据。但是，用此种压缩方式压缩文件，将需要很多的时间，而且一些兼容性不好的应用程序可能会打不开 BMP 格式的文件。此格式支持 RGB、索引颜色、灰度与位图颜色模式，而不支持 CMYK 模式的图像。

6．PDF 格式

PDF 以 PostScript Level 2 语言为基础，可以覆盖矢量式图像和点阵式图像，并且支持超链接。它是由 Adobe Acrobat 软件生成的文件格式，该格式文件可以存储多页信息，其中包含图形和文件的查找和导航功能，因此是网络下载经常使用的文件格式。

7．EPS 格式

EPS 格式可以同时包含矢量图形和位图图形，并且支持 Lab、CMYK、RGB、索引、双色调、灰度和位图色彩模式，但不支持 Alpha 通道。

1.3　Photoshop CS4 工作界面

运行 Photoshop CS4 后，屏幕上将显示如图 1.3.1 所示的窗口，该窗口中包括标题栏、菜单栏、工具箱、属性栏、面板以及图像窗口等部件，下面进行详细介绍。

图 1.3.1　Photoshop CS4 工作界面

1.3.1 标题栏

标题栏中显示当前应用程序的名称。当图像窗口最大化显示时，则会显示图像文件名、颜色模式、显示比例和新增功能等信息。标题栏最右侧为最小化、最大化和关闭操作的快捷按钮，分别用于最小化、最大化/还原和关闭应用程序窗口。

1.3.2 菜单栏

菜单栏中有 11 个菜单，每个菜单都包含着一组操作命令，用于执行 Photoshop CS4 的图像处理操作。如果菜单中的命令显示为黑色，则表示此命令目前可用；如果显示为灰色，则表示此命令目前不可用。

菜单栏中包括 Photoshop CS4 的大部分命令操作，大部分功能可以在菜单的使用中得以实现。一般情况下，一个菜单中的命令是固定不变的，但是，有些菜单可以根据当前环境的变化适当添加或减少某些命令。

1.3.3 属性栏

在工具箱中选择了某个工具后，使用前可以对该工具的属性进行设置。例如选择了画笔工具后，其属性栏显示如图 1.3.2 所示，用户可以在其中设置画笔的样式。每一个工具属性栏中的选项都是不定的，它会随用户所选工具的不同而变化。

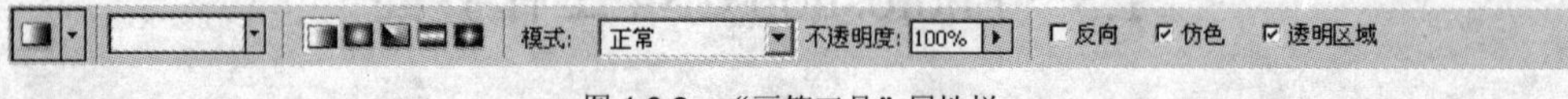

图 1.3.2 “画笔工具”属性栏

注意： 虽然属性栏中的选项是不定的，但其中的某些选项（如模式与不透明度等）对于许多工具都是通用的。

1.3.4 工具箱

在默认情况下，工具箱位于 Photoshop CS4 窗口的左侧，其中包括常用的各种工具按钮，使用这些工具按钮可以进行选择、绘画、编辑、移动等各种操作。

如果要对工具箱进行显示、隐藏、移动等操作，其具体的操作方法如下：

（1）选择菜单栏中的 窗口(W) → 工具 命令，可显示或隐藏工具箱，显示状态下，此命令前有一个“√”符号。

（2）将鼠标移至工具箱的标题栏上（即顶端的蓝色部分），按住鼠标左键拖动可在窗口中移动工具箱。

如果要使用一般的工具按钮，可按以下任意一种方法来操作：

（1）单击所需的按钮，例如单击工具箱中的“移动工具”按钮，即可移动当前图层中的图像。

（2）在键盘上按工具按钮对应的快捷键，可以对图像进行相应的操作，例如按“V”键即可切换为移动工具来选择图像。

在工具箱中有许多工具按钮的右下角都有一个小三角形，这个小三角表示这是一个按钮组，其中包含多个相似的工具按钮。如果用户要使用按钮组中的其他按钮，则可按以下几种操作方法来

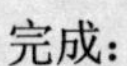

完成：

（1）将鼠标光标移至按钮上，按住鼠标左键不放即可出现工具列表，并在列表中选择需要的工具。

（2）用鼠标右键单击按钮，系统会弹出工具列表，可在列表中选择需要的工具。

（3）按住“Shift”键不放，然后按按钮对应的快捷键，可在工具列表中的各个工具间切换。

例如，用鼠标右键单击工具箱中的“矩形工具”按钮，可显示该工具列表；在列表中单击椭圆工具即可使用该工具；在工具箱中原来显示的按钮会自动切换为按钮，如图 1.3.3 所示。

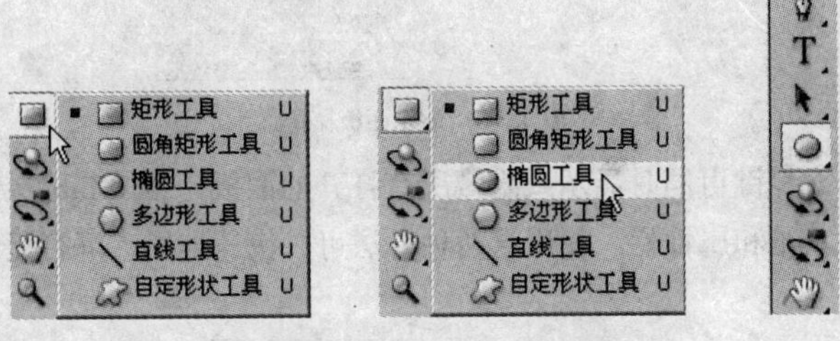

图 1.3.3　选择工具箱中的工具

1.3.5　面板

面板是在 Photoshop 中经常使用的工具，一般用于修改显示图像的信息。Photoshop CS4 包括图层、通道、路径、字符、段落、信息、导航器、颜色、色板、样式、历史记录、动作、画笔等多种面板。

在系统默认的情况下，这些面板以图标的形式显示在一起，如图 1.3.4（a）所示。单击相应的图标可打开相应的面板，如图 1.3.4（b）所示。

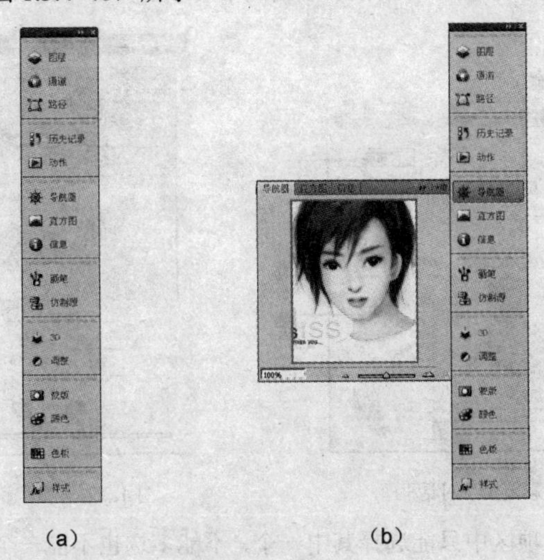

图 1.3.4　面板

在 Photoshop CS4 中也可将某个面板显示或隐藏，要显示某个面板，选择窗口(W)菜单中的面板名称，即可显示该面板；要隐藏某个面板窗口，单击面板窗口右上角的按钮即可。

单击面板右上角的三角形按钮，可显示面板菜单，如图 1.3.5 所示，从中选择相应的命令可编辑图像。

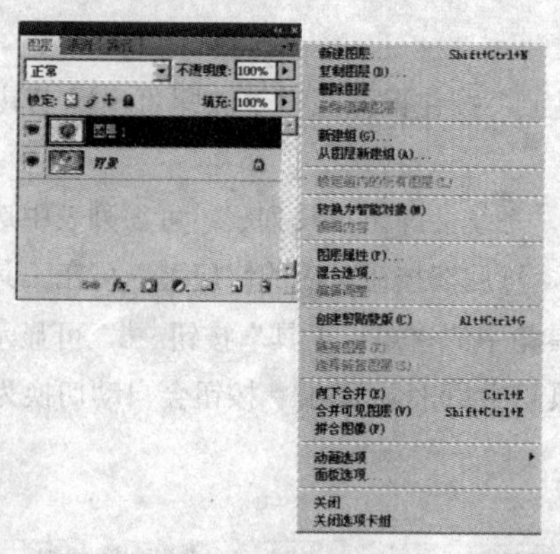

图 1.3.5 显示面板菜单

此外，按“Shift+Tab”键可同时显示或隐藏所有打开的面板，按“Tab”键可以同时显示或隐藏所有打开的面板以及工具箱和属性栏。使用这两种方法可以快速地增大屏幕显示空间。

1.3.6 对话框

Photoshop CS4 中的许多功能都需要通过对话框来操作，如色调和颜色调整与滤镜等许多操作都是在对话框中进行的。不同的命令打开的对话框是不一样的，因此，不同的对话框就会有不同的功能设置。只有将对话框的选项进行重新设置后，该命令功能才能起作用。虽然各个对话框功能设置不一样，但是组成对话框的各个部分却基本相似。

例如，选择菜单栏中的 文件(F) → 色彩范围(C)... 命令，可弹出“色彩范围”对话框，如图 1.3.6 所示；选择菜单栏中的 滤镜(T) → 模糊 → 动感模糊... 命令，可弹出“动感模糊”对话框，如图 1.3.7 所示。从这两个对话框中可以看出，对话框一般由图中所示的几部分组成。

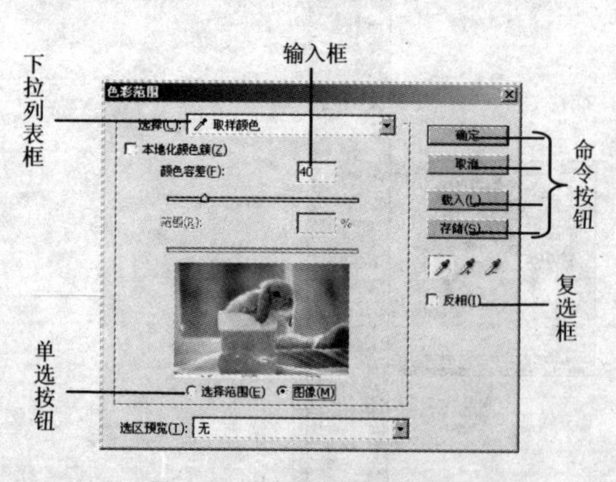

图 1.3.6 “色彩范围”对话框

图 1.3.7 “动感模糊”对话框

单选按钮：在同一个选项区中只能选择其中一个，不能多选也不能一个不选，当单选按钮中出现小圆点时表示选中。

复选框：在同一选项区中可以同时选中多个，也可以一个不选。当复选框中出现“√”号时，表示复选框被选中；反之表示没选中，就不会起作用。

输入框：用于输入文字或一个指定范围的数值。

滑杆：用于调整参数的设置值，滑杆经常会带有一个输入框，配合滑杆使用。当使用鼠标拖动滑杆上的小三角滑块时，其对应的输入框中会显示出数值，也可以直接在输入框中输入数值进行精确的

设置。

下拉列表框：单击下拉列表框可弹出一个下拉列表，从中可以选择需要的选项设置。

预览框：用于显示改变对话框设置后的效果。

命令按钮：几乎在所有的对话框中都可以看到 确定 与 取消 这两个按钮。这两个按钮在对话框中起着决定性的作用，单击 确定 按钮，表示确认对话框中的更改并关闭对话框，而单击 取消 按钮，则表示关闭对话框而不保存更改设置。

1.3.7 图像窗口

图像窗口是显示图像的区域，也是编辑或处理图像的区域。在图像窗口中可以实现 Photoshop CS4 中的所有功能，也可以对图像窗口进行多种操作，如改变窗口的位置和大小。

1.4 图像处理的基本操作

掌握中文 Photoshop CS4 的基本操作，对于熟练使用 Photoshop 进行平面作品创作很有必要，这些基本操作包括文件的基本操作、标尺、参考线与网格的使用、图像的显示和调整以及如何调整画布等内容。

1.4.1 文件的基本操作

在 Photoshop CS4 中，支持多种图像文件格式的操作，也可以实现不同图像文件格式之间的相互转换。Photoshop 中文件的基本操作主要包括新建、打开、保存以及关闭图像等。

1. 新建图像文件

新建图像文件就是创建一个新的空白的工作区域。具体的操作方法如下：

（1）选择菜单栏中的 文件(F) → 新建(N)... 命令，或按“Ctrl+N”键，可弹出 新建 对话框，如图 1.4.1 所示。

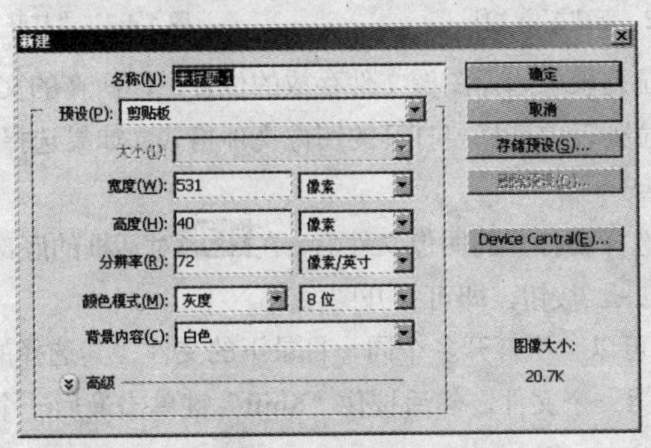

图 1.4.1 “新建”对话框

（2）在 新建 对话框中可对以下各项参数进行设置：

1）名称(N)：用于输入新文件的名称。Photoshop 默认的新建文件名为“未标题-1”，如连续新建多个，则文件按顺序默认为“未标题-2”、“未标题-3”，依此类推。

2）宽度(W): 与 高度(H)：用于设置图像的宽度与高度，在其输入框中输入具体数值。但在设置前需要确定文件尺寸的单位，在其后面的下拉列表中选择需要的单位，有像素、英寸、厘米、毫米、点、派卡与列。

3）分辨率(R)：用于设置图像的分辨率，并可在其后面的下拉列表中选择分辨率的单位，分别是像素/英寸与像素/厘米，通常使用的单位为像素/英寸。

4）颜色模式(M)：用于设置图像的色彩模式，并可在其右侧的下拉列表中选择色彩模式的位数，有1位、8位与16位。

5）背景内容(C)：该下拉列表框用于设置新图像的背景层颜色，其中有3种方式可供选择，即白色、背景色与透明。如果选择背景色选项，则背景层的颜色与工具箱中的背景色颜色框中的颜色相同。

6）预设(P)：在此下拉列表中可以对选择的图像尺寸、分辨率等进行设置。

（3）设置好参数后，单击确定按钮，就可以新建一个空白图像文件，如图1.4.2所示。

2．打开图像文件

当需要对已有的图像进行编辑与修改时，必须先打开它。在Photoshop CS4中打开图像文件的具体操作方法如下：

（1）选择菜单栏中的文件(F)→打开(O)...命令，或按“Ctrl+O”键，可弹出打开对话框，如图1.4.3所示。

图1.4.2　新建图像文件

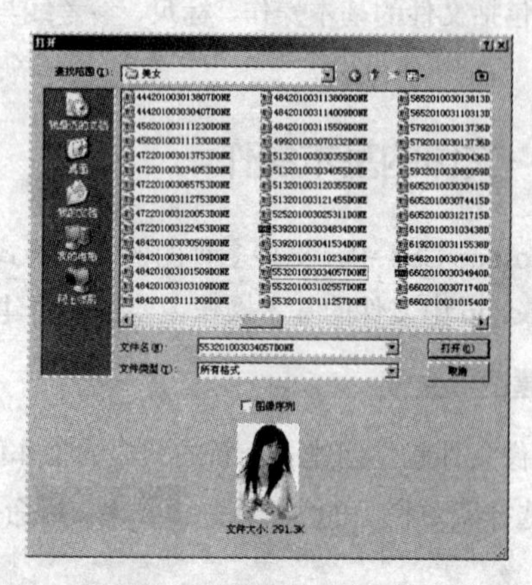

图1.4.3　“打开”对话框

（2）在查找范围(I)下拉列表中选择图像文件存放的位置，即所在的文件夹。

（3）在文件类型(T)下拉列表中选择要打开的图像文件格式，如果选择所有格式选项，则全部文件的格式都会显示在对话框中。

（4）在文件夹列表中选择要打开的图像文件后，在打开对话框的底部可以预览图像缩略图和文件的字节数，然后单击打开(O)按钮，即可打开图像。

在Photoshop CS4中也可以一次打开多个同一目录下的文件，其选择的方法主要有两种：

（1）单击需要打开的第一个文件，然后按住“Shift”键单击最后一个文件，可以同时选中这两个文件之间多个连续的文件。

（2）按住“Ctrl”键，依次单击要选择的文件，可选择多个不连续的文件。

在Photoshop CS4中还有其他较特殊的打开文件的方法：

（1）选择文件(F)菜单中的最近打开文件(T)命令，可在弹出的子菜单中选择最近打开过的图像文件。Photoshop CS4会自动将最近打开过的若干文件名保存在最近打开文件(T)子菜单中，默认最多包含10个最近打开过的文件名。

（2）选择菜单栏中的 文件(F) → 打开为(A)... 命令，或按“Alt+Shift+Ctrl+O”键，可打开特定类型的文件。例如，若要打开 PSD 格式的图像，则必须选择此格式的图像，如果选择其他格式，则打开 PSD 文件的同时会弹出如图 1.4.4 所示的错误提示框。

图 1.4.4　提示框

（3）选择菜单栏中的 文件(F) → 在 Bridge 中浏览(B)... 命令，或按“Ctrl+Shift+O”键，打开文件浏览器窗口，可直接在图像的缩略图上双击鼠标左键，即可打开图像文件，也可用鼠标直接将图像的缩略图拖曳到 Photoshop CS4 的工作界面中即可打开图像文件。

3．保存图像

图像文件操作完成后，都要将其保存起来，以免发生各种意外情况导致操作被迫中断。保存文件的方法有多种，包括存储、存储为以及存储为 Web 所用格式等，这几种存储文件的方式各不相同。

要保存新的图像文件，可选择菜单栏中的 文件(F) → 存储(S) 命令，或按“Ctrl+S”键，将弹出 存储为 对话框，如图 1.4.5 所示。

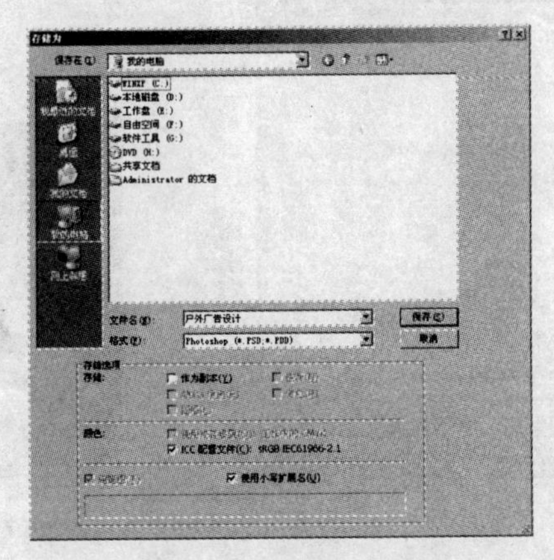

图 1.4.5　“存储为”对话框

在 保存在(I): 下拉列表中可选择保存图像文件的路径，可以将文件保存在硬盘、U 盘或网络驱动器上。

在 文件名(N): 下拉列表框中可输入需要保存的文件名称。

在 格式(F): 下拉列表中可以选择图像文件保存的格式。Photoshop CS4 默认的保存格式为 PSD 或 PDD，此格式可以保留图层，若以其他格式保存，则在保存时 Photoshop CS4 会自动合并图层。

设置好各项参数后，单击 保存(S) 按钮，即可按照所设置的路径及格式保存新的图像文件。

图像保存后又继续对图像文件进行各种编辑，选择菜单栏中的 文件(F) → 存储(S) 命令，或按“Ctrl+S”键，将直接保留最终确认的结果，并覆盖原始图像文件。

图像保存后，在继续对图像文件进行各种修改与编辑后，若想重新存储为一个新的文件并想保留原图像，可选择菜单栏中的 文件(F) → 存储为(A)... 命令，或按“Shift+Ctrl+S”键，弹出 存储为 对话框，在其中设置各项参数，然后单击 保存(S) 按钮，即可完成图像文件的“另存为”操作。

4．关闭图像文件

保存图像后，就可以将其关闭，完成操作。关闭图像的方法有以下几种：

（1）选择菜单栏中的 文件(F) → 关闭(C) 命令。

（2）在图像窗口右上角单击“关闭”按钮 ×。

（3）双击图像窗口标题栏左侧的控制窗口图标 Ps。

（4）按“Ctrl+W”键或按“Ctrl+F4”键。

如果打开了多个图像窗口，并想将它们全部关闭，可选择菜单栏中的 文件(F) → 关闭全部 命令或按“Alt+Ctrl+W”键。

5．置入图像

Photoshop CS4 是一种位图图像处理软件，但它也具备处理矢量图的功能，因此，就可以将矢量图（如后缀为 EPS，AI 或 PDF 的文件）插入到 Photoshop 中使用。

新建或打开一个需要向其中插入图形的图像文件，然后选择菜单栏中的 文件(F) → 置入(L)... 命令，弹出 置入 对话框，如图 1.4.6 所示。

从该对话框中选择要插入的文件（如文件格式为 AI 的图形文件），单击 置入(P) 按钮，可将所选的图形文件置入到新建的图像中，如图 1.4.7 所示。

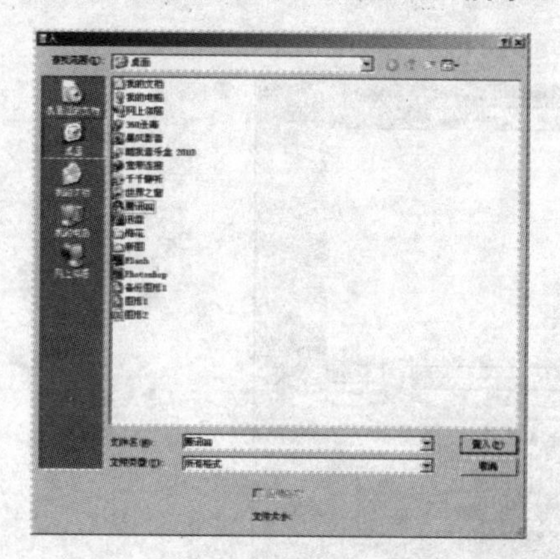

图 1.4.6 “置入”对话框

图 1.4.7 置入 AI 文件

此时的 AI 图形被一个控制框包围，可以通过拖拉控制框调整图像的位置、大小和方向。设置完成后，按回车键确认插入 AI 图像，如图 1.4.8 所示，如果按“Esc”键则会放弃插入图像的操作。

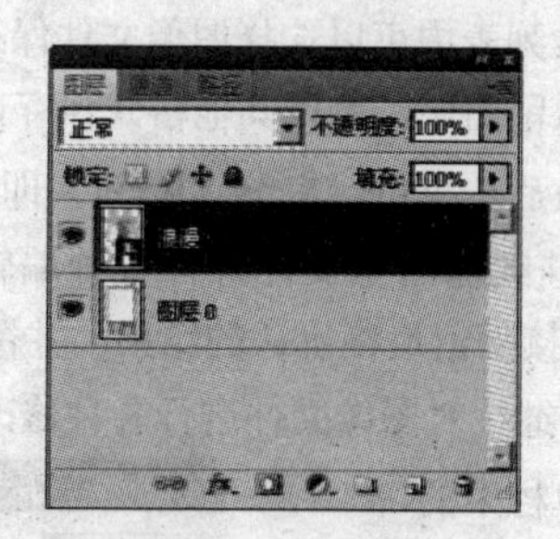

图 1.4.8 置入图形后的效果

1.4.2　缩放图像

有时为处理图像的某一个细节，需要将这一区域放大显示，以使处理操作更加方便；有时为查看图像的整体效果，则需要将图像缩小显示。可以通过以下操作实现图像的缩放。

1．使用菜单命令

在视图(V)菜单中有 5 个用于控制图像显示比例的命令，如图 1.4.9 所示。

放大(I)	Ctrl++
缩小(O)	Ctrl+-
按屏幕大小缩放(F)	Ctrl+0
实际像素(A)	Ctrl+1
打印尺寸(Z)	

图 1.4.9　快捷菜单

放大(I)：使用此命令可将图像放大。

缩小(O)：使用此命令可将图像缩小。

按屏幕大小缩放(F)：使用此命令可将图像显示于整个画布上。

实际像素(A)：使用此命令可按 100%比例显示。

打印尺寸(Z)：使用此命令，可按打印尺寸显示。

2．使用缩放工具

单击工具箱中的“缩放工具”按钮，在图像窗口中拖动鼠标框选需要放大的区域，就可以将该区域放大至整个窗口。如果在按住“Alt”键的同时使用缩放工具在图像中单击，可将图像缩小，也可通过“缩放工具”属性栏中的选项缩放图像，如图 1.4.10 所示。

□调整窗口大小以满屏显示　□缩放所有窗口　实际像素　适合屏幕　填充屏幕　打印尺寸

图 1.4.10　“缩放工具”属性栏

3．使用导航器面板

使用导航器面板可以方便地控制图像的缩放显示。在此面板左下角的输入框中可输入放大与缩小的比例，然后按回车键。

也可以用鼠标拖动面板下方调节杆上的三角滑块，向左拖动则使图像显示缩小，向右拖动则使图像显示放大。导航器面板显示如图 1.4.11 所示。

导航器面板窗口中的红色方框表示图像显示的区域，拖动方框，可以发现图像显示的窗口也会随之改变，如图 1.4.12 所示。

图 1.4.11　导航器面板

图 1.4.12　拖动方框显示某区域中的图像

1.4.3 屏幕显示模式

Photoshop CS4 提供了 3 种不同的屏幕显示模式，即标准屏幕模式、带有菜单栏的全屏模式和全屏模式。为了操作的需要，可以在这 3 种模式之间进行切换。

单击工具箱中的“标准屏幕模式”按钮，可切换至标准屏幕模式的窗口显示，如图 1.4.13 所示。在该模式下，窗口可显示 Photoshop CS4 的所有组件，如菜单栏、工具箱、标题栏与属性栏等。

图 1.4.13 标准屏幕模式

单击工具箱中的“带有菜单栏的全屏模式”按钮，如图 1.4.14 所示，可切换至带有菜单栏的全屏显示模式。在此模式下，将不显示标题栏，只显示菜单栏，以使图像充满整个屏幕。

图 1.4.14 带有菜单栏的全屏模式

单击工具箱中的“全屏模式”按钮，可切换至全屏模式如图 1.4.15 所示。在此模式下，图像之外的区域以黑色显示，并会隐藏菜单栏与标题栏。在此模式下可以非常全面地查看图像效果。

图 1.4.15　全屏模式

1.5　辅助工具的使用

Photoshop 中常用的辅助工具有标尺、参考线、网格以及度量工具等，这些工具可以帮助用户准确定位图像中的位置或角度，使编辑图像更加精确、方便。

1.5.1　标尺

标尺可以准确地显示出当前光标所在的位置和图像的尺寸，还可以让用户更准确地对齐对象和选取范围。

标尺的隐藏或显示可以通过选择菜单栏中的视图(V)→标尺(R)命令进行切换。当标尺显示时，位于图像窗口的左边与上边，如图 1.5.1 所示。在图像中移动鼠标，可以在标尺上显示出鼠标所在位置的坐标值。

图 1.5.1　显示标尺

程序默认的标尺单位是厘米，也可以重新设置标尺的单位，其操作方法是选择菜单栏中的编辑(E)→首选项(N)→单位与标尺(U)...命令，弹出首选项对话框，如图 1.5.2 所示，在单位选项区中单击标尺(R):右侧的下拉列表框，可从弹出的下拉列表中选择标尺的单位。

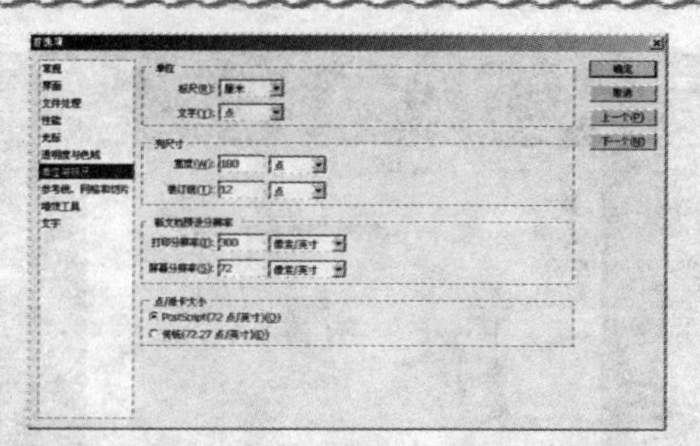

图 1.5.2 “首选项”对话框

1.5.2 参考线

用户可以利用参考线精确定位图像的位置。在图像文件中显示标尺以后，用鼠标指针从水平的标尺上可拖曳出水平参考线，从垂直标尺上可拖曳出垂直参考线，如图 1.5.3 所示。

若要移动某条参考线，可单击工具箱中的“移动工具”按钮，再将鼠标光标移动到相应的参考线上，当光标变为形状时，拖曳鼠标即可，如图 1.5.4 所示。也可将参考线拖动到图像窗口外直接删除。

图 1.5.3 添加参考线

图 1.5.4 移动参考线位置

另外，用户还可以使用“新建参考线”命令来添加参考线。选择 视图(V) → 新建参考线(E)... 命令，弹出“新建参考线”对话框，如图 1.5.5 所示，在其中设置位置和方向以后，单击 确定 按钮，即可为图像添加一条参考线。

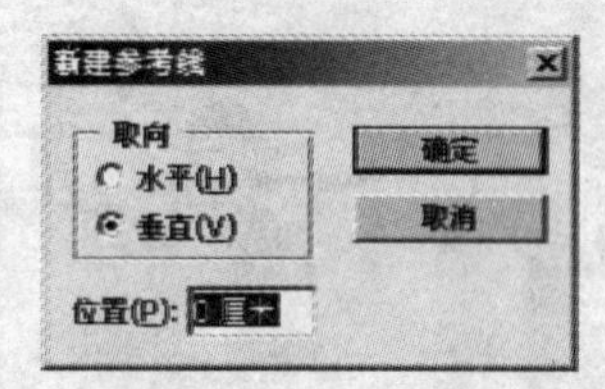

图 1.5.5 “新建参考线”对话框

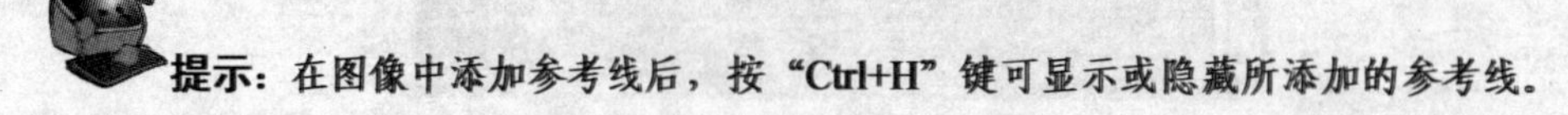

提示：在图像中添加参考线后，按“Ctrl+H”键可显示或隐藏所添加的参考线。

1.5.3 网格

利用网格可以精确地对齐每一个图像，选择菜单栏中的 视图(V) → 显示(H) → 网格(G) 命令，或者按“Ctrl+ '”键，都可在当前的图像文件上显示网格，如图 1.5.6 所示，再次执行此命令就可以隐藏网格。

图 1.5.6 显示网格

选择 视图(V) → 对齐到(T) → 网格(R) 命令，可以使移动的图形对象自动对齐网格或者在创建选区时自动沿网格位置进行定位选取。

1.5.4 标尺工具

利用标尺工具可以快速测量图像中任意区域两点间的距离，该工具一般配合信息面板或其属性栏来使用。单击工具箱中的“标尺工具”按钮，其属性栏如图 1.5.7 所示。

图 1.5.7 “标尺工具”属性栏

使用标尺工具在图像中需要测量的起点处单击，然后将鼠标移动到另一点处再单击形成一条直线，测量结果就会显示在信息面板中，如图 1.5.8 所示。

图 1.5.8 测量两点间的距离

本 章 小 结

本章主要介绍了 Photoshop 的功能、Photoshop CS4 的新增功能、Photoshop CS4 工作界面以及图像处理的基本操作等。通过本章的学习，读者应对 Photoshop CS4 的相关概念有一个基本的了解，并能熟练掌握图像处理的基本操作。

轻 松 过 关

一、填空题

1. Photoshop 默认的图像存储格式是________。
2. 新增的________功能就可以非常容易地将彩色图像转换为灰阶。
3. 新增的________滤镜功能，可以转换层为智能对象。
4. 计算机所处理的图像从其描述原理上可以分为两类，即________图与________图。
5. 图像的________与图像的精细度和图像文件的大小有关。
6. ________图放大后依然很精细，并没有失真。
7. 在 Photoshop 中要保存文件，其快捷键是________。
8. 如果要关闭 Photoshop CS4 中打开的多个文件，可按________键。
9. 如果在 Photoshop CS4 中打开了多个图像窗口，屏幕显示会很乱，为了方便查看，可对多个窗口进行________。
10. 使用________工具在图像中单击即可改变图像的显示比例。

二、选择题

1.（ ）模式常用于图像打印输出与印刷。

（A）CMYK　　（B）RGB

（C）HSB　　（D）Lab

2. 若要隐藏或显示所有打开的面板和工具箱，可以通过按键盘上的（ ）键来实现。

（A）End　　（B）Esc

（C）Tab　　（D）Caps Lock

3. 若要在 Photoshop CS4 中打开图像文件，可按（ ）键。

（A）Alt+O　　（B）Ctrl+O

（C）Alt+B　　（D）Ctrl+B

4. 下面不属于辅助功能的是（ ）。

（A）网格　　（B）标尺

（C）抓手工具　　（D）参考线

5.（ ）格式的图像不能用置入命令进行置入。

（A）TIFF　　（B）AI

（C）EPS　　（D）PDF

6. 在 Photoshop CS4 中，除了使用缩放工具改变图像大小以外，还可用（ ）将图像放大或缩小。

（A）抓手工具　　（B）导航器面板

（C）标尺工具　　（D）裁剪工具

三、简答题

1．简述 Photoshop CS4 的新增功能。

2．简述图像的分辨率与图像之间的关系。

3．打开文件的方法有几种？简述其具体的操作步骤。

4．如何缩放与移动图像文件?

四、上机操作题

1．打开一幅图像文件，显示并设置标尺和网格，如题图 1.1 所示。

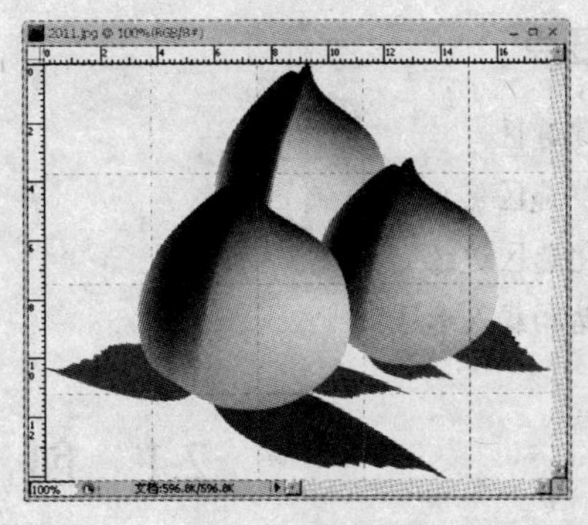

题图　1.1

2．新建一个图像文件，对图像进行大小调整等相关操作，并保存为不同文件格式的图像。

第 2 章　选区的创建与编辑

在 Photoshop CS4 中进行图像处理时，离不开选区。通过选区对图像进行操作不影响选区外的图像。多种选取工具结合使用为精确创建选区提供了极大的方便。本章将具体介绍选区的各种创建与编辑技巧。

本章要点

- 创建选区
- 调整选区
- 柔化选区边缘
- 存储和载入选区

2.1 创 建 选 区

Photoshop CS4 提供的创建选区的工具有选框工具、套索工具和魔术棒工具。利用这些工具，可以根据图像的不同特性创建各种形状的选区。

2.1.1 选框工具组

选框工具又称为规则选区工具。在该工具组中包括矩形选框工具、椭圆选框工具、单行选框工具和单列选框工具，如图 2.1.1 所示。

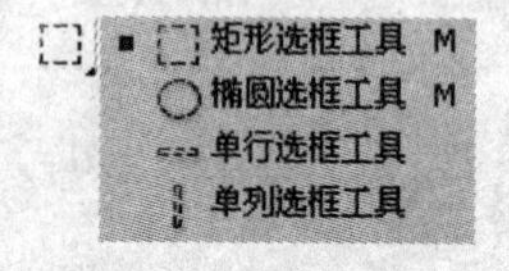

图 2.1.1　选框工具组

1．矩形选框工具

选择工具箱中的矩形选框工具，在图像中拖动鼠标，即可创建矩形选区。该工具属性栏如图 2.1.2 所示。

图 2.1.2　“矩形选框工具”属性栏

矩形选框工具属性栏各选项含义介绍如下：

（1）“新选区”按钮：该按钮表示在图像中创建一个独立的选区，即如果图像中已创建了一个选区，再次使用矩形选框工具创建选区，新创建的选区将会替代原来的选区，如图 2.1.3 所示。

（2）“添加到选区”按钮：该按钮表示在图像原有选区的基础上增加选区，即新创建的选区将和原来的选区合并为一个新选区，如图 2.1.4 所示。

图 2.1.3　创建新矩形选区

图 2.1.4　添加到选区

（3）“从选区中减去”按钮：该按钮表示从图像原有选区中减去选区，即从图像原选区中减去新选区与原选区的重叠部分，剩下的部分成为新的选区，如图 2.1.5 所示。

（4）“与选区交叉”按钮：该按钮表示选取两个选区中的交叉重叠部分，即仅保留新创建选区与原选区的重叠部分，如图 2.1.6 所示。

图 2.1.5　从选区中减去

图 2.1.6　与选区交叉

（5）羽化: 0 px：该选项用来设置选区边界处的羽化宽度。羽化就是对选区的边缘进行柔和模糊处理。输入数值越大，羽化程度越高。

（6）样式:：单击其右侧的下拉按钮，弹出样式下拉列表，如图 2.1.2 所示。

1）正常：鼠标拖动出的矩形范围就是创建的选区。

2）固定比例：鼠标拖动出的矩形选区的宽度和高度总是按照一定的比例变化，可在宽度:和高度:文本框中输入数值来设定比例，在此设置宽度:为“5”，高度:为“8”，效果如图 2.1.7 所示。

3）固定大小：在宽度:和高度:文本框中输入数值，拖动鼠标时自动生成已设定大小的选区，在此设置宽度:为“64px”，高度:为“64px”，效果如图 2.1.8 所示。

图 2.1.7　创建固定比例的选区

图 2.1.8　创建固定大小的选区

技巧：按快捷键“Ctrl+D”，可以取消已创建的选区。选择矩形选框工具，按住“Shift”键，可以创建正方形选区。

2．椭圆选框工具

选择工具箱中的椭圆选框工具，在图像中拖动鼠标，可以创建椭圆形选区。该工具属性栏如图 2.1.9 所示。

图 2.1.9 “椭圆选框工具”属性栏

选中 消除锯齿 复选框，可以消除选区边缘的锯齿，产生比较平滑的边缘。椭圆选框工具的属性栏与矩形选框工具属性栏中的其他选项基本相同，这里就不再赘述。

技巧：选择椭圆选框工具，按住“Shift”键，可以创建圆形选区。

使用椭圆选框工具可以创建椭圆形和圆形的选区，如图 2.1.10 所示。

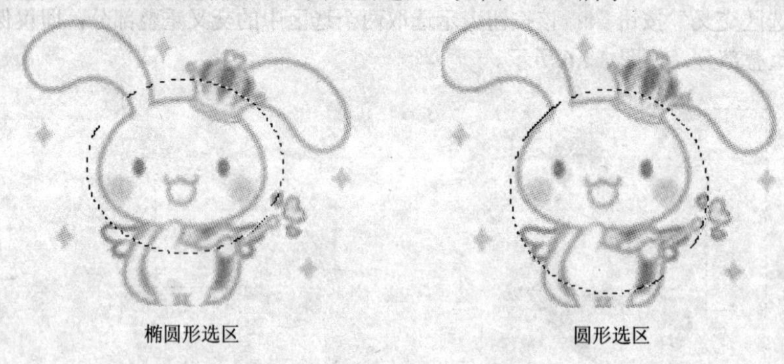

椭圆形选区　　圆形选区

图 2.1.10 椭圆选框工具创建的选区

3．单行选框工具和单列选框工具

（1）使用单行选框工具可以创建宽度等于图像宽度，高度为 1 像素的单行选区。

（2）使用单列选框工具可以创建高度等于图像高度，宽度为 1 像素的单列选区。

使用单行选框工具和单列选框工具创建的选区如图 2.1.11 所示。

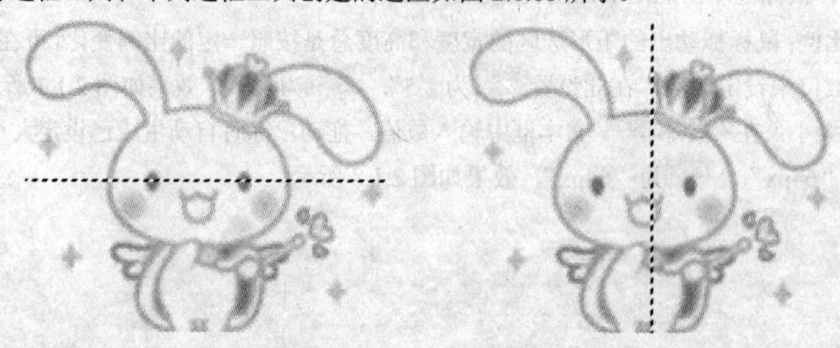

图 2.1.11 单行选区和单列选区

2.1.2 套索工具组

套索工具又称为不规则选区工具，该工具组包括套索工具、多边形套索工具和磁性套索工具，如图 2.1.12 所示。

1．套索工具

选择套索工具，在图像中沿着需要选择的区域拖动鼠标，并形成一个闭合区域，该闭合区域

就是创建的选区。该工具属性栏如图 2.1.13 所示。

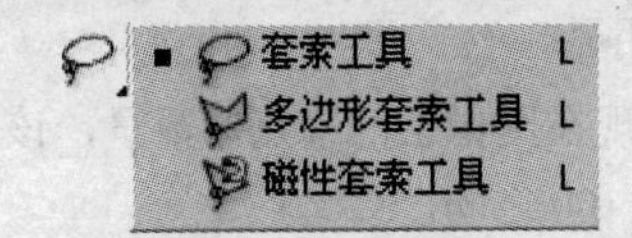

图 2.1.12 套索工具组

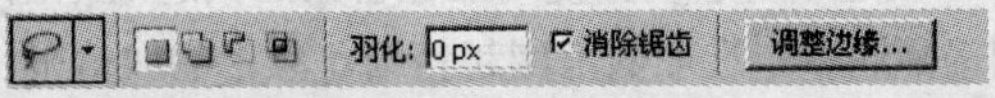

图 2.1.13 套索工具属性栏

套索工具属性栏各选项的含义与选框工具相同，这里就不再赘述。利用套索工具创建的选区如图 2.1.14 所示。

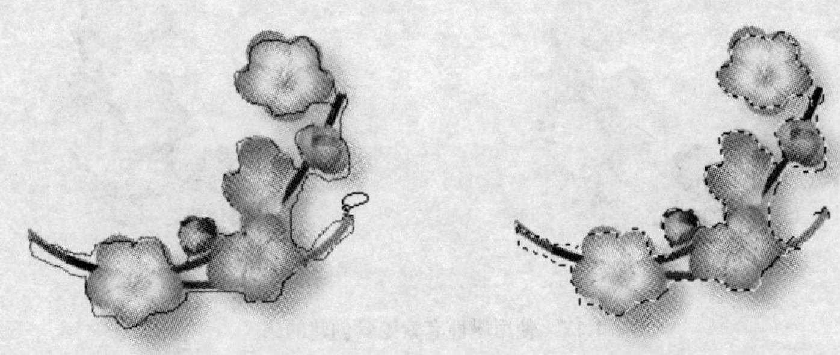

图 2.1.14 使用套索工具创建的选区

2．多边形套索工具

选择多边形套索工具，在图像中某处单击，然后移动鼠标到另一处再次单击，则两次单击的节点之间会生成一条直线。围绕要选取的对象，不停地单击鼠标创建多个节点，最后将鼠标移至起始位置处，鼠标指针旁会出现一个小圆圈，此时再次单击鼠标，即可以形成一个闭合的选区，该闭合选区就是创建的选区。

多边形套索工具属性栏与套索工具属性栏相同，使用多边形套索工具创建的选区如图 2.1.15 所示。

图 2.1.15 使用多边形套索工具创建的选区

3．磁性套索工具

磁性套索工具多用于图像边界颜色和背景颜色对比较明显的图像范围的选取。磁性套索工具属性栏如图 2.1.16 所示。

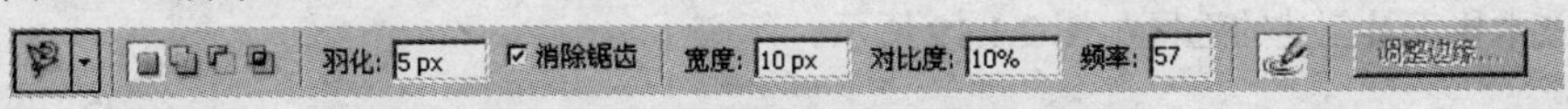

图 2.1.16 磁性套索工具属性栏

宽度：在该文本框中输入数值可设置磁性套索工具的宽度，即使用该工具进行范围选取时所能检测到的边缘宽度。宽度值越大，所能检测的范围越宽，但是精确度就降低了。

对比度：在该文本框中输入数值可设置磁性套索工具对选取对象和图像背景边缘的灵敏度。数值越大，灵敏度越高，但要求图像边界颜色和背景颜色对比非常明显。

频率：该选项用于设置使用磁性套索工具选取范围时，出现在图像上的锚点的数量，该值设置越大，则锚点越多，选取的范围越精细。频率的取值范围在 1～100 之间。

：该按钮用来设置是否改变绘图板的压力，以改变画笔宽度。

使用磁性套索工具创建的选区如图 2.1.17 所示。

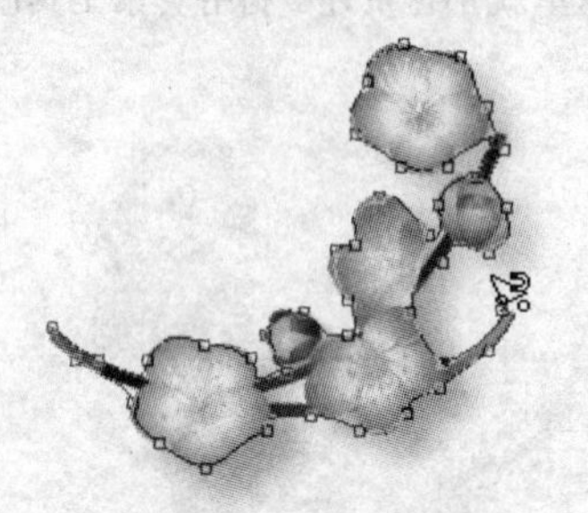

图 2.1.17　使用磁性套索工具创建的选区

提示：套索工具多用于对选区的选取精度要求不是很高的情况；多边形套索工具多用于选取边界比较规范的选区；磁性套索工具多用于图像与背景反差较大的情况。

2.1.3　魔术棒工具组

魔术棒工具组也是一组不规则选区工具，该工具组中包括魔术棒工具和快速选择工具两种。下面分别进行介绍。

1. 魔术棒工具

魔术棒工具是 Photoshop CS4 最常用的选取工具之一，对于背景颜色比较单一且与图像反差较大的图像，魔术棒工具有着得天独厚的优势。魔术棒工具属性栏如图 2.1.18 所示。

容差: 32　☑消除锯齿　☑连续　☐对所有图层取样　调整边缘...

图 2.1.18　魔术棒工具属性栏

魔术棒工具属性栏各选项含义如下：

容差：在容差文本框中输入数值，可设置使用魔术棒工具时选取的色彩范围大小，数值越大，范围越广；数值越小，范围越小，但精确度越高。

☑连续：选中该复选框表示只选择图像中与鼠标上次单击点相连的色彩范围；取消选中此复选框，表示选择图像中所有与鼠标上次单击点颜色相近的色彩范围。

☑对所有图层取样：选中此复选框表示使用魔术棒工具进行色彩选择时对所有可见图层有效；不选中此复选框表示使用魔术棒工具进行色彩选择时只对当前可见图层有效。

使用魔术棒工具创建的选区如图 2.1.19 所示。

注意：使用魔术棒工具进行范围选取时，一般将选取方式设置为“添加到选区”，因为只有设置为“添加到选区”，才能使用魔术棒工具连续选取图像，以创建完整的选区。

容差设置为 5 创建的选区　　　　容差设置为 50 创建的选区

图 2.1.19　使用魔术棒工具创建的选区

2．快速选择工具

在处理图像时对于背景色比较单一且与图像反差较大的图像，快速选择工具有着得天独厚的优势。快速选择工具属性栏如图 2.1.20 所示。

图 2.1.20　快速选择工具属性栏

快速选择工具属性栏各选项含义如下：

新选区：按下此按钮则表示创建新选区。

增加到选区：在鼠标拖动过程中选区不断增加。

从选区减去：从大的选区中减去小的选区。

用鼠标单击画笔:右侧的下拉按钮，快速选择工具笔触的大小。

选中☑对所有图层取样复选框，表示基于所有图层（而不是仅基于当前选定的图层）创建一个选区。

选中☑自动增强复选框，表示减少选区边界的粗糙度和块效应。“自动增强”自动将选区向图像边缘进一步靠近并应用一些边缘调整，效果如图 2.1.21 所示。也可以通过在“调整边缘”对话框中使用“平滑”“对比度”和“半径”选项手动应用这些边缘调整。

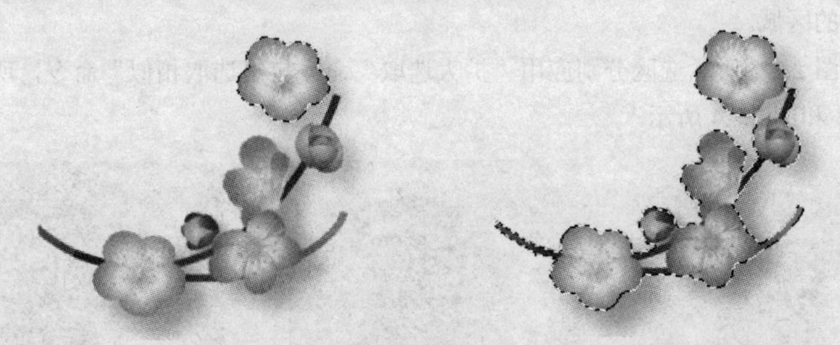

图 2.1.21　快速选择工具的应用

2.2　调 整 选 区

创建选区时，很难一次就达到满意的效果，因此就需要对选区进行调整，如移动、变换、扩展、收缩等。下面将对调整选区进行详细介绍。

2.2.1 移动与隐藏选区

创建选区后，有时需要将选区进行移动，可通过以下两种方法来完成。

（1）使用鼠标移动选区。选择任意一个选取工具并确认其属性栏中创建选区的方式为创建新选区。将鼠标指针移至选区内，鼠标指针显示为 状态，按住鼠标左键拖动即可移动选区，如图 2.2.1 所示。

图 2.2.1 移动选区

（2）使用键盘移动选区。使用键盘移动选区时，每按一下方向键，选区会沿相应方向移动 1 个像素，按住“Shift”键的同时按方向键，选区会以 10 个像素为单位移动。

如果不希望看到选区，但又不想取消选区，此时就可以使用隐藏功能将选区隐藏起来。选择菜单栏中的 视图(V) → 显示(H) → 选区边缘(S) 命令，即可隐藏选区，需要显示时再次选择此命令即可。

2.2.2 扩大选取与选取相似

可以使用“扩大选取”与“选取相似”命令来实现扩展选区操作。这两个命令所扩展的选区是与原选区颜色相近的区域。

例如，对如图 2.2.2 所示选区分别应用“扩大选取”命令与“选取相似”命令，所产生的选区效果分别如图 2.2.3 和图 2.2.4 所示。

图 2.2.2 原选区

图 2.2.3 扩大选取

图 2.2.4 选取相似

要使用“扩大选取”与“选取相似”命令，选择菜单栏中的 选择(S) → 扩大选取(G) 或 选取相似(R)

命令即可。

“扩大选取”命令可以在原有选区的基础上使选区在图像上延伸，将连续的、色彩相似的图像一起扩充到选区内，还可以更灵活地控制选区。

“选取相似”命令与“扩大选取”命令都可用于扩大选取。“选取相似”命令可以将选择的区域在图像上延伸，把图像中所有不连续的且与原选区颜色相近的区域选取。

提示： 扩大选取与选取相似命令不能应用在位图模式的图像中。

2.2.3　精确调整选区

通过使用 选择(S) → 修改(M) 命令子菜单中的相关命令，可以精确地增加或减少当前选区的范围。其中包括边界、平滑、扩展、收缩等命令。

1. “边界”命令

应用边界命令后，以一个包围选区的边框来代替原选区，该命令用于修改选区的边缘。下面通过一个例子介绍边界命令的使用。具体的操作方法如下：

（1）打开一幅图像，并为其创建选区，效果如图 2.2.5 所示。

（2）选择 选择(S) → 修改(M) → 边界(B)... 命令，弹出“边界选区”对话框，在 宽度(W): 文本框中输入数值，设置选区边框的大小为 16，如图 2.2.6 所示。

（3）设置完成后，单击 确定 按钮，效果如图 2.2.7 所示。

图 2.2.5　打开图像并创建选区

图 2.2.6　“边界选区”对话框

图 2.2.7　选区扩边效果

2. “平滑”命令

平滑命令是通过在选区边缘增加或减少像素来改变边缘的粗糙程度，以达到一种平滑的选区效果。在如图 2.2.5 所示的选区的基础上选择 选择(S) → 修改(M) → 平滑(S)... 命令，弹出“平滑选区”对话框，如图 2.2.8 所示，在 取样半径(S): 文本框中输入数值，设置其平滑度为 20，效果如图 2.2.9 所示。

提示： 使用基于颜色的选取工具与命令创建的选区，其边缘会有一些锯齿，而且还会有一些很零散的像素被选取，手动去除这些像素非常麻烦。因此，可使用 Photoshop CS4 中的“平滑”命令来完成此操作。

图 2.2.8 “平滑选区”对话框 　　　　图 2.2.9 选区的平滑效果

3．“扩展”命令

扩展命令是将当前选区按设定的数目向外扩充，扩充单位为像素。在如图 2.2.5 所示的选区的基础上选择 选择(S) → 修改(M) → 扩展(E)... 命令，弹出“扩展选区”对话框，如图 2.2.10 所示，在 扩展量(E): 文本框中输入数值，设置其扩展量为 15，效果如图 2.2.11 所示。

图 2.2.10 “扩展选区”对话框

图 2.2.11 选区的扩展效果

4．“收缩”命令

收缩命令与扩展命令相反，收缩命令可以将当前选区按设定的像素数目向内收缩。在如图 2.2.5 所示的选区的基础上选择 选择(S) → 修改(M) → 收缩(C)... 命令，弹出“收缩选区”对话框，如图 2.2.12 所示，在 收缩量(C): 文本框中输入数值，设置其收缩量为 10，效果如图 2.2.13 所示。

图 2.2.12 “收缩选区”对话框

图 2.2.13 选区的收缩效果

2.2.4　选区的变换

在 Photoshop CS4 中不仅可以对选区进行平滑处理以及增减选区等操作，还可以对选区进行翻转、旋转以及自由变形。

1．变换选区

要实现选区的变换操作，其具体的操作方法如下：

（1）使用磁性套索工具在图像中创建一个选区，然后选择菜单栏中的选择(S)→变换选区(T)命令。

（2）此时选区进入自由变换状态，如图 2.2.14 所示。从图中可以看出有一个方形区域的控制框，通过该控制框可以任意地改变选区的大小、位置以及角度，如图 2.2.15 所示。

图 2.2.14　选区的自由变换状态

图 2.2.15　缩小并移动选区

1）要移动选区，将鼠标光标移至控制框上，当鼠标光标变为▶形状时，按住鼠标左键并拖动即可。

2）要自由变换选区大小，将鼠标光标移至选区的控制柄上，当鼠标光标变成↗，↘，↔，↕形状时按住鼠标左键并拖动即可。

3）要自由旋转选区，将鼠标光标移至选区的变换框周围，当光标变成↷形状时，按住鼠标左键并拖动即可。

2．变形选区

当选区在自由变换状态下时，选择菜单栏中的编辑(E)→变换命令，弹出其子菜单，从中选择相应的命令可对选区进行变形操作。

选择缩放(S)命令，可使变换框在保持原矩形的情况下，调整选区的尺寸和长宽比例。按住"Shift"键拖动变换框，则可按比例缩放。

选择斜切(K)命令，将鼠标移至变换框中心的控制点，按住鼠标左键并拖动，可将选区倾斜变换，也就是说可以按水平或垂直的方向斜切，如图 2.2.16 所示。

选择扭曲(D)命令，将鼠标移至变换框四个角的任意一个控制点上，按住鼠标左键并拖动，可将选区进行任意拉伸扭曲，如图 2.2.17 所示。

选择透视(P)命令，可以对选区进行透视变换，用鼠标拖动控制点，可显现对称的梯形。

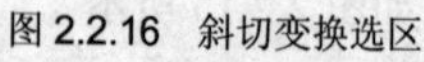

图 2.2.16　斜切变换选区　　　　图 2.2.17　扭曲变换选区

选择 变形(W) 命令，在其相应的属性栏中的 自定 下拉列表中可选择预设的几种变形样式，对选区进行变形处理，如图 2.2.18 所示。

图 2.2.18　预设的变形下拉列表

从预设的变形下拉列表中选择 扭转 选项，可将选区变形为如图 2.2.19 所示的效果。

图 2.2.19　使用预设的变形效果

确定好选区的变形后，在变换框内双击鼠标或按回车键，即可确认变换设置。

3．旋转与翻转选区

在选区的自由变换状态下，选择菜单栏中的 编辑(E) → 变换 命令子菜单中的相应命令，可旋转

与翻转选区。

在选区的自由变换状态下，选择菜单栏中的 编辑(E) → 变换 → 旋转 180 度(1) 命令，可将当前选区旋转 180°；选择菜单栏中的 编辑(E) → 变换 → 旋转 90 度(顺时针)(9) 命令，可将选区顺时针旋转 90°；选择 旋转 90 度(逆时针)(0) 命令，可将选区逆时针旋转 90°。

如要要将选区进行翻转，选择菜单栏中的 编辑(E) → 变换 → 水平翻转(H) 或 垂直翻转(V) 命令即可。

在选区的自由变换状态下，可将选区的中心点移至另一位置，然后将鼠标移至变换框上，按住鼠标左键并拖动，可按指定的中心点进行旋转，如图 2.2.20 所示即为将中心点移到另一位置后进行旋转的结果。

图 2.2.20　改变旋转中心点后旋转选区的结果

2.2.5　反选与取消选区

在 Photoshop CS4 中创建选区后，可以对选区进行反选，也可以将选区取消。

1．反选选区

反选选区就是将图像中未被选择的区域变为所选区域，而使原来选择的区域变为未被选择的区域。此操作一般适用于需要选择的区域比较复杂，而其他区域比较单调的情况，因此，可以先选择其他区域，然后再使用反选命令来选择需要的区域。

在图像中创建选区后，选择菜单栏中的 选择(S) → 反向(I) 命令或按“Ctrl+Shift+I”键，可对选区进行反选。

例如，要将如图 2.2.21 所示的图像中的梅花选中，其具体的操作方法如下：

（1）单击工具箱中的“快速选择工具”按钮 。

（2）在打开的图像中的背景色（即白色）区域单击，即可创建白色区域的选区。

（3）选择菜单栏中的 选择(S) → 反向(I) 命令，或按“Ctrl+Shift+I”键反选选区，即选中图像中的花部分，如图 2.2.22 所示。

2．取消选区

在图像中创建选区后，选择菜单栏中的 选择(S) → 取消选择(D) 命令，或按“Ctrl+D”键即可取消选区。

图 2.2.21　打开的图像　　　　图 2.2.22　使用“反向”命令反选选区

2.3　柔化选区边缘

创建不规则选区，其边界处会出现许多锯齿，为了使这些不规则选区平滑并尽可能地消除选区边界的锯齿以产生柔和的效果，可使用 Photoshop CS4 提供的羽化功能。通过设置羽化半径，可对边缘锯齿状的选区进行平滑处理。

2.3.1　羽化

羽化是通过创建选区与其周边像素的过渡边界，使边缘模糊，产生融合的效果，如图 2.3.1 所示。此模糊会造成选区边缘上一些细节的丢失。要使用羽化功能，在魔术棒工具、矩形选框工具、套索工具属性栏中的 羽化: 输入框中输入一个羽化数值即可，其取值范围在 1～250 之间。

图 2.3.1　融合图像效果

2.3.2　消除锯齿

Photoshop 中的图像是由像素组合而成的，而像素实际上是一个个正方形的色块，因此在图像中有斜线或圆弧的部分就容易产生锯齿状的边缘，分辨率越低锯齿就越明显。

消除锯齿可以通过柔化每个像素与背景像素间的颜色过渡，使选区的锯齿状边缘变得比较平滑。由于只改变边缘像素，不会丢失细节，因此在复制、粘贴选区创建复合图像时，消除锯齿非常有用。消除锯齿通过部分填充文字的边缘像素，可以产生边缘光滑的文字，文字的边缘会混合到背景中。要使用消除锯齿功能，只需要在各种创建选区的工具属性栏中选中 ☑ 消除锯齿 复选框即可。

2.3.3　设置现有选区的羽化边缘

设置羽化边缘的具体操作方法如下：

（1）打开一幅需要处理的图像，如图 2.3.2 所示。

（2）单击工具箱中的“椭圆选框工具”按钮，在图像中拖动鼠标创建椭圆选区，效果如图 2.3.3 所示。

图 2.3.2　打开的图像

图 2.3.3　创建的椭圆选区

（3）选择菜单栏中的选择(S)→修改(M)→羽化(F)...命令，或按“Shift+F6”键，弹出羽化选区对话框，在此对话框中设置羽化半径，如图 2.3.4 所示。

（4）单击确定按钮，可将选区羽化 10 个像素。

（5）按“Ctrl+Shift+I”键反选选区，再按“Delete”键删除反选区域中的图像。

（6）按“Ctrl+D”键取消选区，即得到如图 2.3.5 所示的效果。

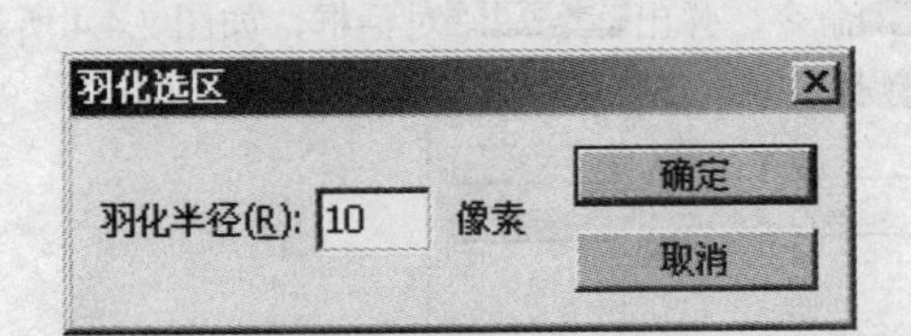

图 2.3.4　“羽化选区”对话框

图 2.3.5　羽化边缘效果

2.4　存储和载入选区

使用完选区之后，可以将它保存起来，以备以后重复使用。保存后的选区将会作为一个蒙版显示在通道面板中，当需要使用时可以从通道面板中载入。

2.4.1　存储选区

存储选区是将当前图像中的选区以 Alpha 通道的形式保存起来。具体的操作方法如下：

（1）使用选取工具创建选区，如图 2.4.1 所示。

（2）选择菜单栏中的 选择(S) → 存储选区(V)... 命令，弹出 存储选区 对话框，如图 2.4.2 所示。

图 2.4.1　创建的选区

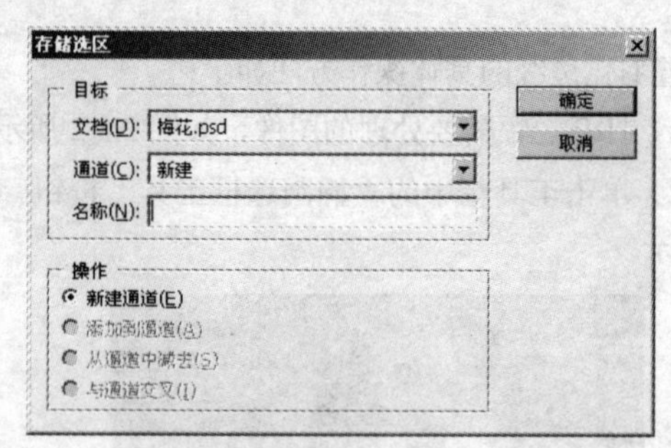

图 2.4.2　“存储选区”对话框

（3）在该对话框中设置各项参数，在 名称(N): 输入框中输入新通道的名称“梅花”。

（4）单击 确定 按钮，即可保存选区，如图 2.4.3 所示。

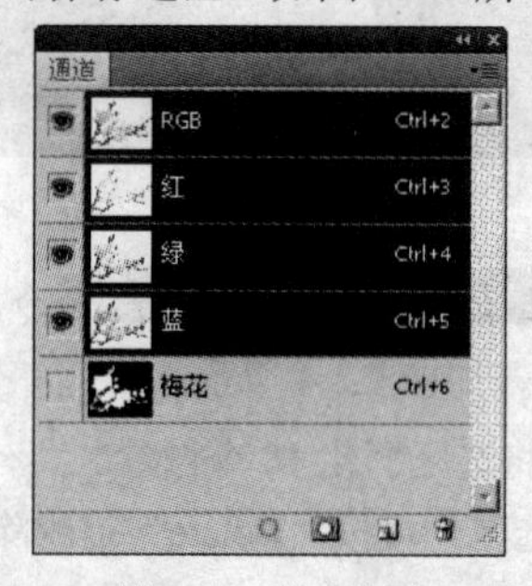

图 2.4.3　保存选区

2.4.2　载入选区

如果要将存储的选区载入使用，其具体操作步骤如下：

（1）选择菜单栏中的 选择(S) → 载入选区(L)... 命令，弹出 载入选区 对话框，如图 2.4.4 所示。

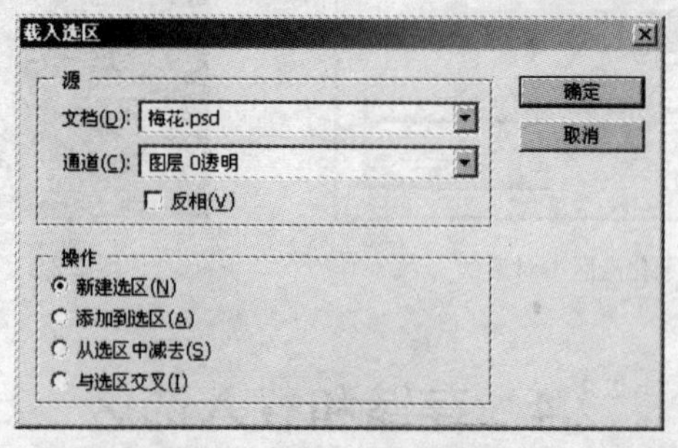

图 2.4.4　“载入选区”对话框

（2）在该对话框中设置各参数，其含义如下：

1）在 文档(D): 下拉列表中可选择图像的文件名，即从哪一个图像中载入的。

2）在 通道(C): 下拉列表中可选择通道的名称，即载入哪一个通道中的选区。

3）在 操作 选项区中，选中 新建选区(N) 单选按钮，可将所选的通道作为新的选区载入到当前图像中；选中 添加到选区(A) 单选按钮，可将载入的选区与原有选区相加；选中 从选区中减去(S) 单选按钮，可将载入的选区从原有选区中减去；选中 与选区交叉(I) 单选按钮，可使载入的选区与原有选

区交叉重叠在一起。

（3）设置好参数后，单击 确定 按钮，即可载入选区。

2.5　实例速成——羽化图像效果

本节主要利用所学的内容对图像进行羽化，最终效果如图 2.5.1 所示。

图 2.5.1　最终效果图

操作步骤

（1）新建一个图像文件，将其背景填充为粉红色，效果如图 2.5.2 所示。

（2）按“Ctrl+O”键，打开一幅图像文件，如图 2.5.3 所示。

图 2.5.2　填充背景

图 2.5.3　打开的图像文件

（3）单击工具箱中的“移动工具”按钮，将其拖动到新建图像中，自动生成“图层 1”，按“Ctrl+T”键执行自由变换命令，调整其大小及位置。

（4）单击工具箱中的“椭圆选框工具”按钮，在图像中绘制一个椭圆选区，如图 2.5.4 所示。

（5）选择菜单栏中的 选择(S) → 修改(M) → 羽化(F)... 命令，弹出“羽化选区”对话框，设置其参数如图 2.5.5 所示。设置好参数后，单击 确定 按钮。

图 2.5.4　绘制选区

图 2.5.5　“羽化选区”对话框

（6）按“Ctrl+Shift+I”键反选选区，再按“Delete”键删除羽化选区图像，效果如图 2.5.6 所示。

（7）打开一幅乐器图像文件，重复步骤（3）的操作，将其拖曳到新建图像中，如图 2.5.7 所示。

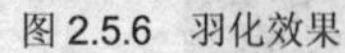

图 2.5.6　羽化效果　　图 2.5.7　复制并调整图像

（8）重复步骤（4）和（5）的操作，对乐器图像进行羽化，然后选择菜单栏中的编辑(E)→描边(S)...命令，弹出“描边”对话框，设置其对话框参数如图 2.5.8 所示。

（9）设置好参数后，单击确定按钮，效果如图 2.5.9 所示。

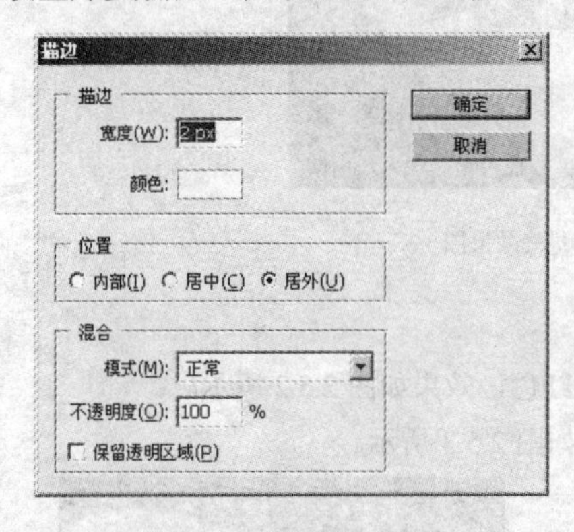

图 2.5.8　“描边”对话框　　图 2.5.9　描边效果

（10）单击工具箱中的“画笔工具”按钮，在图像中拖曳鼠标绘制蝴蝶图像，最终效果如图 2.5.1 所示。

本章小结

本章主要介绍了选区的创建、选区的调整、柔化选区边缘以及存储与载入选区等内容。通过本章的学习，读者必须掌握各种创建选区工具的使用方法与技巧，并能熟练地创建和调整选区，以在处理图像的过程中更加快速地完成任务。

轻松过关

一、填空题

1．选框工具组包括________、________、________和________。

2．套索工具包括________、________和________。

3．使用________命令可以对当前选区的边角进行圆滑处理，使选区变得平滑且连续。

4．________是通过创建选区与其周边像素的过渡边界，使边缘模糊，产生融合的效果。

5．使用_______工具可以选择图像内色彩相同或相近的区域。

6．选择_______命令，可使变换框在保持原矩形的情况下，调整选区的尺寸和长宽比例。按住_______键拖动变换框，则可按比例缩放。

二、选择题

1．矩形选框工具和椭圆选框工具属于（　）选取工具组。

（A）不规则　　（B）规则

（C）相近颜色　　（D）矩形

2．在任何情况下，选择各种选框工具，并按住“Shift”键，然后在图像窗口中单击鼠标并拖动，都起着（　）选区的作用。

（A）增加　　（B）镂空

（C）减去　　（D）交叉

3．如果要将图像中多余的部分裁掉，可以使用（　）。

（A）剪切工具　　（B）矩形选框工具

（C）魔术棒工具　　（D）移动工具

4．利用（　）命令可以将当前图像中的选区和非选区进行相互转换。

（A）反向　　（B）平滑

（C）羽化　　（D）边界

5．若要取消制作过程中不需要的选区，可按（　）键。

（A）Ctrl+N　　（B）Ctrl+D

（C）Ctrl+O　　（D）Ctrl+Shift+I

三、简答题

1．如何使用魔术棒工具创建选区？

2．在 Photoshop CS4 中，可以使用哪几个命令来修改选区？

3．如何对选区进行羽化操作？

四、上机操作题

1．打开一幅图像，使用选框工具创建选区，再对选区进行添加、删减、反选与取消等操作。

2．打开一幅图像，利用魔术棒工具和套索工具在图像中创建选区。

3．使用本章所学的任意一个创建选区工具在图像中创建选区，然后对创建的选区进行存储和载入操作。

第 3 章　调整图像的色彩

在设计的作品中，不仅各部分的内容、布局要合理，色彩的搭配也是非常重要的。本章将介绍色彩的理论知识以及获取、填充与调整图像色彩的方法与技巧。

本章要点

- 色彩的理论知识
- 获取和填充图像颜色
- 调整图像颜色

3.1　色彩的理论知识

图像色彩和色调的控制是图像修饰中非常重要的操作，它决定着图像的整体视觉感，要在设计作品中灵活、巧妙地运用色彩，使作品达到各种精彩效果，就必须学习一些关于色彩的相关知识。

3.1.1　色彩的概念

色彩的调整主要指的是对图像的对比度、亮度、色调以及饱和度的调整，下面首先来了解一下它们的基本概念。

1．对比度

对比度对视觉效果的影响非常关键。一般来说对比度越大，图像越清晰醒目，色彩也越鲜明艳丽；对比度小，则会让整个画面都灰蒙蒙的。高对比度对于图像的清晰度、细节表现、灰度层次表现都有很大帮助。在一些黑白反差较大的文本显示、CAD 显示和黑白照片显示等方面，高对比度产品在黑白反差、清晰度、完整性等方面都具有优势。相对而言，在色彩层次方面，高对比度对图像的影响并不明显，而对于动态视频显示效果影响要更大一些。由于动态图像中明暗转换比较快，对比度越高，人的眼睛越容易分辨出这样的转换过程。对比度高的产品在一些暗部场景中的细节表现、清晰度和高速运动物体表现上优势更加明显。

2．亮度

亮度是指色彩的明暗程度，亮度的高低，要根据其接近白色或灰色的程度而定。越接近白色亮度越高，越接近灰色或黑色，其亮度越低，如红色有明亮的红或深暗的红，蓝色有浅蓝或深蓝。在彩色中，黄色亮度最高，紫色亮度最低。

3．色调

色调又称色相，是指色彩的相貌，或是区别色彩的名称或色彩的种类，而色调与色彩明暗无关。例如苹果是红色的，这红色便是一种色调。色调的种类很多，普通色彩专业人士可辨认出 300～400 种，但如果要仔细分析，可有 1 000 万种之多。

4．饱和度

饱和度是指色彩的强弱，也可以说是色彩的彩度，调整图像的饱和度也就是调整图像的彩度。将一个彩色图像的饱和度降低为 0 时，就会变成一个灰色的图像，增加饱和度就会增加其彩度。例如，调整彩色电视机的饱和度，就可调整其彩度。

3.1.2　色彩的对比

在同一环境下，人对同一色彩有不同的感受，而在不同的环境下，多色彩会给人另一种印象。色彩之间这种相互作用的关系称为色彩对比。

色彩对比包括两方面：其一，时间隔序，称同时发生的对比；其二，空间位置，称连贯性的对比。对比本来是指性质对立的双方相互作用、相互排斥，但在某种条件下，对立的双方也会相互融合、相互协调。

3.1.3　色彩的调和

色彩的调和有两层含义：一是色彩调和是配色美的一种形态，一般认为好看的配色，能使人产生愉快、舒适感；二是色彩调和是配色美的一种手段。色彩的调和是针对色彩的对比而言的，没有对比也就无所谓调和，两者之间既互相排斥又互相依存，相辅相成。不过，色彩的对比是绝对的，因为两种以上的色彩在构成中总会在色调、饱和度、亮度、面积等方面存在或多或少的差别，这种差别必然会导致不同程度的对比。对比过强的配色需要加强共性来调和；对比过于暧昧的配色需要加强对比来进行调和。色彩的调和就是在各色的统一与变化中表现出来的，也就是说，当两个或两个以上的色彩搭配组合时，为了达成一项共同的表现目的，使色彩关系组合并调整成一种和谐、统一的画面效果，这就是色彩调和。

3.2　获取和填充图像颜色

由于 Photoshop 中的大部分操作都和颜色有关，因此，读者在学习本章其他内容之前应首先学习 Photoshop 中颜色的设置方法。下面将具体进行介绍。

3.2.1　前景色与背景色

在工具箱中前景色按钮显示在上面，背景色按钮显示在下面，如图 3.2.1 所示。在默认的情况下，前景色为黑色，背景色为白色。如果在使用过程中要切换前景色和背景色，则可在工具箱中单击“切换颜色”按钮，或按键盘上的“X”键。若要返回默认的前景色和背景色设置，则可在工具箱中单击“默认颜色”按钮，或按键盘上的“D”键。

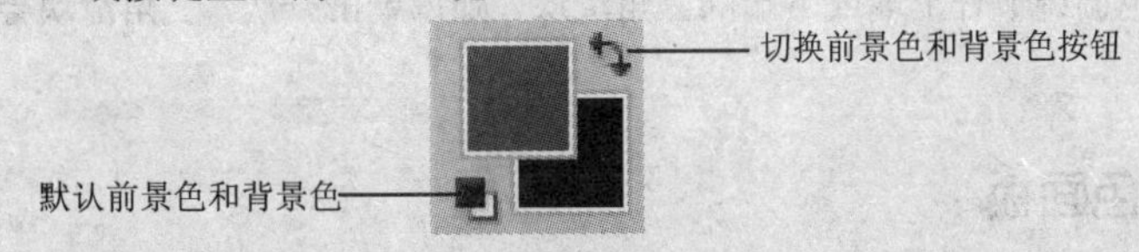

图 3.2.1　前景色和背景色按钮

若要更改前景色或背景色，可单击工具箱中的“设置前景色”或“设置背景色”按钮，弹出“拾色器”对话框，如图 3.2.2 所示。

“拾色器”对话框左侧区域是色域图，在色域图上单击，则单击处的颜色即为用户选取的颜色。中间的彩色长条为色调调节杆，拖动色调调节杆上的滑块可以选择不同的颜色范围。在对话框的右下角显示了 4 种颜色模式（HSB，Lab，RGB 和 CMYK），在其对应的文本框中输入相应的数值可精确设置所需的颜色。设置完成后，单击 确定 按钮，即可用所选的颜色来填充前景色或背景色。

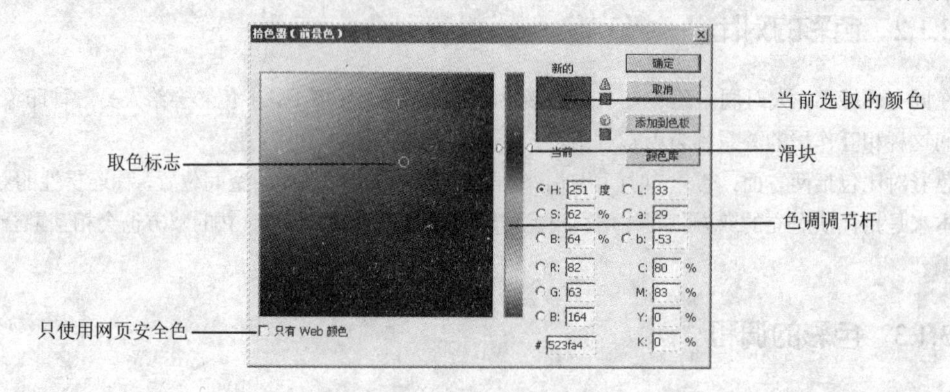

图 3.2.2 “拾色器”对话框

技巧：在色域图中，左上角为纯白色（R，G，B 值分别为 255，255，255），右下角为纯黑色（R，G，B 值分别为 0，0，0）。

另外，单击其对话框中的 颜色库 按钮，可弹出“颜色库”对话框，如图 3.2.3 所示。

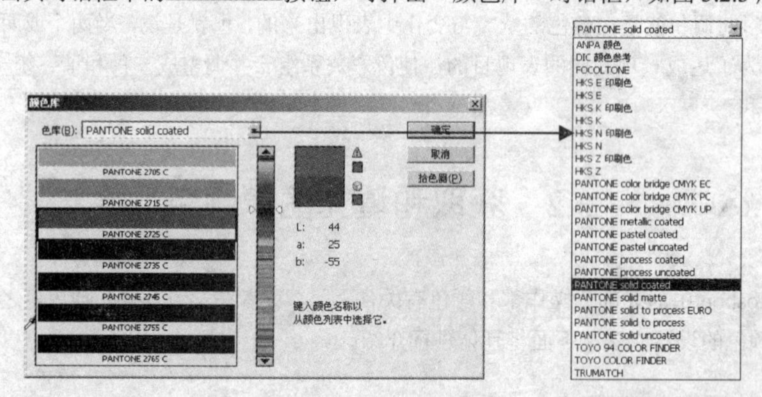

图 3.2.3 “颜色库”对话框

在“颜色库”对话框中，单击 色库(B): 右侧的 按钮，可弹出“色库”下拉列表，在其中共有 27 种颜色库，这些颜色库是全球范围内不同公司或组织制定的色样标准。由于不同印刷公司的颜色体系不同，可以在“色库”下拉列表中选择一个颜色系统，然后输入油墨数或沿色调调节杆拖动三角滑块，找出想要的颜色。每选择一种颜色序号，该序号相对应的 CMYK 的各分量的百分数也会相应地发生变化。如果单击色调调节杆上端或下端的三角滑块，则每单击一次，三角滑块会向前或向后移动选择一种颜色。

3.2.2 颜色面板

在颜色面板中可通过几种不同的颜色模型来编辑前景色和背景色，在颜色栏显示的色谱中也可选取前景色和背景色。选择菜单栏中的 窗口(W) → 颜色 命令，即可打开颜色面板，如图 3.2.4 所示。

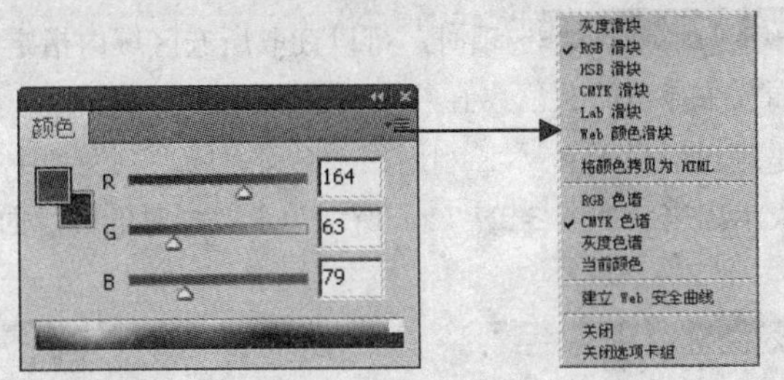

图 3.2.4　颜色面板

若要使用颜色面板设置前景色或背景色，首先在该面板中选择要编辑颜色的前景色或背景色色块，然后再拖动颜色滑块或在其右边的文本框中输入数值即可，也可直接从面板中最下面的颜色栏中选取颜色。

3.2.3　色板面板

在 Photoshop CS4 中还提供了可以快速设置颜色的色板面板，选择 窗口(W) → 色板 命令，即可打开色板面板，如图 3.2.5 所示。

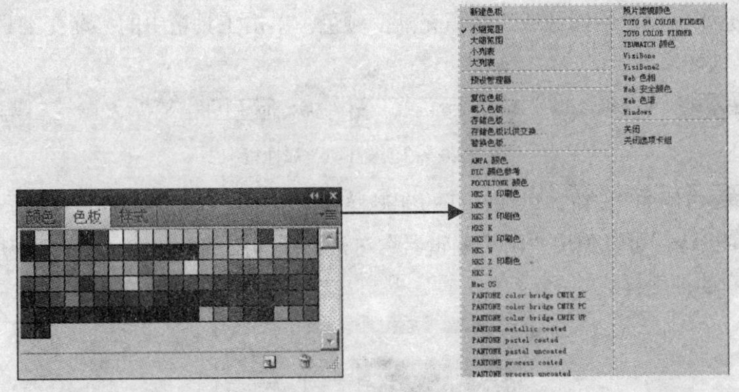

图 3.2.5　色板面板

在该面板中选择某一个预设的颜色块，既可快速地改变前景色与背景色颜色，也可以将设置的前景色与背景色添加到色板面板中或删除此面板中的颜色，还可在色板面板中单击按钮，在弹出的下拉列表中选择一种预设的颜色样式添加到色板中作为当前色板，供用户参考使用。

3.2.4　吸管工具

使用吸管工具不仅能从打开的图像中取样颜色，也可以指定新的前景色或背景色。单击工具箱中的“吸管工具”按钮，然后在需要的颜色上单击即可将该颜色设置为新前景色。如果在单击颜色的同时按住“Alt”键，则可以将选中的颜色设置为新背景色。“吸管工具”属性栏如图 3.2.6 所示。

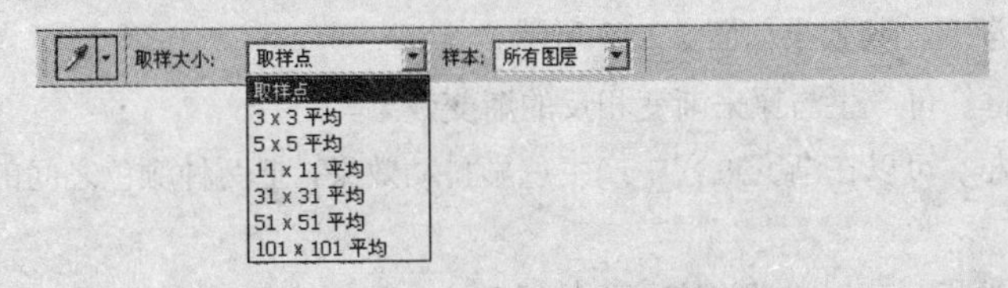

图 3.2.6　“吸管工具”属性栏

在 取样大小: 下拉列表中可以选择吸取颜色时的取样大小。选择 取样点 选项时，可以读取所选区域的像素值；选择 3 x 3 平均 或 5 x 5 平均 选项时，可以读取所选区域内指定像素的平均值。修改吸管的取样大小会影响信息面板中显示的颜色数值。

在吸管工具的下方是颜色取样工具，利用该工具可以吸取到图像中任意一点的颜色，并以数字的形式在信息面板中表示出来。如图 3.2.7（a）所示为未取样时的信息面板，图 3.2.7（b）所示为取样后的信息面板。

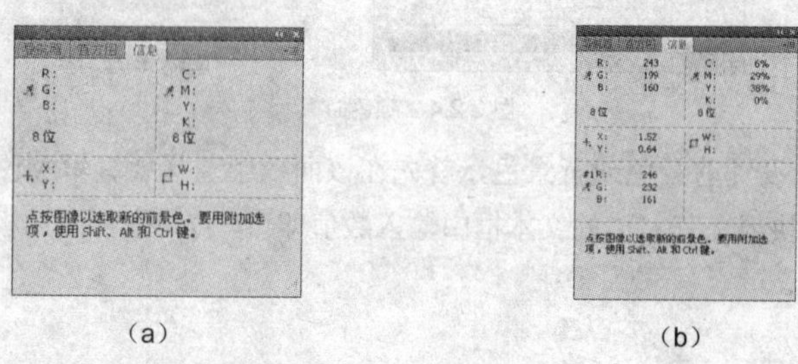

（a）　　（b）

图 3.2.7　取样前后的信息面板

3.2.5　渐变工具

利用渐变填充工具可以给图像或选区填充渐变颜色，单击工具箱中的“渐变工具”按钮，其属性栏如图 3.2.8 所示。

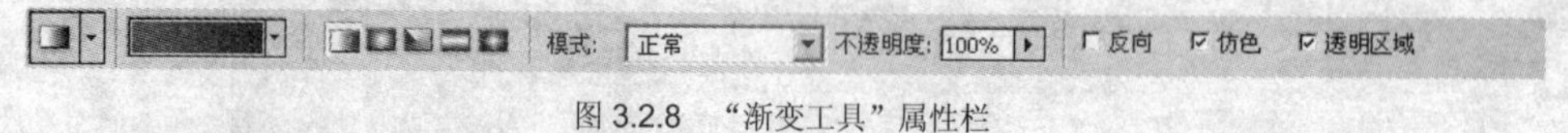

图 3.2.8　“渐变工具”属性栏

单击右侧的按钮，可在打开的渐变样式面板中选择需要的渐变样式。

单击按钮，可以弹出“渐变编辑器”对话框，如图 3.2.9 所示，在其中用户可以自己编辑、修改或创建新的渐变样式。

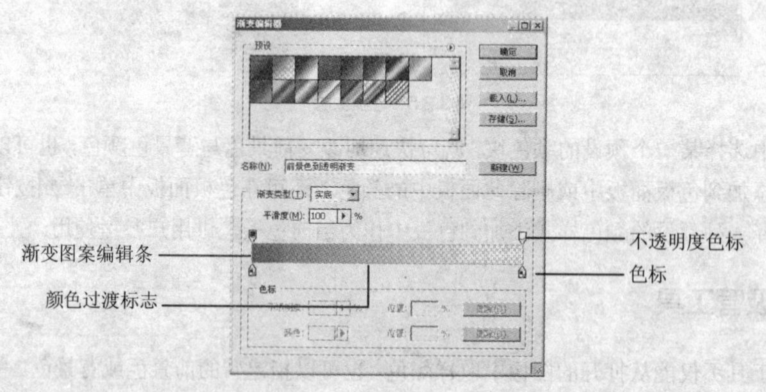

图 3.2.9　“渐变编辑器”对话框

在按钮组中，可以选择渐变的方式，从左至右分别为线性渐变、径向渐变、角度渐变、对称渐变及菱形渐变，其效果如图 3.2.10 所示。

选中 反向 复选框，可产生与原来渐变相反的渐变效果。

选中 仿色 复选框，可以在渐变过程中产生色彩抖动效果，把两种颜色之间的像素混合，使色彩过渡得平滑一些。

选中 透明区域 复选框，可以设置渐变效果的透明度。

（a）原图

（b）线性渐变

（c）径向渐变

（d）角度渐变

（e）对称渐变

（f）菱形渐变

图 3.2.10　5 种渐变效果

在“渐变工具”属性栏中设置好各选项参数后，在图像选区中需要填充渐变的区域单击鼠标并向一定的方向拖动，可画出一条两端带 + 图标的直线，此时释放鼠标，即可显示渐变效果，如图 3.2.11 所示。

图 3.2.11　渐变填充效果

技巧：若在拖动鼠标的过程中按住“Shift”键，则可按 45°、水平或垂直方向进行渐变填充。拖动鼠标的距离越大，渐变效果越明显。

3.2.6　油漆桶工具

利用油漆桶工具可以给图像或选区填充颜色或图案，单击工具箱中的“油漆桶工具”按钮，其属性栏如图 3.2.12 所示。

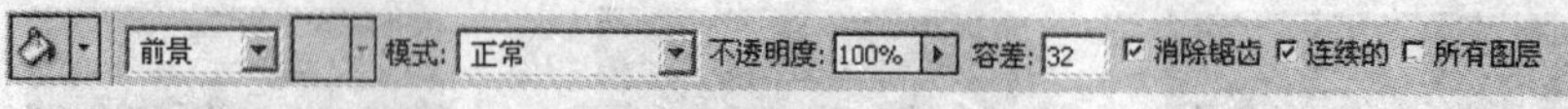

前景 模式: 正常 不透明度: 100% 容差: 32 ☑消除锯齿 ☑连续的 ☐所有图层

图 3.2.12 “油漆桶工具”属性栏

单击前景右侧的▼按钮，在弹出的下拉列表中可以选择填充的方式，选择前景选项，在图像中相应的范围内填充前景色，如图 3.2.13 所示；选择图案选项，在图像中相应的范围内填充图案，如图 3.2.14 所示。

图 3.2.13 前景色填充效果

图 3.2.14 图案填充效果

在不透明度:文本框中输入数值，可以设置填充内容的不透明度。

在容差:文本框中输入数值，可以设置在图像中的填充范围。

选中☑消除锯齿复选框，可以使填充内容的边缘不产生锯齿效果，该选项在当前图像中有选区时才能使用。

选中☑连续的复选框后，只在与鼠标落点处颜色相同或相近的图像区域中进行填充，否则，将在图像中所有与鼠标落点处颜色相同或相近的图像区域中进行填充。

选中☑所有图层复选框，在填充图像时，系统会根据所有图层的显示效果将结果填充在当前层中，否则，只根据当前层的显示效果将结果填充在当前层中。

3.3 调整图像颜色

在 Photoshop CS4 中提供了多个调整图像色彩的命令，可以轻松快捷地改变图像的色相、饱和度、亮度和对比度。通过使用这些命令，可以创作出多种色彩效果的图像。但这些命令的使用或多或少都会丢失一些颜色数据。

3.3.1 粗略调整

使用自动色阶、自动颜色、亮度/对比度和变化命令可以快速更改图像中的色彩值，但它们是一种简单的方式，只能对图像进行粗略的调整。

1．自动色阶

自动色阶命令可用于处理对比度不强的图像，使用此命令可自动增强图像的对比度。

2．自动颜色

自动颜色命令可以自动调整图像颜色，其主要针对图像的亮度和颜色之间的对比度。

3. 自动对比度

自动对比度可以自动调整图像亮部和暗部的对比度。它会将图像中最暗的像素转换为黑色，将最亮的像素转换为白色，使原图像中亮的区域更亮，暗的区域更暗，从而加大图像的对比度。

4. 亮度/对比度

利用亮度/对比度命令可以对图像的色调范围进行简单的调整。与曲线和色阶不同，亮度/对比度会对每个像素进行相同程度的调整。但对于高端输出，不能使用亮度/对比度命令，因为它可能会导致图像细节丢失。

要使用亮度/对比度命令调整图像，其具体的操作方法如下：

（1）打开一幅需要进行简单调整色调的图像。

（2）选择菜单栏中的图像(I)→调整(A)→亮度/对比度(C)...命令，弹出亮度/对比度对话框，如图3.3.1所示。

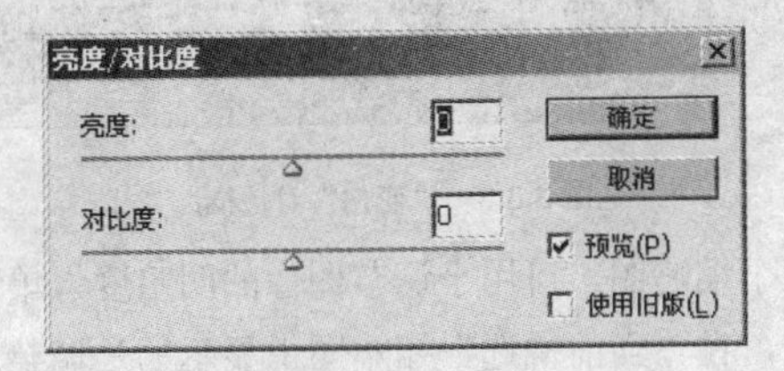

图 3.3.1　“亮度/对比度”对话框

（3）将鼠标移至对话框中的滑块上，按住鼠标左键拖动，即可调整亮度和对比度。向左拖动，图像的亮度和对比度降低；向右拖动，则亮度和对比度增加（每个滑块的数值框显示有亮度或对比度的值，范围在-100～100）。调整完后，单击确定按钮，效果如图3.3.2所示。

图 3.3.2　调整亮度/对比度前后效果对比

5. 变化

变化命令通过显示替代物的缩略图来综合调整图像的色彩平衡、对比度和饱和度。此命令对于不需要精确调整颜色的平均色调图像最为有用，但不适用于索引颜色图像或16位/通道的图像。

选择菜单栏中的图像(I)→调整(A)→变化(N)...命令，弹出变化对话框，如图3.3.3所示。

在此对话框的左下方有7个缩略图，这7个缩略图中间的“当前挑选”缩略图与左上角的“当前挑选”缩略图作用相同，用于显示调整后的图像效果。其他缩略图分别用于改变图像的RGB与CMY

六种颜色，单击其中任一缩略图，均可增加与该缩略图相对应的颜色。

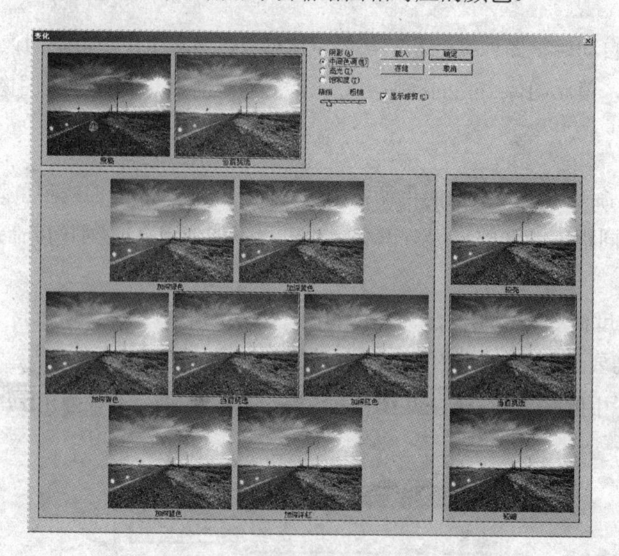

图 3.3.3 “变化”对话框

在此对话框的右下方有 3 个缩略图，可用于调节图像的明暗度，单击较亮的缩略图，图像变亮；单击较暗的缩略图，图像变暗，在“当前挑选”缩略图中显示的是调整后的图像效果。

如图 3.3.4 所示为调整变化前后效果对比。

图 3.3.4 调整变化前后效果对比

3.3.2 精确调整

使用精确色彩调整命令可以对图像进行精细的调整。精确调整命令包括色阶、曲线、阴影/高光、色彩平衡、替换颜色、匹配颜色、可选颜色、照片滤镜和通道混合器等。

1. 色阶

使用色阶命令可以调整图像的明暗度、色调的范围和色彩平衡。选择菜单栏中的图像(I)→调整(A)→色阶(L)...命令，可弹出如图 3.3.5 所示的色阶对话框。

在通道(C):下拉列表中可选择一种通道来进行调整。此下拉列表中的选项会随图像的模式而变化。

在输入色阶(I):后面有 3 个输入框，可用于设置图像的最暗调、中间调和最亮调，也可通过移动相对应的滑块来对图像的色调进行调整。

在输出色阶(O):后面的两个输入框中输入数值，可以限定图像的亮度范围。

在图像中单击“设置黑场”按钮，则会将图像中最暗处的色调设置为单击处的色调值，所有

比它更暗的像素都将成为黑色。

在图像中单击“设置灰点”按钮，则单击处颜色的亮度将成为图像的中间色调范围的平均亮度。

单击“设置白场”按钮，在图像中单击，可将最亮处的色调值设置为单击处的色调值，所有比它更亮的像素都将成为白色。

单击 自动(A) 按钮，Photoshop CS4 将以 0.5%的比例调整图像的亮度。它把图像中最亮的像素变成白色，最暗的像素变成黑色。其作用与选择菜单栏中的 图像(I) → 调整(A) → 自动色阶(A) 命令相同。

一般来说，自动色阶适用于简单的灰度图像和像素值比较平均的图像。如果是复杂的图像，则只有手动调整才能得到更为精确的效果。

单击 选项(T)... 按钮，即可弹出**自动颜色校正选项**对话框，如图 3.3.6 所示。在此对话框中可设置各种颜色校正选项。

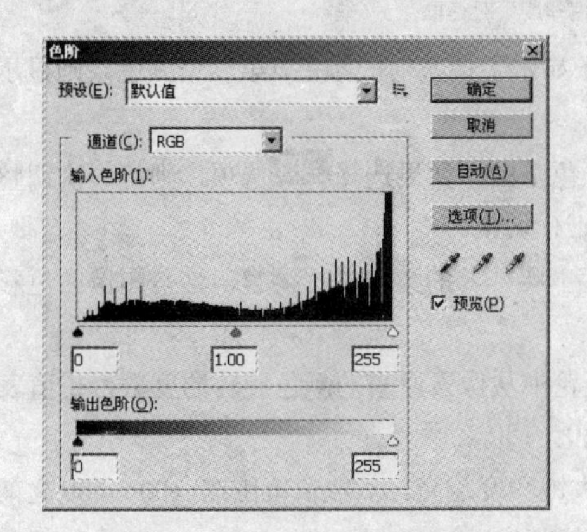

图 3.3.5　“色阶”对话框

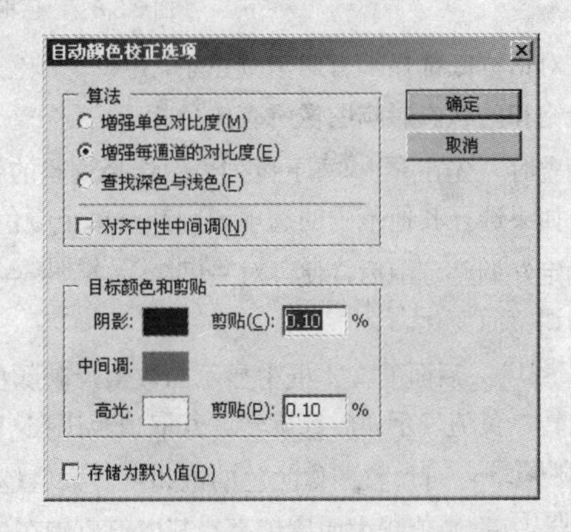

图 3.3.6　“自动颜色校正选项”对话框

在**算法**选项区中可选择颜色校正的算法。

在**目标颜色和剪贴**选项区中可设置暗调、中间调与高光 3 种色调的颜色。

选中 ☑ 存储为默认值(D) 复选框，则可以将在此对话框中设置的参数保存为默认值。

设置好各项参数后，单击 确定 按钮，即可完成图像色阶的调整。如图 3.3.7 所示为调整色阶前后效果对比。

图 3.3.7　调整色阶前后效果对比

2．色相/饱和度

对色相的调整表现为在色轮中旋转，也就是颜色的变化；对饱和度的调整表现为在色轮半径上移动，也就是颜色浓淡的变化。

选择菜单栏中的 图像(I) → 调整(A) → 色相/饱和度(H)... 命令，弹出 色相/饱和度 对话框，如图 3.3.8 所示。在该对话框中可以调整图像的色相、饱和度和明度。

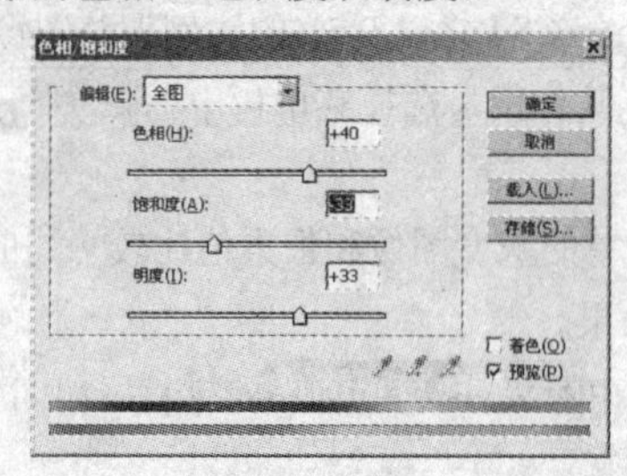

图 3.3.8 “色相/饱和度”对话框

在对话框底部显示有两个颜色条，第一个颜色条显示了调整前的颜色，第二个颜色条则显示了如何以全饱和的状态影响图像所有的色相。

调整时，先在 编辑(E): 下拉列表中选择调整的颜色范围。如果选择 全图 选项，则可一次调整所有颜色；如果选择其他范围的选项，则针对单个颜色进行调整。

确定好调整范围后，便可对 色相(H):、饱和度(A): 和 明度(I): 的数值进行调整，这些图像的色彩会随数值的调整而变化。

色相(H):：后面的文本框中显示的数值反映颜色轮中从像素原来的颜色旋转的度数，正值表示顺时针旋转，负值表示逆时针旋转。其取值范围在-180～180 之间。

饱和度(A):：可调整图像颜色的饱和度，数值越大饱和度越高。其取值范围在-100～100 之间。

明度(I):：数值越大明度越高。其取值范围在-100～100 之间。

选中 ☑ 着色(O) 复选框，可为灰度图像上色，或创建单色调图像效果。

如图 3.3.9 所示的是调整色相/饱和度前后效果对比。

图 3.3.9 调整色相/饱和度前后效果对比

3．曲线

曲线命令与色阶命令相同，也可以用来调整图像的色调范围。曲线命令不是通过定义暗调、中间区和高亮区三个变量来进行色调调整的，它可以对图像的红色（R）、绿色（G）、蓝色（B）、RGB 四个通道中的 0～255 范围内的任意点进行色彩调节，从而创造出更多种色调和色彩效果。

打开一幅需要调整曲线的图像，选择菜单栏中的 图像(I) → 调整(A) → 曲线(U)... 命令，弹出 曲线 对话框，如图 3.3.10 所示。

曲线图有水平轴和垂直轴之分，水平轴表示图像原来的亮度值；垂直轴表示新的亮度值。水平轴和垂直轴之间的关系可以通过调节对角线（曲线）来控制。

（1）曲线右上角的控制点向左移动，增加图像亮部的对比度，并使图像变亮（控制点向下移动，所得效果相反）。曲线左下角的控制点向左移动，增加图像暗部的对比度，使图像变暗（控制点向上移动，所得效果相反）。

（2）使用调节点可以控制对角线的中间部分（用鼠标在曲线上单击，可以增加节点）。曲线斜度即表示灰度系数，此外，也可以通过在输入(I):和输出(O):输入框中输入数值来控制。

（3）要调整图像的中间调，且在调节时不影响图像亮部和暗部的效果，可先用鼠标在曲线的1/4和3/4处增加调节点，然后对中间调进行调整。

（4）要得到图像中某个区域的像素值，可以先选择某个颜色通道，将鼠标放在图像中要调节的区域，按住鼠标左键稍微移动鼠标，这时曲线图上会出现一个圆圈，在输入(I):和输出(O):输入框中就会显示出鼠标所在区域的像素值。

调节曲线形状的按钮有两个："曲线工具"按钮和"铅笔工具"按钮。选择曲线工具后，将鼠标移至曲线上，指针会变成一个十字形，此时按住鼠标左键并拖动即可改变曲线，释放鼠标，该点将会被锁定，再移动曲线，锁定点不会被移动。单击锁定点并按住鼠标左键将其拖至曲线框范围外即可删除锁定点。选择铅笔工具后，在曲线框内移动鼠标就可以绘制曲线，即改变曲线的形状。

对于RGB模式的图像，其曲线显示的亮度值范围在0～255之间，左面代表图像的暗部（最左边值为0，即黑色）；右面代表图像的亮部（最右边值为255，即白色）。曲线图中的方格相当于坐标，每个方格代表64个像素。

如图3.3.11所示的是调整曲线前后的效果对比。

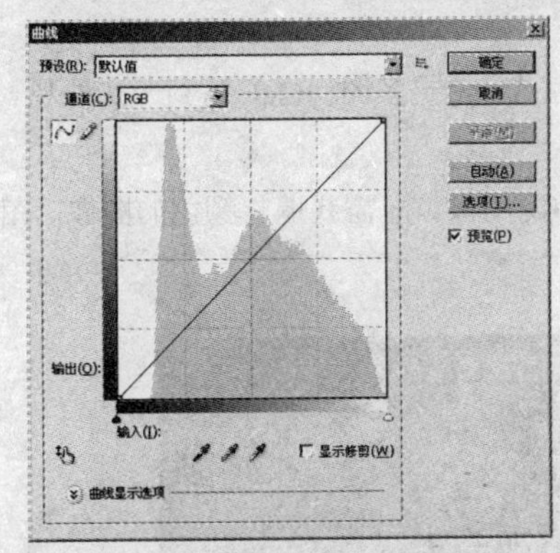

图3.3.10　"曲线"对话框

图3.3.11　调整曲线前后效果对比

4．色彩平衡

利用色彩平衡命令可以进行一般性的色彩校正，可更改图像的总体混合颜色，但不能精确控制单个颜色成分，只能作用于复合颜色通道。

使用色彩平衡命令调整图像，具体的操作方法如下：

（1）打开一幅需要调整色彩平衡的图像。

（2）选择菜单栏中的图像(I)→调整(A)→色彩平衡(B)...命令，弹出色彩平衡对话框，如图3.3.12所示。

（3）在色彩平衡选项区中选择需要更改的色调范围，其中包括阴影、中间调和高光选项。

（4）选中☑保持亮度(V)复选框，可保持图像中的色彩平衡。

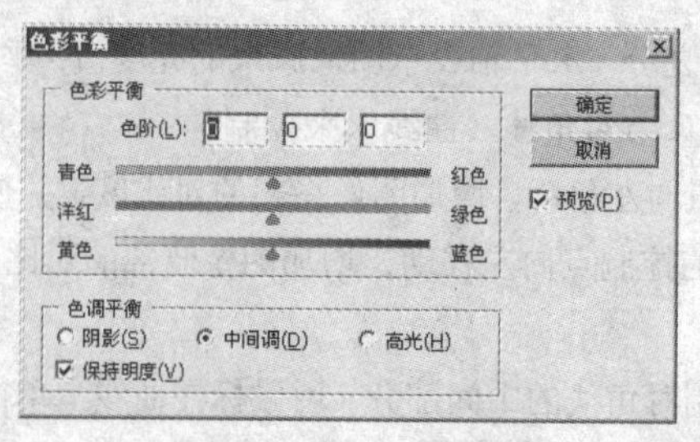

图 3.3.12 “色彩平衡”对话框

（5）在色彩平衡选项区中通过调整数值或拖动滑块，便可对图像色彩进行调整。同时，色阶(L): 3个输入框中的数值将在-100～100之间变化。将色彩调整到满意效果后，单击确定按钮即可。如图 3.3.13 所示的是调整色彩平衡前后效果对比。

图 3.3.13 调整色彩平衡前后效果对比

5．匹配颜色

匹配颜色命令通过匹配一幅图像与另一幅图像的色彩模式，使更多图像之间达到一致外观。下面举例说明匹配颜色命令的使用方法。

（1）打开如图 3.3.14 所示的两幅图像，其中图（a）为源图像，即需要调整颜色的图像，图（b）为目标图像。

（a）

（b）

图 3.3.14 源图像与目标图像

（2）使图 3.3.14（a）的图像成为当前可编辑图像，然后选择菜单栏中的图像(I)→调整(A)→匹配颜色(M)...命令，弹出匹配颜色对话框，从源(S):下拉列表中选择目标图像，如图 3.3.15 所示。

（3）调整图像选项选项区中的亮度、颜色强度、渐隐参数。

1）明亮度(L)：用于增加或减小目标图像的亮度，其最大值为 200，最小值为 1。

2）颜色强度(C)：用于调整目标图像的色彩饱和度，其最大值为 200，最小值为 1（灰度图像），默认值为 100。

3）渐隐(F)：用于控制应用于图像的调整量，向右移动滑块可减小调整量。

4）选中 ☑ 中和(N) 复选框，可以自动移去目标图像的色痕。

（4）设置好参数后，单击 确定 按钮，即可按指定的参数使源图像和目标图像的颜色匹配，效果如图 3.3.16 所示。

图 3.3.15　选择目标图像

图 3.3.16　匹配效果

6．替换颜色

替换颜色命令可将要替换的颜色创建为一个临时蒙版，并用其他的颜色替换原有颜色，同时还可以替换色彩的色相、饱和度和亮度。

选择菜单栏中的 图像(I) → 调整(A) → 替换颜色(R)... 命令，弹出 替换颜色 对话框，如图 3.3.17 所示。

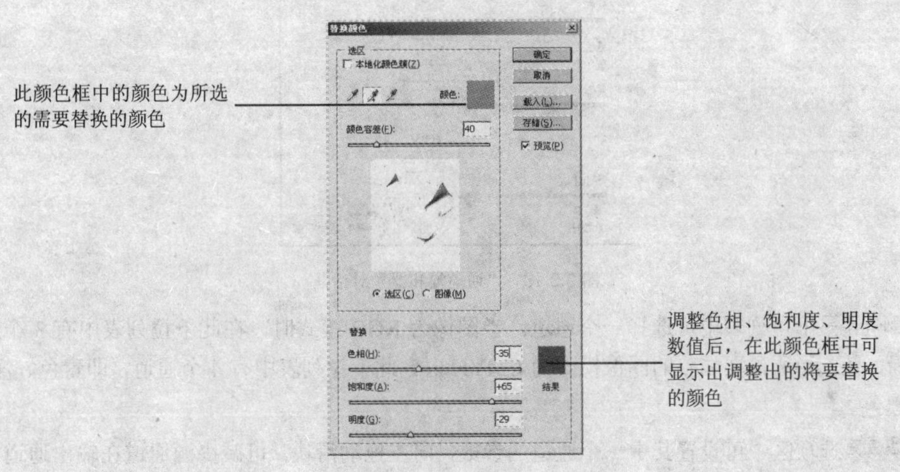

图 3.3.17　“替换颜色”对话框

调整图像时，先选中预览框下方的 ⊙ 选区(C) 单选按钮，利用对话框左上方的 3 个吸管单击图像，可得到蒙版所表现的选区：蒙版区域（非选区）为黑色，非蒙版区域为（选区）为白色，灰色区域为不同程度的选区。

“选区”选项的用法是：先设置 颜色容差(F): 值，数值越大，可被替换颜色的图像区域越大，然后使用对话框中的吸管工具在图像中选择需要替换的颜色。用吸管工具连续取色表示增加选择区域，用吸管工具连续取色表示减少选择区域。

设置好需要替换的颜色区域后，将替换选项区中色相(H):、饱和度(A):、明度(G):数值进行替换。

单击确定按钮，可替换图像中选取的颜色。如图 3.3.18 所示为替换颜色前后效果对比。

图 3.3.18　替换颜色前后效果对比

7. 通道混合器

使用通道混合器命令可以调整某一个通道中的颜色成分，可以将每一个通道的颜色理解成是由青色、洋红、黄色、黑色 4 种颜色调配出来的。而且默认情况下每一个通道中添加的颜色只有一种，即通道所对应的颜色。

选择菜单栏中的图像(I)→调整(A)→通道混合器(X)...命令，弹出通道混和器对话框，如图 3.3.19 所示。

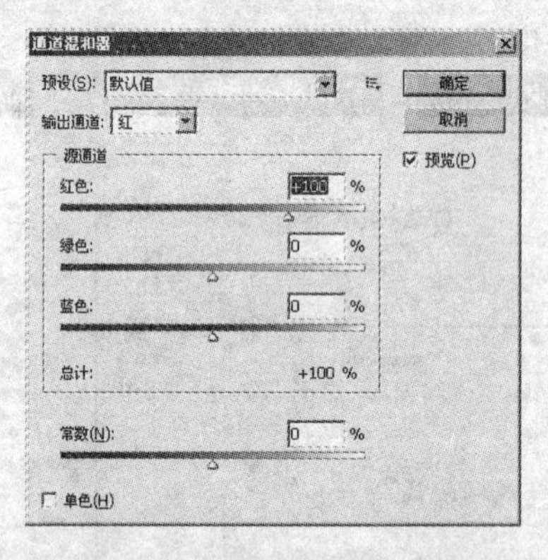

图 3.3.19　“通道混和器”对话框

在输出通道:下拉列表中可选择一个通道。当图像为 RGB 模式时，在此下拉列表中有 3 个通道，即红、绿、蓝；当所需要调整的图像模式为 CMYK 时，此下拉列表中有 4 个通道，即青色、洋红色、黄色、黑色。

在源通道选项区中可设置其中一个通道的参数，向左拖动滑块，可减少源通道在输出通道中所占的百分比，向右拖动滑块，效果则相反。

拖动常数(N):滑块，改变常量值，可在输出通道中加入一个透明的通道。当然，透明度可以通过滑块或数值调整，负值时为黑色通道，正值时为白色通道。

若选中☑单色(H)复选框，则可对所有输出通道应用相同的设置，创建出灰阶的图像。

单击确定按钮，调整通道混合器前后效果对比如图 3.3.20 所示。

图 3.3.20　调整通道混合器前后效果对比

8．照片滤镜

照片滤镜功能支持多款数码相机的 raw 图像格式，可以使用户得到更真实的图像输入。通过模仿传统相机滤镜效果处理，获得各种丰富的效果。

打开需要调整的照片，选择菜单栏中的 图像(I) → 调整(A) → 照片滤镜(F)... 命令，弹出 照片滤镜 对话框，如图 3.3.21 所示。

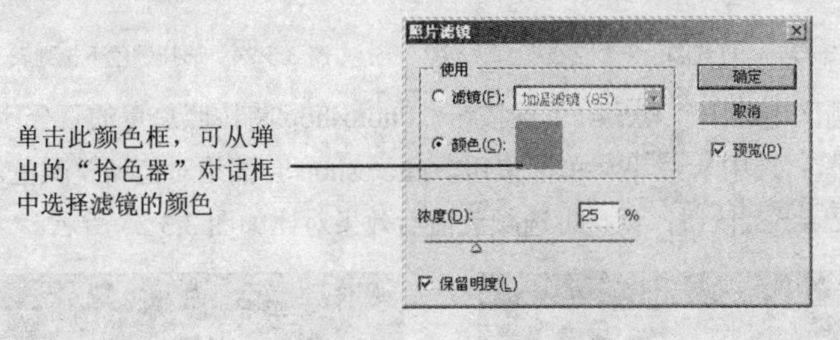

图 3.3.21　“照片滤镜”对话框

在 使用 选项区中有两个选项，选中 滤镜(F): 单选按钮，可在其后面的下拉列表中选择多种预设的滤镜效果；选中 颜色(C): 单选按钮，可自定义颜色滤镜。

设置好“使用”选项后，在 浓度(D): 输入框中输入数值或拖动相应的滑块，可调整着色的强度。其取值范围在 1%～100%之间，数值越大，滤色效果越强。

选中 保留明度(L) 复选框，可以保持图像亮度。如果用户不希望通过添加颜色滤镜来使图像变暗，则可不选中此复选框。如图 3.3.22 所示为应用照片滤镜前后效果对比。

图 3.3.22　应用照片滤镜前后效果对比

9．可选颜色

可选颜色的颜色校正实际上是通过控制原色中的各种印刷油墨的数量来实现的，因而可在不影响其他原色的情况下，修改图像中某种原色中印刷色的数量。

调整可选颜色的具体操作方法如下：

（1）打开一幅需要调整可选颜色的图像文件。

（2）选择图像(I)→调整(A)→可选颜色(S)...命令，弹出可选颜色对话框，如图 3.3.23 所示。

（3）在颜色(O):下拉列表中选择需要调整的颜色，如图 3.3.24 所示。

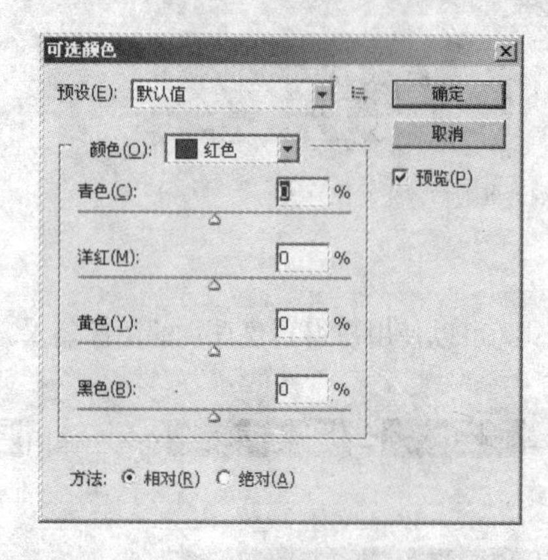

图 3.3.23 “可选颜色”对话框

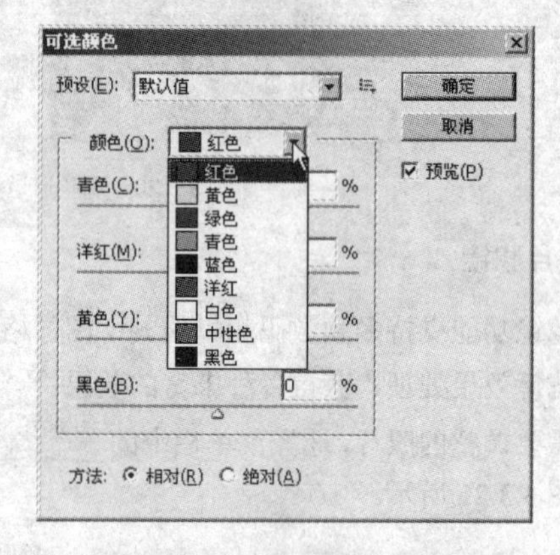

图 3.3.24 选择颜色下拉列表

（4）在方法:选项区中选中相对(R)单选按钮，Photoshop 将按照总量的百分比更改现有的青色、洋红、黄色和黑色的量；选中绝对(A)单选按钮，Photoshop 会按绝对值调整颜色。然后调整所选颜色的成分，单击确定按钮，调整可选颜色前后效果对比如图 3.3.25 所示。

图 3.3.25 调整可选颜色前后效果对比

3.3.3 特殊调整

在 Photoshop CS4 中除了普通的色彩与色调调整功能外，还提供了一些用于调整特殊颜色的命令。下面来学习这些命令的功能与使用方法。

1. 反相

反相命令能将图像进行反转，即转化图像为负片，或将负片转化为图像。

打开一幅需要调整的图像后，选择菜单栏中的图像(I)→调整(A)→反相(I)命令，也可按“Ctrl+I”键，通道中每个像素的亮度值会被直接转换为当前图像中颜色的相反值，即白色变为黑色。如图 3.3.26 所示为应用反向前后效果对比。

图 3.3.26　应用反相前后效果对比

提示：在实际的图像处理过程中，可以使用反相命令创建边缘蒙版，以便向图像中选定的区域应用锐化滤镜或进行其他调整。

2．阈值

阈值命令可以将一张灰度图像或彩色图像转换为高对比度的黑白图像。

应用阈值命令调整图像，具体的操作方法如下：

（1）打开一幅灰度或彩色图像。

（2）选择菜单栏中的 图像(I) → 调整(A) → 阈值(T)... 命令，弹出 阈值 对话框，如图 3.3.27 所示。

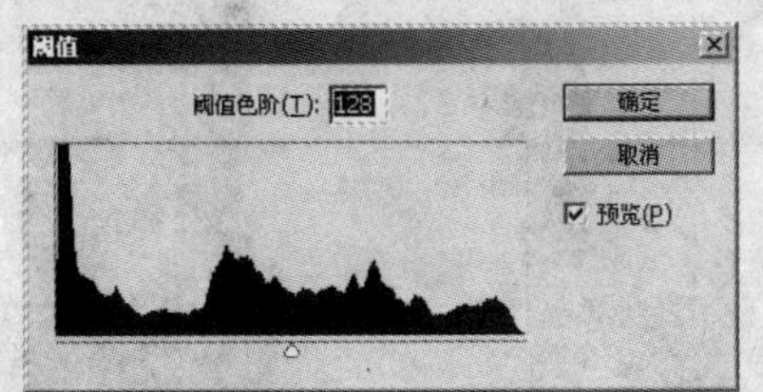

图 3.3.27　“阈值”对话框

（3）在 阈值色阶(T): 输入框中输入数值，可改变阈值色阶的大小，其范围在 1～255 之间。输入的数值越大，黑色像素分布越广；输入的数值越小，白色像素分布越广。

（4）设置好参数后，单击 确定 按钮。

如图 3.3.28 所示为应用阈值前后效果对比。

图 3.3.28　应用阈值前后效果对比

3．色调均化

利用色调均化命令可以重新分布图像中像素的亮度值，使其更均匀地表现所有范围的亮度级别，即在整个灰度范围内均匀分布中间像素值。色调均化的操作步骤如下：

（1）打开一幅需要处理的图像，可以是整个图像，也可以是图像的某一部分。

（2）选择菜单栏中的 图像(I) → 调整(A) → 色调均化(Q) 命令，即可对整体图像进行色调均化处理。

（3）若要对图像的某一部分进行调整，可先创建某区域的选区，然后选择菜单栏中的 图像(I) → 调整(A) → 色调均化(Q)... 命令，弹出 色调均化 对话框，如图 3.3.29 所示。

图 3.3.29 “色调均化”对话框

1）选中 仅色调均化所选区域(S) 单选按钮，对图像进行处理时，仅对选区内的图像起作用。

2）选中 基于所选区域色调均化整个图像(E) 单选按钮，将以选区内图像的最亮和最暗像素为基准使整幅图像色调平均化。

（4）单击 确定 按钮，即可对选区中的图像进行色调均化处理。

如图 3.3.30 所示为应用色调均化前后效果对比。

图 3.3.30 应用色调均化前后效果对比

4．色调分离

色调分离命令可指定图像每个通道的亮度值的数目，并将指定亮度的像素映射为最接近的匹配色调。此命令的功能与阈值命令功能类似，阈值命令在任何情况下都只考虑两种色调，而色调分离命令的色调可以指定 2～255 之间的任何一个值。如果要使用自己指定的颜色数，则先将该图像转换为灰度图像，然后指定色阶数，用指定的颜色替换灰色色调即可。

选择菜单栏中的 图像(I) → 调整(A) → 色调分离(P)... 命令，弹出 色调分离 对话框，如图 3.3.31 所示。

图 3.3.31 “色调分离”对话框

色阶(L): 可控制图像色调分离的程度。输入的数值越小，图像色调分离程度越明显；数值越大，色调变化得越轻微。

5．去色

去色命令可将彩色图像转换为灰度图像，但图像的颜色模式保持不变。例如，它为 RGB 图像中的每个像素指定相等的红色、绿色和蓝色值，而每个像素的明度值不改变。

此命令与在“色相/饱和度”对话框中将“饱和度”设置为-100 的效果相同。

打开需要转换颜色的图像后，选择菜单栏中的 图像(I) → 调整(A) → 去色(D) 命令即可将图像转换为灰阶。

3.4　实例速成——制作快照效果

本节主要利用所学的内容制作快照效果，最终效果如图 3.4.1 所示。

图 3.4.1　最终效果图

操作步骤

（1）按“Ctrl+O”键，打开一幅图像文件，如图 3.4.2 所示。

（2）单击工具箱中的“矩形选框工具”按钮，在图像中拖曳鼠标创建一个矩形选区，效果如图 3.4.3 所示。

图 3.4.2　打开的图像

图 3.4.3　创建选区

（3）选择 选择(S) → 变换选区(T) 命令，可为选区添加变换框，拖动变换框旋转选区，按回车键确认变换操作，如图 3.4.4 所示。

（4）选择 图像(I) → 调整(A) → 色阶(L)... 命令，弹出“色阶”对话框，设置其对话框参数如图 3.4.5 所示。

图 3.4.4　变换选区

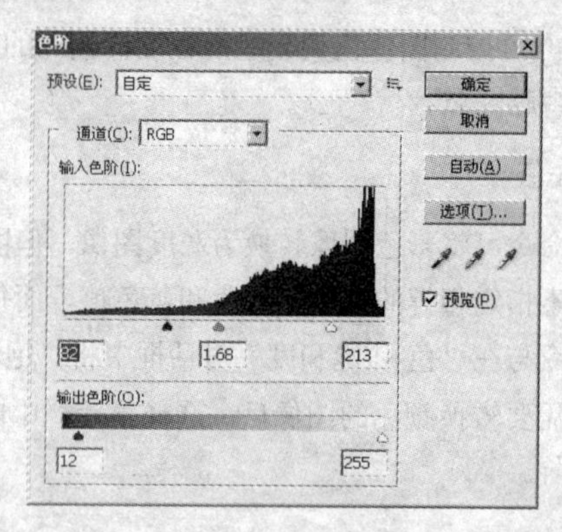

图 3.4.5　“色阶”对话框

（5）设置好参数后，单击 确定 按钮，图像效果如图 3.4.6 所示。

图 3.4.6　调整图像颜色后的效果

（6）按“Ctrl+T”键为选区添加变形框，然后按住“Shift+Alt”键的同时拖动变形框，缩小选区内图像至适当位置，按回车键确认变形操作。

（7）按“Ctrl+T”键取消选区，最终效果如图 3.4.1 所示。

本 章 小 结

本章主要介绍了色彩的理论知识、获取和填充图像颜色以及调整图像颜色。通过本章的学习，读者应掌握色彩的理论知识，能够熟练地获取和填充图像颜色，并学会使用调整图像颜色命令对图像进行色相、饱和度、对比度和亮度的调整，以制作出魅力无穷的艺术作品。

轻 松 过 关

一、填空题

1. ＿＿＿＿＿又称色相，是指色彩的相貌，或是区别色彩的名称或色彩的种类。
2. ＿＿＿＿＿构成是根据构成原理，将色彩按照一定的关系进行组合，调配出需要的颜色。
3. 使用＿＿＿＿＿工具不仅能从打开的图像中取样颜色，也可以指定新的前景色或背景色。
4. 利用＿＿＿＿＿工具可以给图像或选区填充颜色或图案。
5. ＿＿＿＿＿命令通过显示替代物的缩略图来综合调整图像的色彩平衡、对比度和饱和度。

6．图像色彩调整命令主要包括_________、_________、_________、_________、_________和_________等。

二、选择题

1．利用（　）命令可将一个灰度或彩色的图像转换为高对比度的黑白图像。

（A）色阶　　（B）阈值

（C）色调分离　　（D）色调均化

2．利用（　）命令可以去掉彩色图像中的所有颜色值，将其转换为相同色彩模式的灰度图像。

（A）反相　　（B）去色

（C）自动对比度　　（D）替换颜色

3．利用（　）命令可调整图像的整体色彩平衡，使图像颜色看起来更加自然，图像也更加美观。

（A）自动色阶　　（B）色相/饱和度

（C）色彩平衡　　（D）色阶

4．利用（　）命令可以对图像的色调范围进行简单的调整。

（A）自动颜色　　（B）色调均化

（C）亮度/对比度　　（D）色调分离

三、简答题

1．简述亮度、色调、饱和度以及对比度的概念。

2．如何使用油漆桶工具对图像进行图案填充？

四、上机操作题

1．练习使用“色相/饱和度”命令为一幅灰度图像添加颜色，效果如题图 3.1 所示。

原图

效果图

题图　3.1

2．打开一幅曝光不足的照片，将其处理为色彩鲜亮的效果。

第 4 章　绘制与修饰图像

Photoshop CS4 工具箱中提供的大部分工具都是绘图与修饰工具，它们在绘画与修饰方面起着举足轻重的作用。用户利用这些工具可充分发挥自己的创造性，非常方便地对图像进行各种各样的编辑，从而制作出一些富有艺术性的作品。

本章要点

- 绘制图像
- 编辑图像
- 修饰图像的画面
- 修饰图像的明暗度
- 修复图像

4.1 绘 制 图 像

绘图是制作图像的基础，利用描绘图像工具可以直接在绘图区中绘制图形。绘图的基本工具包括画笔工具和铅笔工具，此外还可以使用形状工具来绘制各种形状。

4.1.1 画笔工具

画笔工具用于创建图像内柔和的色彩或黑白线条，它是绘制图像的主要工具。单击工具箱中的“画笔工具”按钮，在“画笔工具”属性栏中可以设置画笔的模式、不透明度及流量，并可以启用喷枪功能，其属性栏如图 4.1.1 所示。

图 4.1.1　“画笔工具”属性栏

在属性栏中单击画笔:右侧的下拉按钮，可打开预设的画笔面板，从中可选择合适的画笔大小。画笔面板提供了多种不同类型的画笔，如尖角、柔角、喷枪硬边、喷枪软边、粉笔、星形、干画笔、草以及叶片等。

在属性栏中的模式:下拉列表中可选择不同的混合模式，用于设置绘图的前景色与背景色之间的混合效果。

在画笔工具属性栏中单击“喷枪工具”按钮，可设置画笔为喷枪工具，在此状态下绘制时所得到的笔画边缘更柔和。

在不透明度:输入框中输入数值，可设置绘图时绘图颜色的不透明度，输入的数值越大，绘制的效果越明显，反之越不明显。

在流量:输入框中输入不同的数值，可以设置画笔工具绘图时笔墨扩散的速度，设置的数值越小，越不清晰。

使用画笔工具的具体操作方法如下：

打开一幅图像，选择工具箱中的画笔工具，在工具箱中单击“设置前景色”按钮，弹出“拾色器”对话框，在颜色滑杆中单击橘黄色，然后在色谱中单击右上角的橘黄色区域，设置前景色为橘黄色，如图 4.1.2 所示。用画笔工具在图像中进行描绘，效果如图 4.1.3 所示。

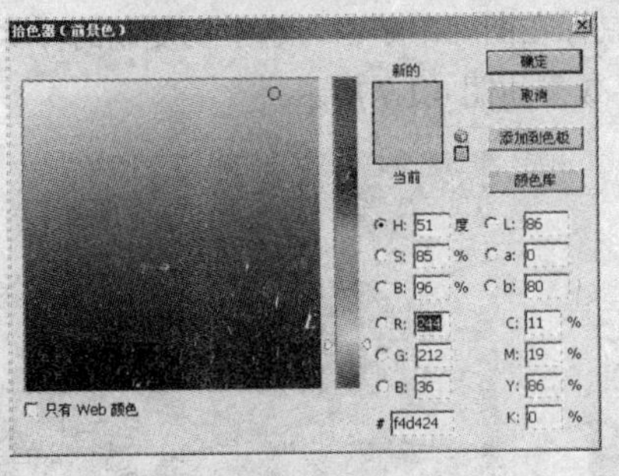

图 4.1.2　设置前景色

图 4.1.3　绘图效果

4.1.2　铅笔工具

使用铅笔工具可以绘制边缘较硬的图像，可在选区内或当前图层内进行绘制。单击工具箱中的“铅笔工具”按钮，其属性栏如图 4.1.4 所示。

图 4.1.4　“铅笔工具”属性栏

其属性栏中的选项与画笔工具的基本相同，唯一不同的是 自动抹除 复选框，选中此复选框，在绘制图形时铅笔工具会自动判断绘画的初始点。如果像素点颜色为前景色，则以背景色进行绘制，如果是背景色，则以前景色进行绘制。

按住“Shift”键的同时单击“铅笔工具”按钮，在图像中拖动鼠标可绘制图像效果，如图 4.1.5 所示。

图 4.1.5　使用铅笔工具绘制图像

4.1.3　仿制图章工具

仿制图章工具一般用来合成图像，它能将某部分图像或定义的图案复制到其他位置或文件中进行修补处理。单击工具箱中的“仿制图章工具”按钮，其属性栏如图 4.1.6 所示。

图 4.1.6　“仿制图章工具”属性栏

用户在其中除了可以选择笔刷、不透明度和流量外，还可以设置下面两个选项。

在 画笔: 右侧单击 下拉按钮，可从弹出的画笔预设面板中选择图章的画笔形状及大小。

选中☑对齐复选框，在复制图像时，不论中间停止多长时间，再按下鼠标左键复制图像时都不会间断图像的连续性；如果不选中此复选框，中途停下之后再次开始复制图像时，就会以再次单击的位置为中心，从最初取样点进行复制。因此，选中此复选框可以连续复制多个相同的图像。

选择仿制图章工具后，按住“Alt”键用鼠标在图像中单击，选中要复制的样本图像，然后在图像的目标位置单击并拖动鼠标即可进行复制，效果如图 4.1.7 所示。

图 4.1.7　使用仿制图章工具复制图像

4.1.4　图案图章工具

图案图章工具可利用预先定义的图案作为复制对象进行复制，将定义的图案复制到图像中。单击工具箱中的“图案图章工具”按钮，其属性栏如图 4.1.8 所示。

画笔: 21　模式: 正常　不透明度: 100%　流量: 100%　☑对齐　☐印象派效果

图 4.1.8　“图案图章工具”属性栏

在属性栏中单击下拉按钮，可在弹出的下拉列表中选择需要的图案。

选中☑印象派效果复选框，可对图案应用印象派艺术效果，复制时图案的笔触会变得扭曲、模糊。

选择图案图章工具后，在其属性栏中设置各项参数，然后在图像中的目标位置单击鼠标左键并来回拖曳即可，效果如图 4.1.9 所示。

图 4.1.9　使用图案图章工具描绘图像效果

4.2　编 辑 图 像

Photoshop CS4 中的图像编辑命令包括剪切、粘贴、还原、拷贝以及贴入等，利用这些编辑命令可以快速地制作一些特殊的图像效果。

4.2.1　剪切、复制与粘贴图像

在 Photoshop CS4 中剪切图像的方法很简单，只需要选中该图像，然后选择菜单栏中的编辑(E)→剪切(T)命令，或按“Ctrl+X”键即可，效果如图 4.2.1 所示。

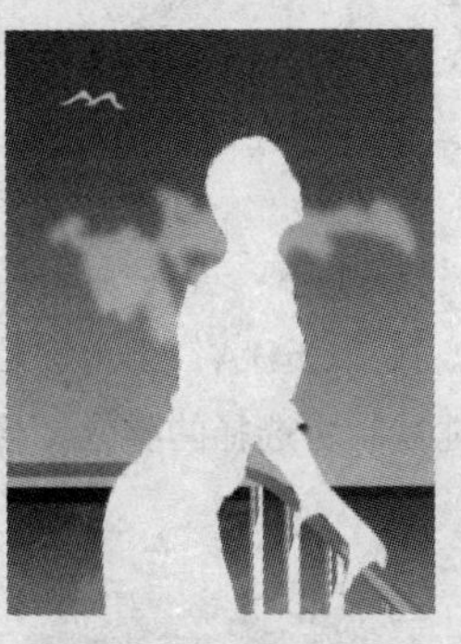

图 4.2.1　剪切前后的图像对比

复制与粘贴图像的具体操作如下：

（1）打开一幅图像文件，如图 4.2.2 所示。

（2）单击工具箱中的“快速选择工具”按钮，在打开的图像中选取荷花图像，效果如图 4.2.3 所示。

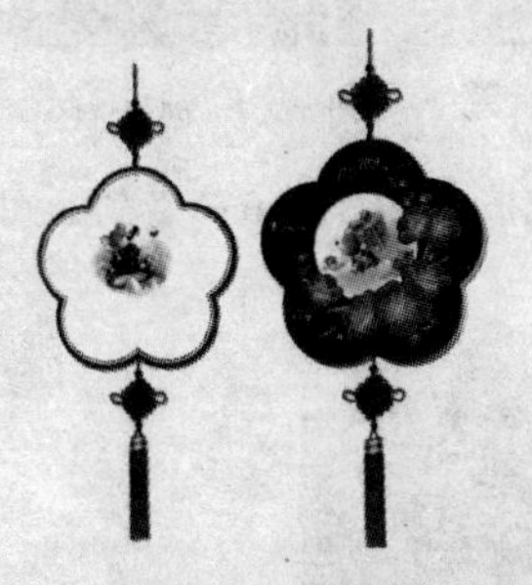

图 4.2.2　打开的图像

图 4.2.3　创建选区

（3）选择菜单栏中的编辑(E)→拷贝(C)命令，或按“Ctrl+C”键将选区内的图像复制到剪贴板上。

（4）打开另一幅如图 4.2.4 所示的图像，选择菜单栏中的编辑(E)→粘贴(P)命令，即可将选区中的图像粘贴到另一幅图像中，效果如图 4.2.5 所示。

图 4.2.4　打开的图像

图 4.2.5　拷贝图像效果

4.2.2 合并拷贝和贴入图像

选择菜单栏中的编辑(E)→合并拷贝(Y)与贴入(I)命令，可实现复制与粘贴图像操作。

选择合并拷贝(Y)命令可用于复制图像中的所有图层，即在不影响原图像的情况下，将选区内的所有图层均复制并放入剪贴板中。

选择贴入(I)命令之前，先在图像中创建一个选区，并且该图像必须要有除背景图层以外的其他图层，否则此命令不可用。

贴入图像的具体操作方法如下：

（1）打开一幅图像，按“Ctrl+A”键全选整幅图像，如图 4.2.6 所示。

（2）按“Ctrl+C”键复制所选择的整幅图像到剪贴板上，再打开一幅图像，并在图像中创建选区，如图 4.2.7 所示。

图 4.2.6 全选图像

图 4.2.7 创建选区

（3）选择菜单栏中的编辑(E)→贴入(I)命令，或按“Ctrl+Shift+V”键，可将剪贴板上的图像粘贴到选区中，效果如图 4.2.8 所示。

图 4.2.8 使用贴入命令后的效果

4.2.3 移动与清除图像

在 Photoshop CS4 中处理图像时，有时需要将当前图层中的图像、选区中的图像移动或清除，这时可以使用移动工具或清除图像功能来完成。

使用移动工具移动图像，其具体的操作方法如下：

（1）按“Ctrl+O”键，打开一幅图像文件。

（2）单击工具箱中的“快速选择工具”按钮，在图像中需要移动的区域创建选区，效果如图 4.2.9 所示。

（3）单击工具箱中的“移动工具”按钮，将鼠标移至选区内按住鼠标左键拖动，即可将选区

内的图像移至需要的位置，效果如图 4.2.10 所示。

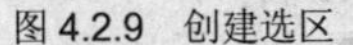

图 4.2.9　创建选区

图 4.2.10　移动选区内图像效果

使用移动工具除了可以移动选区内的图像外，还可以移动图层中的图像，方法是：选择要移动的图层，然后选择移动工具，在要移动的图像上按住鼠标左键拖动即可。

清除图像的方法是：先使用选取工具在图像中选择需要删除的区域，然后选择菜单栏中的 编辑(E) → 清除(E) 命令，或按“Delete”键即可，删除后的图像区域会以背景色填充。

4.2.4　图像的变换操作

在 Photoshop CS4 中，可以对整个图层、选区中的图像、路径以及形状进行变换操作，包括缩放、旋转、扭曲、斜切以及透视等。

1．旋转与翻转图像

选择菜单栏中的 图像(I) → 图像旋转(G) 命令，弹出如图 4.2.11 所示的子菜单，从中选择相应的命令可对整个图像进行旋转与翻转操作。

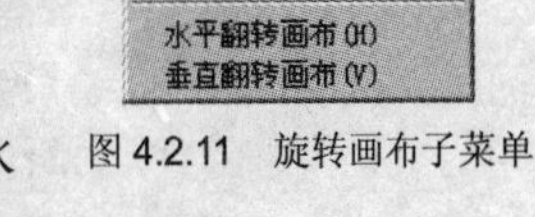

图 4.2.11　旋转画布子菜单

选择 180 度(1) 命令，可将整个图像旋转半圈，即旋转 180°。

选择 90 度(顺时针)(9) 命令，可将整个图像按顺时针方向旋转 90°。

选择 90 度(逆时针)(0) 命令，可将整个图像按逆时针方向旋转 90°。

选择 水平翻转画布(H) 或 垂直翻转画布(V) 命令，将整个图像沿垂直轴水平翻转或沿水平轴垂直翻转，如图 4.2.12 所示。

（a）原图像

（b）水平翻转

（c）垂直翻转

图 4.2.12　翻转图像

选择 任意角度(A)... 命令，按指定的角度旋转图像。

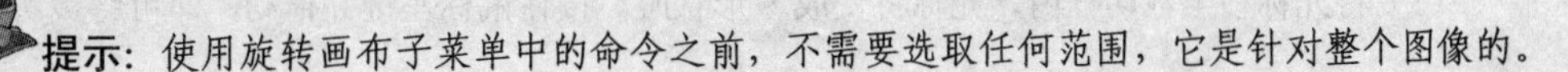

提示： 使用旋转画布子菜单中的命令之前，不需要选取任何范围，它是针对整个图像的。

所以，即使在图像中选取了范围，使用各种旋转与翻转命令时仍然是对整个图像进行的。

2．旋转与翻转局部图像

对局部图像的旋转与翻转就是对选区范围内的图像或一个普通图层中的图像进行操作。

选择菜单栏中的编辑(E)→变换命令，弹出其子菜单，从中选择相应的命令可对局部图像进行旋转与翻转操作。例如，创建一个选区后，选择菜单栏中的编辑(E)→变换→水平翻转(H)命令，可将选区内的图像水平翻转，效果如图 4.2.13 所示。

图 4.2.13　水平翻转选区内的图像

3．变换图像

要对图像进行自由变换，可选择菜单栏中的编辑(E)→变换命令，弹出如图 4.2.14 所示的子菜单。从中选择相应的命令，可对选区中的图像或普通图层中的图像进行相应的变换操作，此处选择透视(P)命令，效果如图 4.2.15 所示。

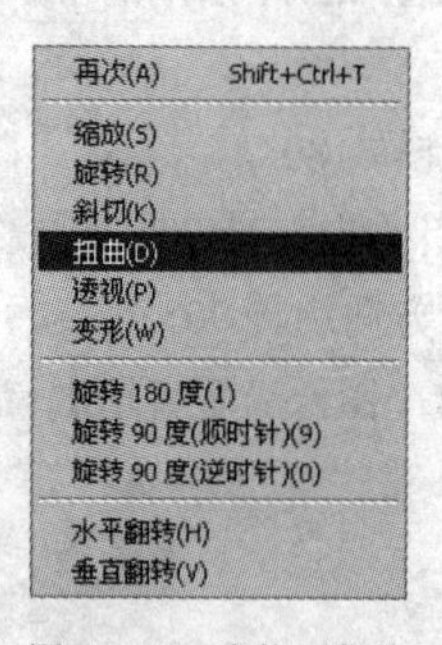

图 4.2.14　变换子菜单

图 4.2.15　变换图像效果

4.2.5　裁切图像

裁切图像是移去整个图像中的部分图像以形成突出或加强构图效果的过程。

可以使用工具箱中的裁切工具来完成裁切图像，其具体的操作如下：

（1）打开一幅需要裁切的图像，单击工具箱中的“裁切工具”按钮，在需要裁切的图像中拖动鼠标，创建带有控制点的裁切框，如图 4.2.16 所示。

（2）将光标移至控制点，光标将变成↰、↔形状时，按住鼠标左键并拖动对裁切框进行旋转、缩放等调节，如图 4.2.17 所示。

（3）将光标移至裁切框内，光标将变成▶形状时，按住鼠标左键并拖动，即可将裁切框移动至

其他位置。在裁切框内双击鼠标左键，即可裁切图像，如图 4.2.18 所示。

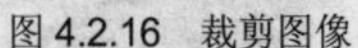

图 4.2.16　裁剪图像　　图 4.2.17　旋转裁切框

创建裁切框之后，可在其属性栏中选中☑透视复选框，然后用鼠标拖动裁切框上的控制点，将裁切框进行透视变形，如图 4.2.19 所示。

图 4.2.18　裁切图像　　图 4.2.19　透视变形裁切框

若按住“Alt”键拖动裁切框上的控制点，则可以以原中心点为开始点将裁切框进行缩放；若按住“Shift”键拖动已选定裁切范围的控制点，则可将高与宽等比例缩放；如果按住“Shift+Alt”键拖动已选定裁切范围的控制点，则以原中心点为开始点，将高与宽等比例缩放。

4.2.6　图像的擦除

擦除图像工具组包括橡皮擦工具、背景橡皮擦工具和魔术橡皮擦工具 3 种，如图 4.2.20 所示，下面将分别介绍其使用方法。

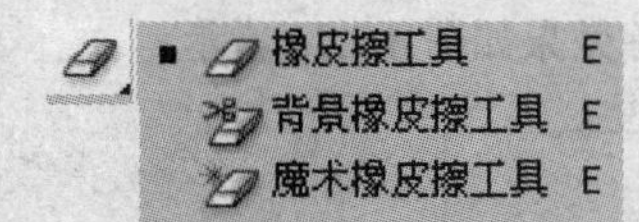

图 4.2.20　橡皮擦工具组

1. 橡皮擦工具

橡皮擦工具可以在擦除图像中的图案或颜色的同时填入背景色，单击工具箱中的“橡皮擦工具”按钮，其属性栏如图 4.2.21 所示。

图 4.2.21　“橡皮擦工具”属性栏

该工具属性栏与画笔工具属性栏基本相同。选中☑抹到历史记录复选框，擦除时橡皮擦工具具有恢复历史操作的功能。

使用橡皮擦工具擦除图像的方法很简单，只须在工具箱中选择此工具，然后在图像中按下并拖动鼠标即可。如果擦除的图像图层被部分锁定时，擦除区域的颜色以背景色取代；如果擦除的图像图层未被锁定，擦除的区域将变成透明的区域，显示出原始背景层。擦除效果如图 4.2.22 所示。

图 4.2.22　使用橡皮擦工具擦除图像效果

2. 背景橡皮擦工具

利用背景橡皮擦工具对图像中的背景层或普通图层进行擦除，可将背景层或普通图层擦除为透明图层。单击工具箱中的“背景橡皮擦工具”按钮，其属性栏如图 4.2.23 所示。

图 4.2.23　“背景橡皮擦工具”属性栏

在按钮组中，用户可以设置颜色取样的模式，从左至右分别是连续的、一次、背景色板 3 种模式。

在限制:下拉列表中可选择背景橡皮擦工具所擦除的范围。

在容差:文本框中输入数值，可设置在图像中要擦除颜色的精度。此值越大，可擦除颜色的范围就越大；否则可擦除颜色的范围就越小。

选中☑保护前景色复选框，在擦除时，图像中与前景色相匹配的区域将不被擦除。

注意：使用背景橡皮擦工具进行擦除时，如果当前图层是背景层，系统会自动将其转换为普通图层。

使用背景橡皮擦工具擦除图像的方法与使用橡皮擦工具相同，只须移动鼠标到要擦除的位置，然后按下鼠标左键来回拖动即可，擦除效果如图 4.2.24 所示。

图 4.2.24　使用背景橡皮擦工具擦除图像

3. 魔术橡皮擦工具

魔术橡皮擦工具和背景橡皮擦工具功能相同，也是用来擦除背景的。单击工具箱中的“魔术橡皮擦工具”按钮，其属性栏如图 4.2.25 所示。

容差: 32　☑消除锯齿　☑连续　☐对所有图层取样　不透明度: 100%

图 4.2.25　“魔术橡皮擦工具”属性栏

在属性栏中选中 ☑连续 复选框，表示只擦除与鼠标单击处颜色相似的在容差范围内的区域。

选中 ☑消除锯齿 复选框，表示擦除后的图像边缘显示为平滑状态。

在 不透明度: 文本框中输入数值，可以设置擦除颜色的不透明度。

在属性栏中设置好各选项后，在图像中需要擦除的地方单击鼠标即可擦除图像，效果如图 4.2.26 所示。

图 4.2.26　利用魔术橡皮擦工具擦除图像

4.3　修饰图像的画面

图像画面处理工具组包括模糊工具、锐化工具和涂抹工具 3 种，如图 4.3.1 所示，利用该组工具可对图像进行模糊或清晰处理。下面将分别介绍其使用方法。

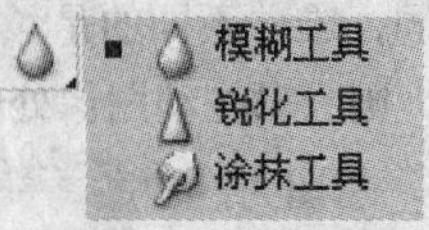

■ 模糊工具
锐化工具
涂抹工具

图 4.3.1　模糊工具组

4.3.1　模糊工具

模糊工具可以柔化图像中突出的色彩和较硬的边缘，使图像中的色彩过渡平滑，从而达到模糊图像的效果。单击工具箱中的“模糊工具”按钮，其属性栏如图 4.3.2 所示。

画笔: 13　模式: 正常　强度: 50%　☐对所有图层取样

图 4.3.2　“模糊工具”属性栏

模糊工具一般用于对图像的局部进行处理。首先打开一幅图像，在其属性栏中设置画笔大小、模式和模糊的强度，然后再将鼠标光标移至图像上单击并拖动即可。如图 4.3.3 所示为对图像中的向日葵进行模糊处理的效果。

图 4.3.3　利用模糊工具处理图像效果

4.3.2　锐化工具

锐化工具与模糊工具功能刚好相反，即通过增加图像相邻像素间的色彩反差使图像的边缘更加清晰。单击工具箱中的“锐化工具”按钮，其属性栏与模糊工具相同，这里不再赘述。然后在图像中需要修饰的位置单击并拖动鼠标，即可使图像变得更加清晰，效果如图 4.3.4 所示。

图 4.3.4　利用锐化工具处理图像效果

4.3.3　涂抹工具

利用涂抹工具可以制作出一种类似用手指在湿颜料中拖动后产生的效果。单击工具箱中的“涂抹工具”按钮，其属性栏如图 4.3.5 所示。

图 4.3.5　“涂抹工具”属性栏

其属性栏中的选项与模糊工具的相同，唯一不同的是 手指绘画 复选框，选中此复选框，用前景色在图像中进行涂抹；不选中此复选框，则只对拖动图像处的色彩进行涂抹。如图 4.3.6 所示的左图为未选中 手指绘画 复选框时涂抹的效果，右图为选中 手指绘画 复选框后涂抹的效果。

图 4.3.6　利用涂抹工具处理图像效果

4.4　修饰图像的明暗度

图像明暗度处理工具包括减淡工具、加深工具和海绵工具 3 种，如图 4.4.1 所示，利用该组工具可将图像的颜色或饱和度加深或减淡。下面将分别介绍其使用方法。

图 4.4.1　图像明暗度工具组

4.4.1　减淡工具

利用减淡工具可以对图像中的暗调进行处理，增加图像的曝光度，使图像变亮。单击工具箱中的“减淡工具”按钮，其属性栏如图 4.4.2 所示。

画笔： 65　范围： 中间调　曝光度： 50%　保护色调

图 4.4.2　“减淡工具”属性栏

在范围：下拉列表中可以选择减淡工具所用的色调，包括阴影、中间调和高光 3 个选项。其中，“高光”选项用于调整高亮度区域的亮度；“中间调”选项用于调整中等灰度区域的亮度；“阴影”选项用于调整阴影区域的亮度。

曝光度：在该文本框中输入数值，可以设置图像的减淡程度，其取值范围为 0～100%，输入的数值越大，对图像减淡的效果就越明显。

当需要对图像进行亮度处理时，可先打开一幅图像，然后在需要减淡的图像处单击鼠标即可将图像的颜色进行减淡，如图 4.4.3 所示为对图像的局部进行减淡处理的效果。

图 4.4.3　利用减淡工具调整图像效果

4.4.2　加深工具

加深工具和减淡工具刚好相反，加深工具是将图像颜色加深，或增加曝光度使照片中的区域变暗。单击工具箱中的“加深工具”按钮，其属性栏与减淡工具的相同，这里不再赘述，然后在图像中需要加深的位置单击鼠标，即可使图像变得更加清晰，效果如图 4.4.4 所示。

图 4.4.4　利用加深工具调整图像效果

4.4.3 海绵工具

利用海绵工具可以精确地更改图像区域的色彩饱和度。在灰度模式下，该工具通过使灰阶远离或靠近中间调来增加或降低对比度。单击工具箱中的“海绵工具”按钮，其属性栏如图 4.4.5 所示。

图 4.4.5 “海绵工具”属性栏

在模式:下拉列表中可以选择更改颜色的模式，包括降低饱和度和饱和两种模式。选择“降低饱和度”模式可减弱图像颜色的饱和度；选择“饱和”模式可加强图像颜色的饱和度。如图 4.4.6 所示为使用“饱和”模式修饰图像的效果。

图 4.4.6 加深图像色彩饱和度效果

4.5 修 复 图 像

修复图像工具组包括污点修复画笔工具、修复画笔工具、修补工具和红眼工具 4 种，如图 4.5.1 所示。该组工具可以有效地修复图像上的杂质、污点、刮痕和褶皱等缺陷。

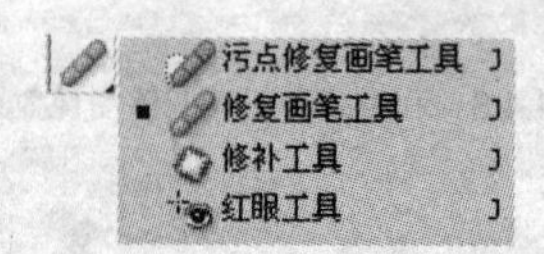

图 4.5.1 修复图像工具组

4.5.1 污点修复画笔工具

污点修复画笔工具可以快速地将图像上的污点修复到满意的效果。单击工具箱中的“污点修复画笔工具”按钮，其属性栏如图 4.5.2 所示。

图 4.5.2 “污点修复画笔工具”属性栏

在类型:选项区中可以选择修复后的图像效果，包括近似匹配和创建纹理两个单选按钮，修复时选中近似匹配单选按钮，则使用选区边缘周围的像素来查找要用做选定区域修补的图像；修复时选中创建纹理单选按钮，则使用选区中的所有像素创建用于修复该区域的纹理。

选择污点修复画笔工具，然后在图像中想要去除的污点上单击或拖曳鼠标，即可将图像中的污点

消除，而且被修改的区域可以无缝混合到周围图像环境中，效果如图 4.5.3 所示。

图 4.5.3　利用污点修复画笔工具修复图像效果

4.5.2　修复画笔工具

单击工具箱中的“修复画笔工具”按钮，其属性栏如图 4.5.4 所示。

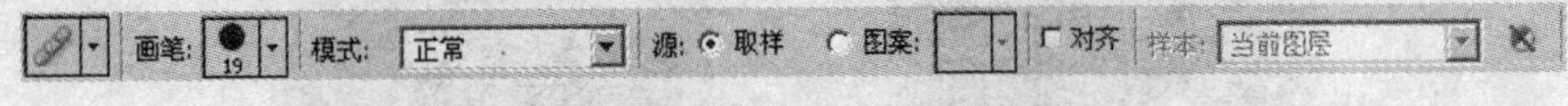

图 4.5.4　“修复画笔工具”属性栏

在画笔:下拉列表中可设置笔尖的形状、大小、硬度以及角度等。

单击模式:右侧的正常下拉列表框，可从弹出的下拉列表中选择不同的混合模式。

选中☑对齐复选框，会以当前取样点为基准连续取样，这样无论是否连续进行修补操作，都可以连续应用样本像素；若不选中此复选框，则每次停止和继续绘画时，都会从初始取样点开始应用样本像素。

在源:选项区中提供了两个选项，可用于设置修复画笔工具复制图像的来源。选中⊙取样单选按钮，必须按住“Alt”键在图像中取样，然后对图像进行修复，如图 4.5.5 所示；选中⊙图案单选按钮，可单击右侧的下拉按钮，从弹出的预设图案样式中选择图案对图像进行修复，效果如图 4.5.6 所示。

图 4.5.5　取样修复

图 4.5.6　图案修复

4.5.3　修补工具

修补工具和修复画笔工具的功能相同，但使用方法完全不同，利用修补工具可以自由选取需要修复的图像范围。单击工具箱中的“修补工具”按钮，其属性栏如图 4.5.7 所示。

选中⊙源单选按钮，表示将创建的选区作为源图像区域，用鼠标拖动源图像区域至目标区域，目标区域的图像将覆盖源图像区域。

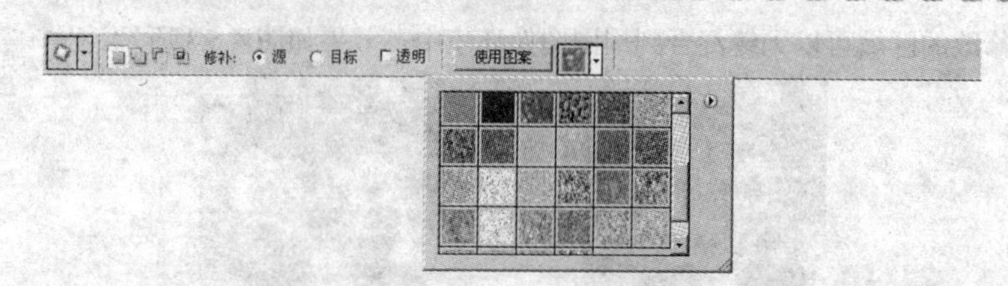

图 4.5.7 “修补工具”属性栏

选中 ⊙目标 单选按钮，表示将创建的选区作为目标图像区域，用鼠标拖动目标区域至源图像区域，目标区域的图像将覆盖源图像区域。

使用图案：此按钮只有在创建好选区之后才可用。单击此按钮，则创建的需要修补的选区会被选定的图案完全填充。

如图 4.5.8 所示为使用修补工具修补地板的效果。

图 4.5.8 使用图案修补图像效果

4.5.4 红眼工具

红眼工具可移去用闪光灯拍摄的人物照片中的红眼，也可以移去用闪光灯拍摄的动物照片中的白色或绿色反光。单击工具箱中的“红眼工具”按钮，其属性栏如图 4.5.9 所示。

瞳孔大小: 50% 变暗量: 50%

图 4.5.9 “红眼工具”属性栏

瞳孔大小：在该文本框中输入数值，可设置瞳孔（眼睛暗色的中心）的大小。

变暗量：在该文本框中输入数值，可设置瞳孔的明暗度。

4.6 实例速成——绘制眼睛

本节主要利用所学的内容绘制眼睛，最终效果如图 4.6.1 所示。

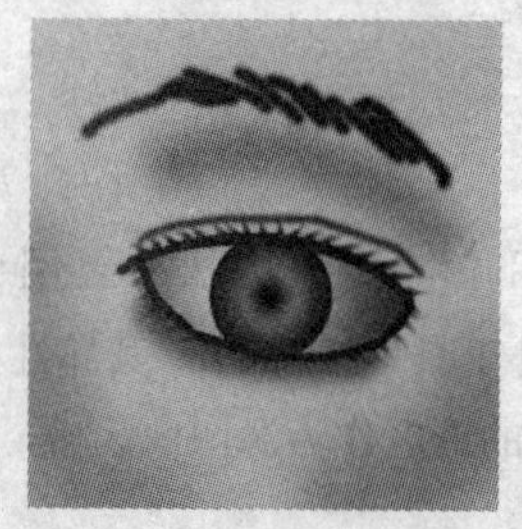

图 4.6.1 最终效果图

操作步骤

（1）新建一个图像文件，设置前景色为淡黄色，按“Alt+Delete”键填充背景图层。

（2）新建图层1，设置前景色为深红色，单击工具箱中的“画笔工具”按钮，设置其属性栏参数如图4.6.2所示。

图4.6.2　“画笔工具”属性栏

（3）设置好参数后，在图像中拖动鼠标绘制眉毛，效果如图4.6.3所示。

（4）单击工具箱中的“画笔工具”按钮，设置其画笔大小为“7”，新建图层2，在图像中绘制出眼睛的轮廓，效果如图4.6.4所示。

图4.6.3　使用画笔工具绘制眉毛

图4.6.4　绘制眼睛的轮廓

（5）新建图层3，单击工具箱中的“魔棒工具”按钮，在眼睛的轮廓内创建选区。

（6）单击工具箱中的“渐变工具”按钮，设置其属性栏参数如图4.6.5所示。

图4.6.5　“渐变工具”属性栏

（7）设置好参数后，在选区内从中心向右拖动鼠标填充渐变，效果如图4.6.6所示。

（8）按“Ctrl+D”键取消选区，将图层3拖至图层2的下方，新建图层4，使用椭圆选框工具在眼睛中间创建圆形选区，并将其填充为深红色，效果如图4.6.7所示。

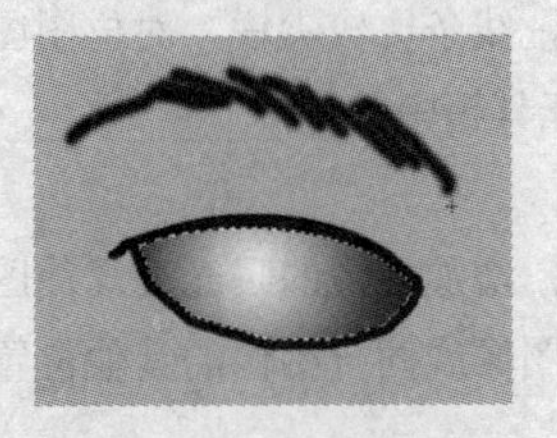

图4.6.6　创建选区并填充渐变

图4.6.7　创建圆形并将其填充

（9）将图层4载入选区，收缩并羽化选区，然后新建图层5，按“Alt+Delete”键填充羽化后的选区，效果如图4.6.8所示。

（10）按“Ctrl+D”键取消选区，新建图层6，设置前景色为黑色，使用画笔工具在眼睛中心单击鼠标，效果如图4.6.9所示。

图4.6.8　填充羽化选区效果

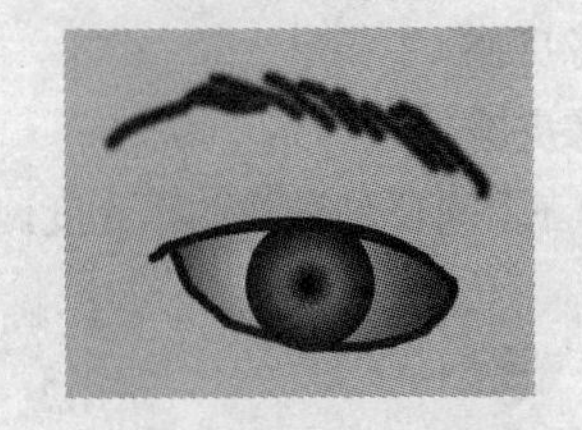

图4.6.9　使用画笔工具后的效果

（11）新建图层 7，使用画笔工具在眼睛上部绘制一条弯曲的深红色线条，再单击其属性栏中的“喷枪工具”按钮，设置不透明度为“40%”，在图像中随意涂抹几笔，效果如图 4.6.10 所示。

图 4.6.10 使用喷枪后的效果

（12）确认图层 2 为当前图层，单击工具箱中的“涂抹工具”按钮，在图像中进行涂抹，最终效果如图 4.6.1 所示。

本 章 小 结

本章主要介绍了在 Photoshop CS4 中绘制图像、编辑图像、修饰图像的画面、修饰图像的明暗度以及修复图像等知识，通过本章的学习，读者应掌握在 Photoshop CS4 中图像的一些处理技巧，从而制作出更多的图像特效。

轻 松 过 关

一、填空题

1．_________工具用于创建类似硬边手画的直线，线条比较尖锐，对位图图像特别有用。

2．在 Photoshop CS4 中要想擦除图像，可利用工具箱中的_________、_________和_________3 种工具来擦除图像。

3．利用_________可以对图像中的暗调进行处理，增加图像的曝光度，使图像变亮。

4．利用_________可以将取样的图像应用到其他图像或同一图像的其他位置。

二、选择题

1．如果选中铅笔工具属性栏中的“自动抹掉”复选框，可以将铅笔工具设置成类似（ ）工具。

（A）仿制图章　　（B）魔术橡皮擦

（C）背景橡皮擦　　（D）橡皮擦

2．利用（ ）工具可以擦除图层中具有相似颜色的区域，并以透明色替代被擦除的区域。

（A）魔术橡皮擦　　（B）橡皮擦

（C）背景橡皮擦　　（D）仿制图章

3．利用（ ）工具可降低图像的曝光度，使图像颜色变深，更加鲜艳。

（A）锐化　　（B）减淡

（C）涂抹　　（D）加深

4．利用（ ）工具可以清除图像中的蒙尘、划痕及褶皱等，同时保留图像的阴影、光照和纹理

等效果。

（A）污点修复画笔　　（B）修补

（C）修复画笔　　（D）背景橡皮擦

5．利用（　）工具可以绘制出如同手指涂抹的效果。

（A）涂抹　　（B）海绵

（C）模糊　　（D）锐化

三、简答题

1．如何自定义画笔笔触？

2．修复画笔工具与什么工具相似，可对图像进行什么操作？

3．如何使用修补工具修饰图像？

四、上机操作题

1．打开一幅红眼照片，使用本章所学的红眼工具修复照片画面的瑕疵。

2．新建一个图像文件，绘制一幅如题图 4.1 所示的卡通图案。

题图　4.1

第 5 章　创建与编辑文本

文字在作品设计中是不可或缺的元素，它衬托一幅作品使其突出主题，起到画龙点睛的作用。本章主要介绍文字的创建、属性设置以及文字的使用等。

本章要点

- 创建文本
- 设置文本属性
- 编辑文本图层

5.1　创 建 文 本

文字是艺术作品中常用的元素之一，它不仅可以帮助大家快速了解作品所呈现的主题，还可以在整个作品中充当重要的修饰元素，增加作品的主题内容，烘托作品的气氛。

5.1.1　创建点文字

点文字是一个水平或垂直的文本行，它从图像中单击的位置开始，文字行的长度会随着输入文本长度的增加而增加，若要进行换行操作，可按“Enter”键。

用鼠标右键单击工具箱中的“横排文字工具”按钮 T，可弹出隐藏的文字工具组，如图 5.1.1 所示。

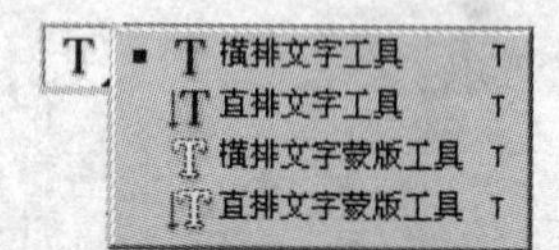

图 5.1.1　文字工具组

单击工具组中的“横排文字工具”按钮 T，其属性栏如图 5.1.2 所示。

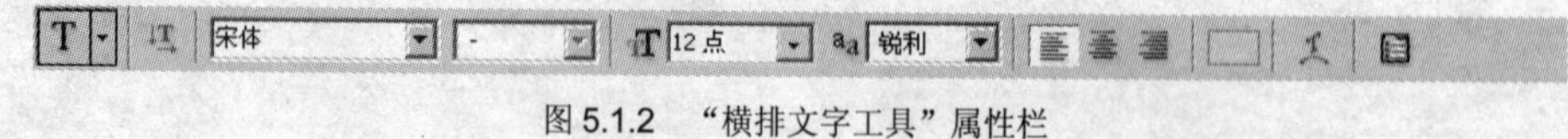

图 5.1.2　“横排文字工具”属性栏

在“宋体”下拉列表中可以选择文字的字体，在“12 点”下拉列表中可选择字体的大小或直接输入数值来设置字体的大小，在“锐利”下拉列表中可选择消除锯齿的选项。

在属性栏中设置好所输文字的字体、字号以及颜色后，将鼠标移至图像中单击，以定位光标输入位置，此时图像中显示一个闪烁光标，即可输入文字内容，如图 5.1.3 所示。

技巧： 输入文字后，按住“Ctrl”键的同时拖动输入的文字可移动文字的位置。

文字内容输入完成后，在属性栏中单击“提交所有当前编辑”按钮 ✓，即可完成输入；如果单击属性栏中的“取消所有当前编辑”按钮，即可取消输入操作。此时，在图层面板中会自动生成

一个新的文字图层，如图 5.1.4 所示。

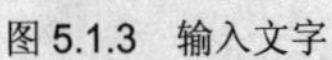
图 5.1.3　输入文字

图 5.1.4　图层面板中的文字图层

提示：使用横排文字蒙版工具或直排文字蒙版工具在图像中单击时，不会自动创建文字图层，而是为图像创建一层蒙版。在这种状态下输入文字后，再使用工具箱中的任何工具或单击属性栏中的“提交所有当前编辑”按钮✓，此时输入的文字将自动转换为选区，就可以将转换后的选区像普通选区一样进行填充、移动、描边、添加阴影等操作。

5.1.2　创建段落文字

如果需要输入大量的文字内容，可以通过 Photoshop CS4 中提供的段落文本框进行。输入段落文字时，其文字会基于定界框的尺寸进行自动换行，也可以根据需要自由调整定界框的大小，还可以使用定界框旋转、缩放或斜切文字。

单击工具箱中的“横排文字工具”按钮 T 或“直排文字工具”按钮 IT，在图像窗口中拖动鼠标左键形成一个段落文本框，当出现闪烁的光标时输入文字，即可得到段落文字，效果如图 5.1.5 所示。

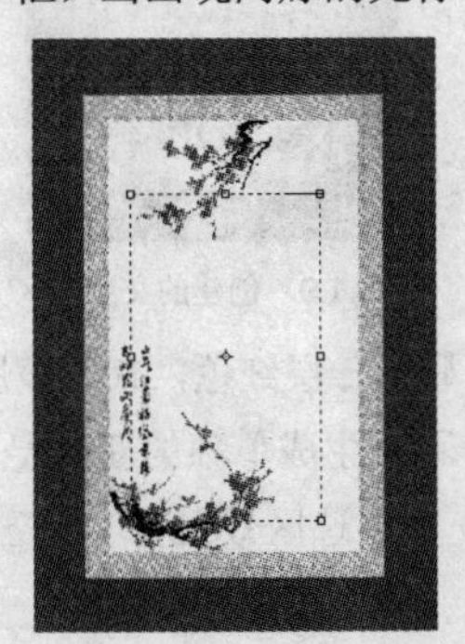

图 5.1.5　输入段落文字效果

与点文字相比，段落文字可设置更多种对齐方式，还可以通过调整矩形框使文字倾斜排列或使文字大小变化等。移动鼠标到段落文本框的控制点上，当光标变成↗形状时，拖动鼠标可以很方便地调整段落文本框的大小，效果如图 5.1.6 所示。当光标变成↷形状时，可以对段落文本框进行旋转，如图 5.1.7 所示。

技巧：将鼠标移至定界框内，按住“Ctrl”键的同时使用鼠标拖动定界框，可移动该定界框的位置。

图 5.1.6　调整文本框的大小

图 5.1.7　旋转文本框

5.1.3　创建文字选区

利用工具箱中的横排文字蒙版工具和直排文字蒙版工具都可以在图像中创建文字形状的选区，并且可以对创建的选区进行相应的操作。下面通过一个例子来介绍文字选区的创建方法。

（1）单击工具箱中的“横排文字蒙版工具”按钮或“直排文字蒙版工具”按钮，在其属性栏中设置适当的参数。

（2）设置完成后，在图像窗口中单击鼠标，当出现闪烁的光标时输入文字即可，效果如图 5.1.8 所示。

（3）单击属性栏右侧的“提交所有当前编辑”按钮✔确认输入操作，即可得到文字选区，效果如图 5.1.9 所示。

图 5.1.8　输入文字

图 5.1.9　创建的文字选区

（4）利用文字蒙版工具输入文字时，图像窗口中显示一层红色，代表蒙版的内容，其中的文字将被显示为白色，并且使用文字蒙版工具输入文字时，不会生成单独的新图层。但是用户可以对所创建的选区进行相应的编辑操作，如图 5.1.10 所示为填充文字选区效果。

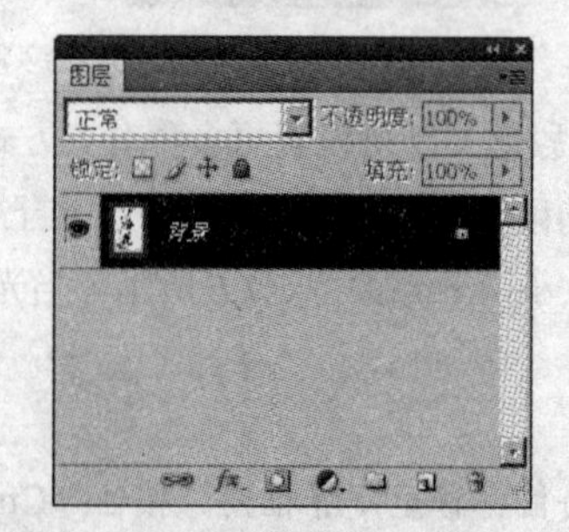

图 5.1.10　填充文字选区及其图层面板

5.1.4　创建路径文字

在 Photoshop CS4 中不仅可以输入点文字和段落文字，还可以沿着用钢笔或形状工具创建的工作路径的边缘排列所输入的文字。

1. 在路径上输入文字

在路径上输入文字是指在创建路径的外侧输入文字，可以利用钢笔工具或形状工具在图像中创建工作路径，然后再输入文字，使创建的文字沿路径排列，具体操作步骤如下：

（1）单击工具箱中的“钢笔工具”按钮，在图像中创建需要的路径，如图 5.1.11 所示。

（2）单击工具箱中的“文字工具”按钮 T，将鼠标指针移动到路径的起始锚点处，单击插入光标，然后输入需要的文字，效果如图 5.1.12 所示。

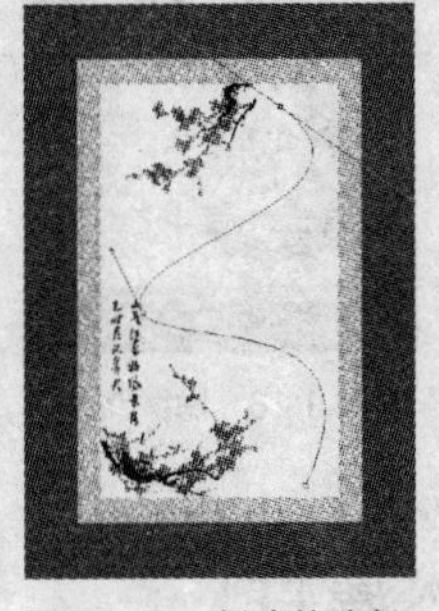

图 5.1.11　创建的路径

图 5.1.12　输入路径文字

（3）若要调整文字在路径上的位置，可单击工具箱中的“路径选择工具”按钮，将鼠标指针指向文字，当指针变为或形状时拖曳鼠标，即可改变文字在路径上的位置，如图 5.1.13 所示。

（4）若要对创建好的路径形状进行修改，路径上的文字将会一起被修改，如图 5.1.14 所示。

图 5.1.13　调整文字在路径上的位置

图 5.1.14　修改路径形状效果

（5）在路径面板空白处单击鼠标可以将路径隐藏。

2. 在路径内输入文字

在路径内输入文字是指在创建的封闭路径内输入文字，具体操作步骤如下：

（1）单击工具箱中的“钢笔工具”按钮，在页面中创建如图 5.1.15 所示的路径。

（2）单击工具箱中的“横排文字工具”按钮 T，将鼠标指针移动到椭圆路径内部，单击鼠标在如图 5.1.16 所示的状态下输入需要的文字，输入文字后的效果如图 5.1.17 所示。

（3）从输入的文字可以看到文字按照路径形状自行更改位置，将路径隐藏即可完成输入，效果如图 5.1.18 所示。

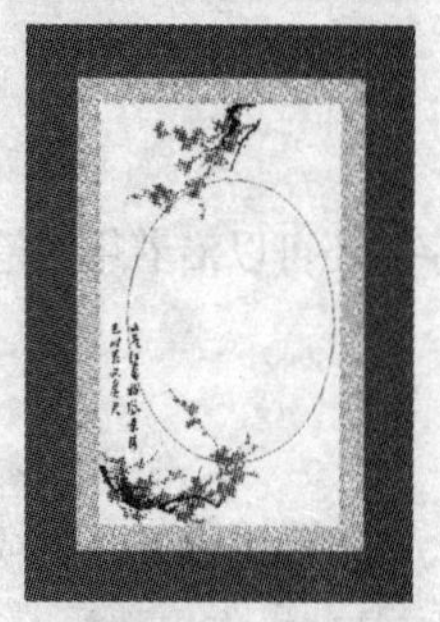

图 5.1.15　创建的路径

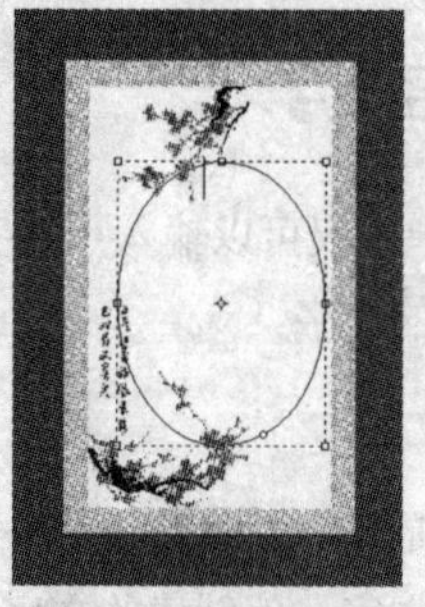

图 5.1.16　设置起点

图 5.1.17　输入文字

图 5.1.18　隐藏路径

5.2　设置文本属性

在 Photoshop CS4 中，除了在属性栏中设置文字属性外，还可以通过字符面板和段落面板设置文字的属性，下面进行具体讲解。

5.2.1　字符面板

在字符面板中可以设置文字的字体、字号、字符间距以及行间距等。选择 窗口(W) → 字符 命令，或单击“文字工具”属性栏中的“切换字符和段落面板”按钮，打开字符面板，如图 5.2.1 所示。

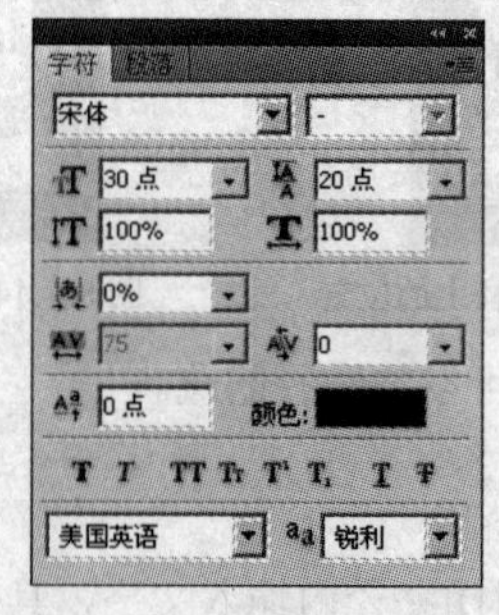

图 5.2.1　字符面板

在 华文行楷 下拉列表中，可以设置输入文字的字体。

在 12点 下拉列表中，可以设置输入文字的字体大小。

在 (自动) 下拉列表中，可以设置文字行与行之间的距离。

在 100% 文本框中输入数值，可以设置文字在垂直方向上缩小或放大。当输入的数值大于 100%时，文字会在垂直方向上放大；当输入的数值小于 100%时，文字会在垂直方向上缩小。

在 100% 文本框中输入数值，可以设置文字在水平方向上缩小或放大。当输入的数值大于 100%时，文字会在水平方向上放大；当输入的数值小于 100%时，文字会在水平方向上缩小。

在 0% 下拉列表中，可以调整所选择的字符的比例间距。

在 0 下拉列表中，可以调整两个相邻字符的距离，但在文字被选中时无效。

在 0点 文本框中输入数值，可设置文字相对于基线进行上下偏移。文本框内数值为正值时向上偏移，为负值时向下偏移。

T T TT Tt T¹ T₁ T T：该组按钮可用来设置字符的样式，从左至右分别为仿粗体、仿斜体、全部大写字母、小型大写字母、上标、下标、下画线、删除线 8 种预设的字符样式。如图 5.2.2 所示为部分样式效果。

（a）原图　（b）仿粗体

（c）全部大写字母　（d）上标

（e）下画线　（f）删除线

图 5.2.2　不同字符样式效果

5.2.2　段落面板

在段落面板中可以设置图像中段落文本的对齐方式。选择菜单栏中的 窗口(W) → 段落 命令，或单击“文字工具”属性栏中的“切换字符和段落面板”按钮，打开段落面板，如图 5.2.3 所示。

在 0点 文本框中输入数值，可调整文本相对于文本输入框左边的距离。

在 0点 文本框中输入数值，可调整文本相对于文本输入框右边的距离。

在 0点 文本框中输入数值，可调整段落中的第一行文本相对于文本输入框左边的距离。

在 0点 文本框中输入数值，可设置当前段落与前一个段落之间的距离。

在 0点 文本框中输入数值，可设置当前段落与后一个段落之间的距离。

选中 ☑连字 复选框，在输入英文时可以使用连字符连接单词。

5.2.3 变形文字

如果需要对文字进行各种变形操作，可在文字工具属性栏中单击“创建变形文本”按钮，即可弹出变形文字对话框，如图 5.2.4 所示。

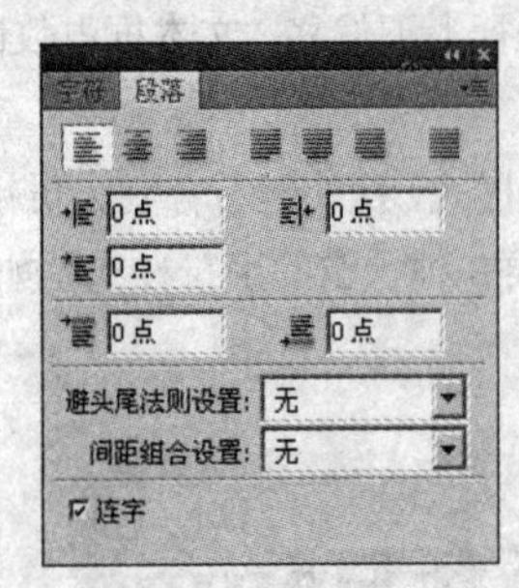

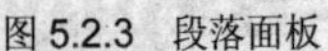
图 5.2.3 段落面板

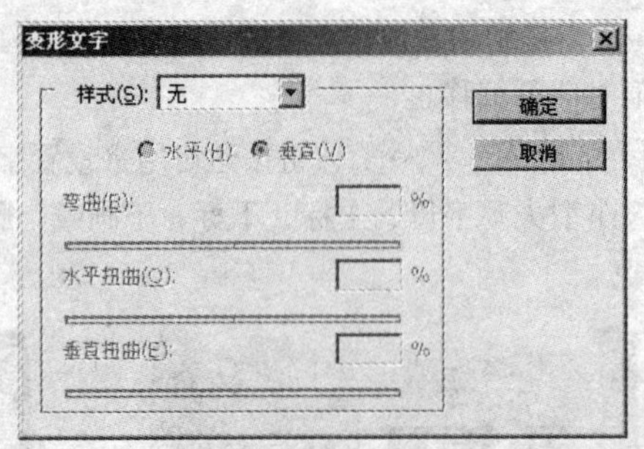

图 5.2.4 “变形文字”对话框

单击样式(S):下拉列表框无，可从弹出的下拉列表中选择不同的文字变形样式。

选中水平(H)单选按钮，可对文字进行水平方向变形；选中垂直(V)单选按钮，可对文字进行垂直方向变形。

在弯曲(B):输入框中输入数值，可设置文字的水平与垂直弯曲程度。

在水平扭曲(O):与垂直扭曲(E):输入框中输入数值或拖动相应的滑块，可设置文字的水平与垂直扭曲程度。

如图 5.2.5 所示为对文字应用凸起变形样式前后效果对比。

图 5.2.5 变形前后文字效果对比

5.3 编辑文本图层

在图像中输入文字后，系统将会在图层面板中自动生成一个独立的文字图层，用户可对该图层进行点文字与段落文字间的转换、将文字转换为路径、将文字转换为形状以及栅格化文字。

5.3.1 点文字与段落文字之间的转换

在图像中创建文字图层后，用户可以根据需要将其在段落文字与点文字之间进行相互转换。

1. 将点文字转换为段落文字

在图层面板中选择需要转换的点文字图层，然后选择图层(L)→文字→转换为段落文本(P)命令，即可将点文字图层转换为段落文字图层。在将点文字图层转换为段落文字图层的过程中，输入的每一行文字将会成为一个段落，如图 5.3.1 所示。

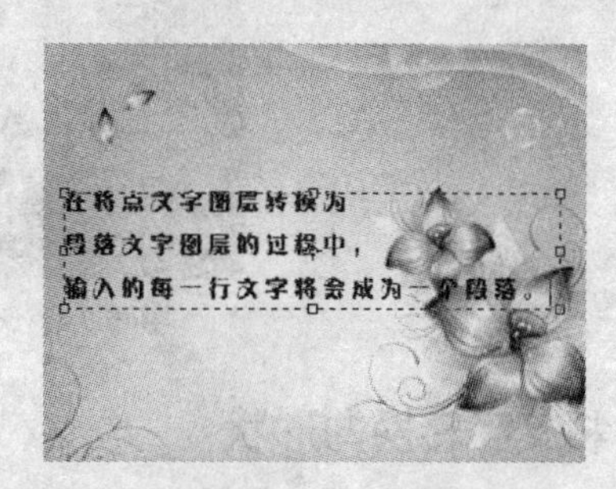

图 5.3.1　将点文字转换为段落文字效果

2．将段落文字转换为点文字

在图层面板中选择用来转换的段落文字图层，然后选择 图层(L) → 文字 → 转换为点文本(P) 命令，即可将段落文字图层转换为点文字图层。在将段落文字图层转换为点文字图层的过程中，系统将在每行文字的末尾添加一个换行符，使其成为独立的文本行。另外，在转换之前，如果段落文字图层中的某些文字超出文本框范围，没有被显示出来，则表示这部分文字在转换过程中已被删除。

5.3.2　将文字转换为路径

在 Photoshop CS4 中将文字转换为路径，可得到文字形状的路径，此时可以利用路径工具对其进行修改。将文字转换为路径的具体操作如下：

（1）利用文字工具在图像中输入文字，如图 5.3.2 所示。

图 5.3.2　输入文字及其图层面板

（2）选择 图层(L) → 文字 → 创建工作路径(C) 命令，即可将文字转换为路径，此时在路径面板中新增加了一个工作路径，如图 5.3.3 所示。

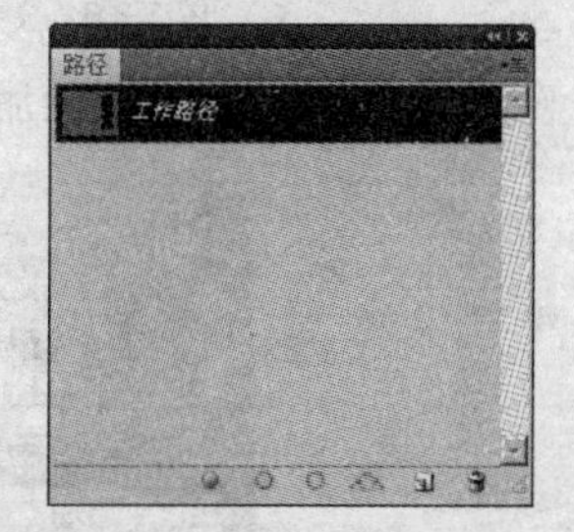

图 5.3.3　文字转换为路径

（3）利用各种路径工具对转换后的文字路径进行调整，效果如图 5.3.4 所示。

图 5.3.4　调整后的效果

5.3.3　将文字转换为形状

Photoshop CS4 提供了将文字转换为形状的功能，利用该功能，用户可以制作一些特殊的文字效果。将文字转换为形状的具体操作如下：

（1）利用文字工具在图像中输入文字，如图 5.3.5 所示。

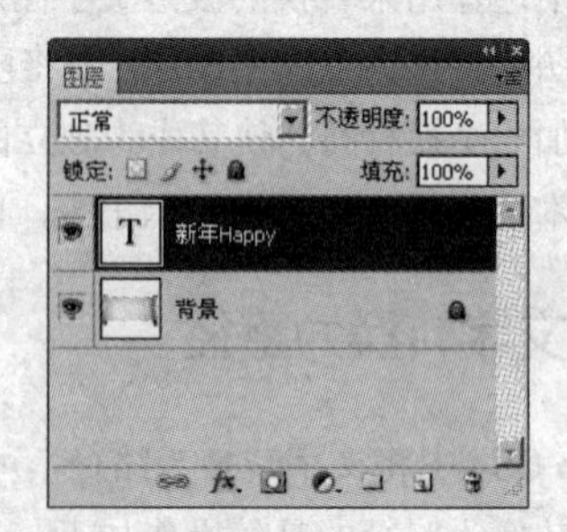

图 5.3.5　输入文字及其图层面板

（2）选择 图层(L) → 文字 → 转换为形状(A) 命令，即可将文字图层转换为形状图层，效果及其“图层”面板如图 5.3.6 所示。

图 5.3.6　文字转换为形状及其图层面板

（3）对形状图层进行编辑，并为其添加图层样式，效果如图 5.3.7 所示。

图 5.3.7　调整后的效果

5.3.4　栅格化文字

在 Photoshop CS4 中有些命令和工具（如滤镜效果和绘图工具）不能在文字图层中使用，所以需要在应用命令或使用工具前将文字图层栅格化，即将文字图层转换为普通图层，然后再对其进行编辑。

栅格化文字的常用方法有以下两种：

（1）在需要栅格化的文字图层上单击鼠标右键，可在弹出的快捷菜单中选择 栅格化文字 命令来栅格化文字图层。如图 5.3.8 所示就是将文字图层转换为普通图层后的效果。

图 5.3.8　将文字图层转换为普通图层

（2）选择需要栅格化的文字图层，选择 图层(L) → 栅格化(Z) → 文字(T) 命令即可。

5.4　实例速成——制作雕刻字

本节主要利用所学的内容制作雕刻字，最终效果如图 5.4.1 所示。

图 5.4.1　最终效果图

操作步骤

（1）打开一幅背景图像文件，单击工具箱中的“直排文字工具”按钮 ，设置其属性栏参数如图 5.4.2 所示。

图 5.4.2　“直排文字工具”属性栏

（2）设置好参数后，在图像中输入文本，效果如图 5.4.3 所示。

（3）按“F7”键打开图层面板，设置其面板参数如图 5.4.4 所示。

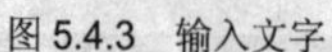
图 5.4.3　输入文字

图 5.4.4　图层面板

（4）单击图层面板底部的“添加图层样式”按钮 fx，从弹出的下拉列表中选择 斜面和浮雕... 选项，弹出“图层样式”对话框，设置其对话框参数如图 5.4.5 所示。

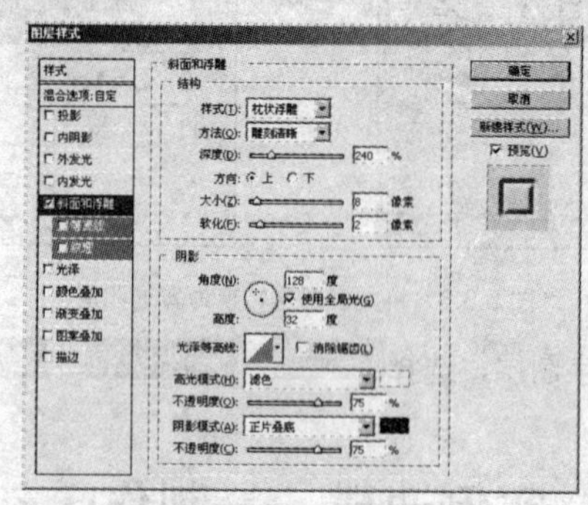

图 5.4.5　“图层样式”对话框

（5）设置好参数后，单击 确定 按钮，最终效果如图 5.4.1 所示。

本 章 小 结

本章主要介绍了创建文本、设置文本属性以及编辑文本图层等内容，通过本章的学习，希望读者能够灵活熟练地使用文字工具制作出各式各样的文字特殊效果。

轻 松 过 关

一、填空题

1．在 Photoshop CS4 中文字工具包括_________、_________、_________和_________4 种。

2．段落缩进是指_________与_________之间的距离。

3．设置文字格式通过_________面板可以完成。

4．_________文字通常适用于在图像中添加数量较多的文字。

5．栅格化文字图层，就是将文字图层转换为_________。

二、选择题

1．利用（　）工具可以在图像中直接创建选区文字。

（A）横排文字　　（B）横排文字蒙版

（C）直排文字　　（D）直排文字蒙版

2．在字符面板中，可以对文字属性进行设置，这些设置包括（　）。

（A）字体、大小　　（B）字间距和行间距

（C）字体颜色　　（D）以上都正确

3．要为文字四周添加变形框，可以按（　）键。

（A）Ctrl+Alt+T　　（B）Ctrl+T

（C）Alt+T　　（D）Shift+T

4．在段落面板中使用（　）按钮，可在段落文字前加空格。

（A）　　（B）

（C）　　（D）

三、简答题

1．如何将段落文字转换为点文字？

2．如何更改文字的字符间距和行间距？

3．如何将文字图层转换为普通图层？

四、上机操作题

1．使文字工具在图像中输入点文字，然后分别将其转换为段落文字、工作路径以及形状。

2．在图像中输入段落文字，对其进行旋转和变形。

3．使用钢笔工具绘制一个菱形路径，然后使用直排蒙版工具在路径内输入文字创建一个文字选区，再对选区内的文字进行图案填充。

第 6 章　图层的使用

图层是 Photoshop 软件工作的基础，它是进行图形绘制和处理时常用的重要命令，灵活地使用图层可以创建各种各样的图像效果。

本章要点

- 图层的类型与面板
- 图层的基本操作
- 图层混合模式
- 图层样式

6.1　图层的类型与面板

图层是将一幅图像分为几个独立的部分，每一部分放在相应独立的层上。在合并图层之前，图像中每个图层都是相互独立的，可以对其中某一个图层中的元素进行绘制、编辑以及粘贴等操作，而不会影响到其他图层。下面首先介绍一下 Photoshop CS4 中的图层类型及图层面板。

6.1.1　图层类型

在 Photoshop CS4 中，用户可以根据需要创建不同的图层来用于编辑处理，常用的图层类型有以下 6 种：

（1）背景图层：使用白色背景或彩色背景创建新图像或打开一个图像时，位于图层控制面板最下方的图层称为背景层。一个图像只能有一个背景层，且该图层有其局限性，不能对背景层的排列顺序、混合模式或不透明度进行调整，但是，可以将背景图层转换为普通图层后再对其进行调整。

（2）普通图层：该类图层即一般意义上的图层，它位于背景图层的上方。

（3）填充图层：该类图层对其下方的图层没有任何作用，只是创建使用纯色、渐变色和图案填充的图层。

（4）文本图层：使用文字工具在图像中单击即可创建文本图层，有些图层调整功能不能用于文本图层，可先将文本图层转换为普通图层，即栅格化文本图层后对其进行普通图层的操作。

（5）形状图层：使用形状工具组可以创建形状图层，也称为矢量图层。

（6）调整图层：用户可以通过该类图层存储图像颜色和色调调整后的效果，而并不对其下方图像中的像素产生任何效果。

6.1.2　图层面板

在 Photoshop 中，图像是由若干个图层组合在一起而形成的。这些图层之间可以任意组合、排列和合并，在合并图层之前，每一个图层都是独立的。在对一个单独的图层进行操作时，其他图层不受

任何影响。

一般在默认状态下，图层面板处于显示状态，它是管理和操作图层的主要场所，可以进行图层的各种操作，如创建、删除、复制、移动、链接、合并等。如果用户在窗口中看不到图层面板，可以选择 窗口(W) → 图层 命令，或按“F7”键，打开图层面板，如图 6.1.1 所示。

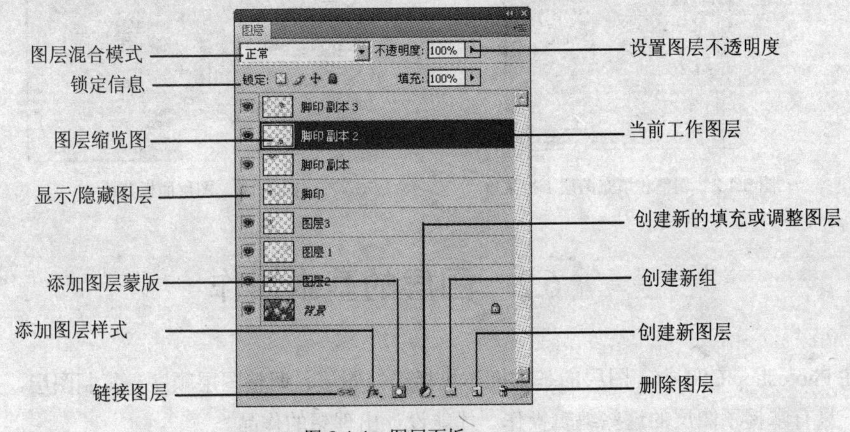

图 6.1.1　图层面板

下面主要介绍图层面板的各个组成部分及其功能：

正常：用于选择当前图层与其他图层的混合效果。

不透明度：用于设置图层的不透明度。

：表示图层的透明区域是否能编辑。选择该按钮后，图层的透明区域被锁定，不能对图层进行任何编辑，反之可以进行编辑。

：表示锁定图层编辑和透明区域。选择该按钮后，当前图层被锁定，不能对图层进行任何编辑，只能对图层上的图像进行移动操作，反之可以编辑。

：表示锁定图层移动功能。选择该按钮后，当前图层不能移动，但可以对图像进行编辑，反之可以移动。

：表示锁定图层及其副本的所有编辑操作。选择该按钮后，不能对图层进行任何编辑，反之可以编辑。

：用于显示或隐藏图层。当该图标在图层左侧显示时，表示当前图层可见，图标不显示时表示当前图层隐藏。

：表示该图层与当前图层为链接图层，可以一起进行编辑。

fx.：位于图层面板下面，单击该按钮，可以在弹出的菜单中选择图层效果。

：单击该按钮，可以给当前图层添加图层蒙版。

：单击该按钮，可以添加新的图层组。

：单击该按钮，可在弹出的下拉菜单中选择要进行添加的调整或填充图层内容命令，如图 6.1.2 所示。

：单击该按钮，在当前图层上方创建一个新图层。

：单击该按钮，可删除当前图层。

单击右上角的按钮，可弹出如图 6.1.3 所示的图层面板菜单，该菜单中的大部分选项功能与图层面板功能相同。

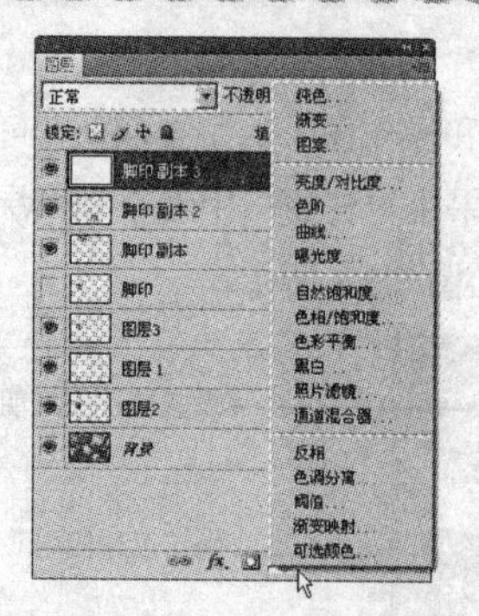

图 6.1.2　调整和填充图层下拉菜单

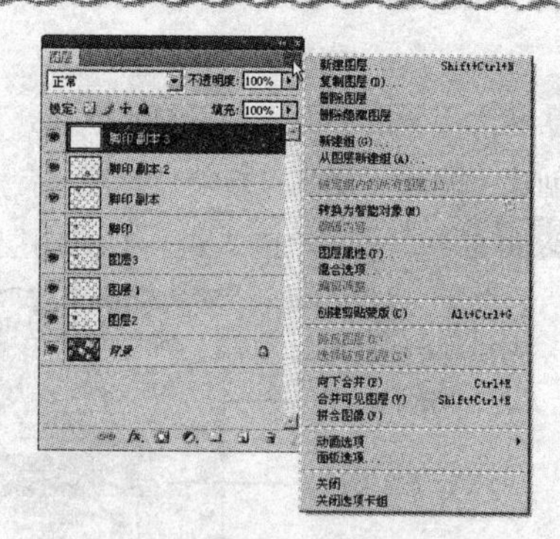

图 6.1.3　图层面板菜单

6.2　图层的基本操作

在 Photoshop CS4 中，图层的基本操作包括选择图层、调整图层顺序、复制图层、显示和隐藏图层等，只有掌握了图层的这些编辑操作，才能设计出理想的作品。

6.2.1　选择图层

在图层面板中单击任意一个图层，即可将其选择，被选择的图层为当前图层，如图 6.2.1 所示。选择一个图层后，按住“Ctrl”键单击其他图层，可同时选择多个图层，如图 6.2.2 所示。

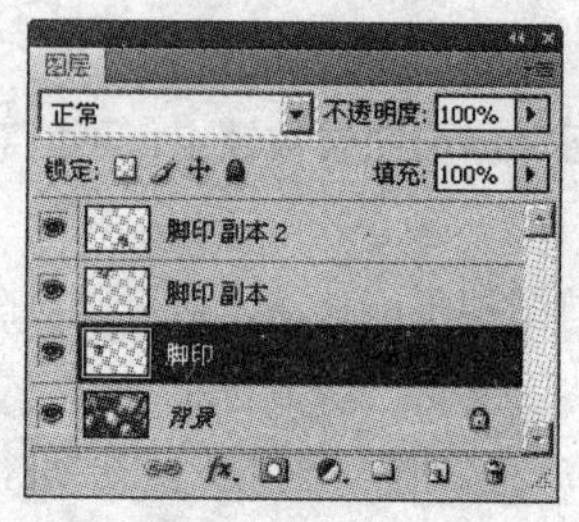

图 6.2.1　选择一个图层

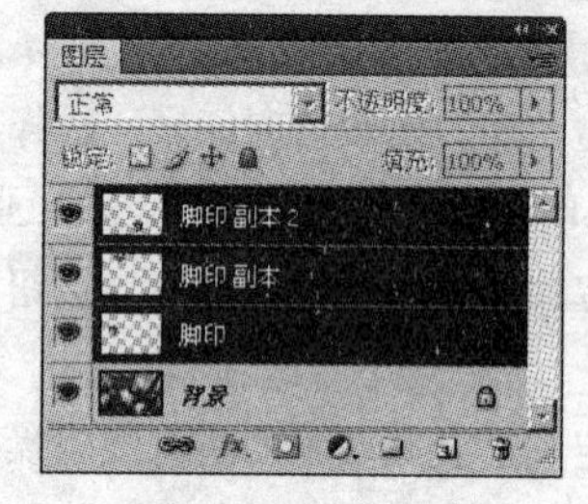

图 6.2.2　选择多个图层

6.2.2　调整图层叠放顺序

在图层面板中拖动图层可以调整图层的顺序，例如要将图层面板中的图层 1 拖至图层 3 的上方，可先选择图层 1，然后按住鼠标左键拖动，至图层 3 上方时释放鼠标即可，如图 6.2.3 所示是调整图层叠放顺序的过程。

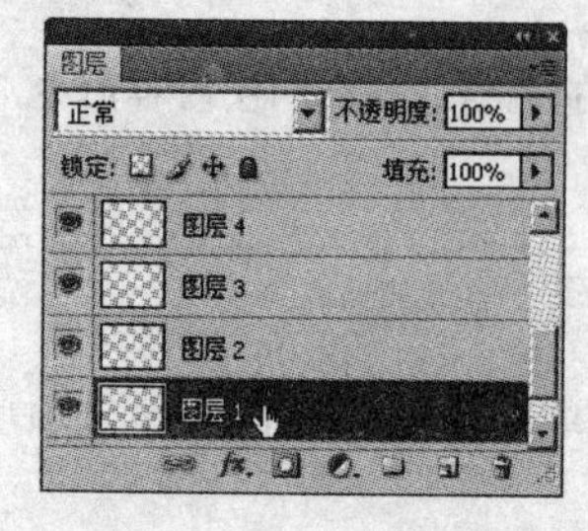

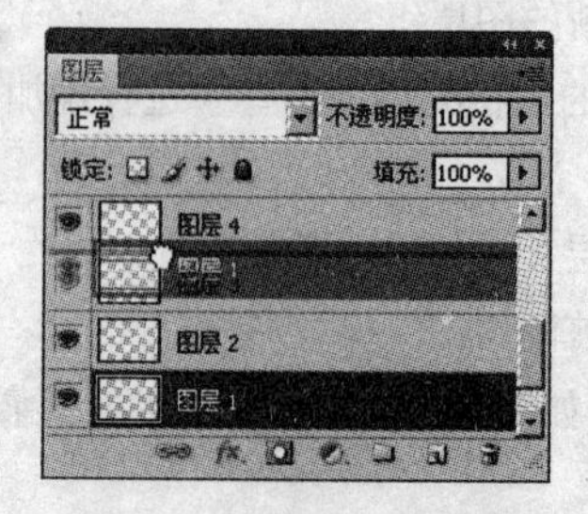

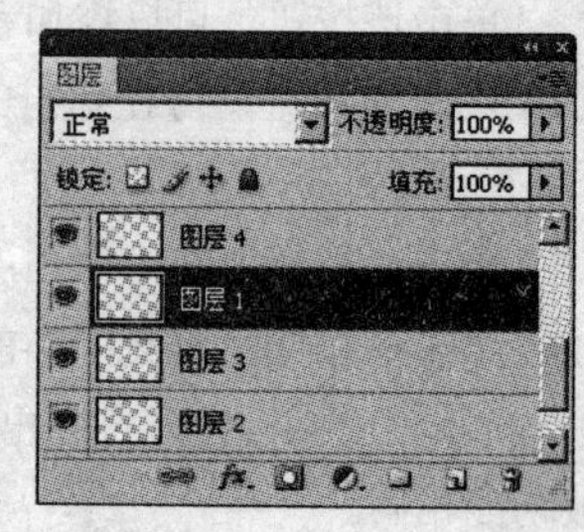

图 6.2.3　调整图层叠放顺序

6.2.3　复制图层

复制图层的方法有以下两种：

（1）在图层面板中直接将所选图层拖至下方的“创建新图层”按钮上，即可创建一个图层副本。

（2）选中要复制的图层，在图层面板右上角单击按钮，从弹出的下拉菜单中选择复制图层(D)...命令，弹出“复制图层”对话框，如图 6.2.4 所示，单击确定按钮，就会在图层面板中显示复制的图层副本，如图 6.2.5 所示。

图 6.2.4　“复制图层”对话框

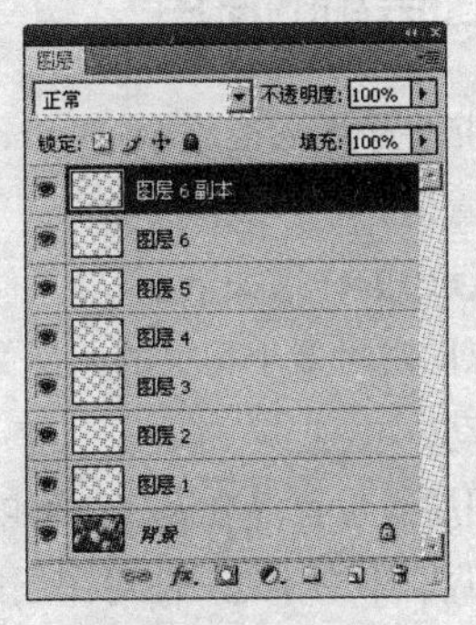

图 6.2.5　复制图层

6.2.4　显示和隐藏图层

显示和隐藏图层在设计作品时经常会用到，比如，在处理一些大而复杂的图像时，可将某些不用的图层暂时隐藏，不但可以方便操作，还可以节省计算机系统资源。

要想隐藏图层，只须在图层面板中的图层列表前面单击图标即可，此时眼睛图标消失，再次单击该位置可重新显示该图层，并出现眼睛图标。

6.2.5　链接与合并图层

在 Photoshop CS4 中可以链接两个或更多个图层或组。链接图层与同时选定的多个图层不同，链接的图层将保持关联，可以移动、变换链接的图层，还可以为其创建剪贴蒙版。

要链接图层，只须按住“Shift”键选择需要链接的多个图层，然后选择菜单栏中的图层(L)→链接图层(K)命令，或单击图层面板底部的按钮，即可在图层面板中看到所选图层后面显示为图标，表示图层已链接，如图 6.2.6 所示。

合并图层是指将多个图层合并为一层。在处理图像的过程中，经常需要将一些图层合并起来。合并图层的方式有以下几种：

（1）选择菜单栏中的图层(L)→向下合并(E)命令，可将当前图层与它下面的一个图层进行合并，而其他图层则保持不变。

（2）选择菜单栏中的图层(L)→合并可见图层(V)命令，可将所有可见的图层合并为一个图层。

（3）选择菜单栏中的图层(L)→拼合图像(F)命令，可将图像中所有的图层拼合到背景图层中。如果图层面板中有隐藏的图层，则会弹出如图 6.2.7 所示的提示框。提示是否要扔掉隐藏的图层，单击确定按钮，可扔掉隐藏的图层。

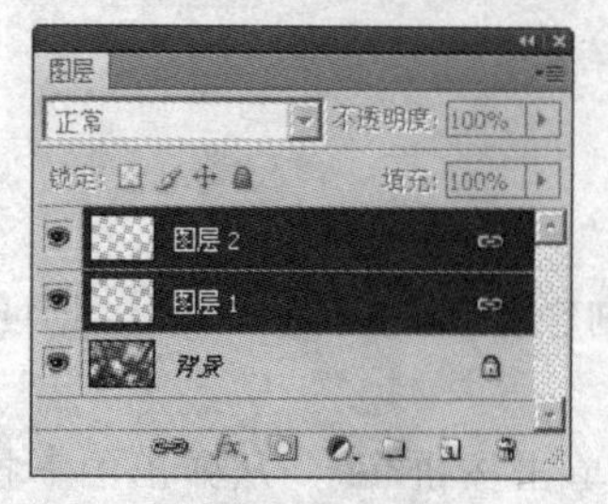

图 6.2.6 链接图层

图 6.2.7 提示框

6.2.6 图层组的使用

图层组是指多个图层的组合，在 Photoshop CS4 中可以将相关的图层加入到一个指定的图层组中，以方便操作和管理。

图层分组编辑的作用如下：

（1）可以同时对多个相关的图层做相同的操作。例如，移动一个图层组时，组中的所有图层都会做相同的移动。

（2）对图层组设置混合模式，可以改变整个图像的混合效果。

（3）可以将图层归类，使对图层的管理更加有序，并且可以通过折叠图层组节约图层面板的空间。

1. 创建图层组

为了提高工作效率，可以将图层编组，其方法很简单，只须在图层面板右上角单击按钮，在弹出的下拉菜单中选择 从图层新建组(A)... 命令，弹出“从图层新建组”对话框，如图 6.2.8 所示，单击 确定 按钮，即可在图层面板中创建“组 1”，如图 6.2.9 所示。然后将需要编成组的图层拖至图层组的“组 1”上，该图层将会自动位于图层组的下方，继续拖动需要编成组的图层至“组 1”上，即可将多个图层编成组。

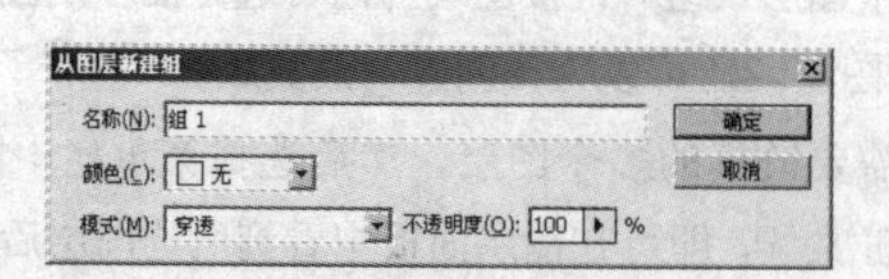

图 6.2.8 “从图层新建组”对话框

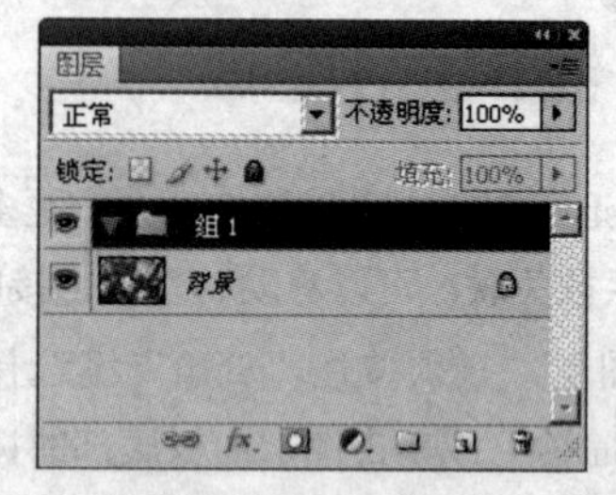

图 6.2.9 创建图层组

在图层面板底部单击“创建新组”按钮，可直接在当前图层的上方创建一个图层组。

2. 由链接图层创建图层组

对于已经建立了链接的若干个图层，可以快速地将它们创建为一个新的图层组。具体的操作方法如下：

（1）在图层面板中选中要创建为图层组的链接图层中的任意一个，再选择菜单栏中的 图层(L) → 选择链接图层(S) 命令，可选中所有链接图层。

（2）选择菜单栏中的 图层(L) → 新建(N) → 从图层新建组(A)... 命令，弹出“从图层新建组”对

话框。

（3）在 名称(N): 输入框中输入图层组的名称，单击 确定 按钮，即可创建一个新的图层组，该图层组中包括了所有链接图层。

3. 删除图层组

对于不需要的图层组，可以将其删除。具体的操作方法如下：

（1）在图层面板中选择要删除的图层组，单击面板底部的“删除图层”按钮，可弹出如图 6.2.10 所示的提示框。

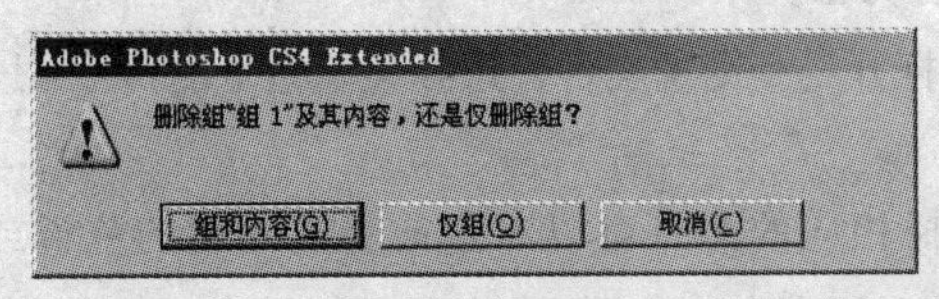

图 6.2.10　提示框

（2）单击 组和内容(G) 按钮可将图层组和其中包括的所有图层从图像中删除；单击 仅组(O) 按钮可将图层组删除，但将其中包括的所有图层退出到组外。

6.2.7　填充和调整图层

在 Photoshop CS4 中提供了两种特殊的图层，即填充图层和调整图层。使用这两种特殊图层，可以更方便地制作出许多图像特效。

1. 填充图层

填充图层是一种由纯色、渐变效果或图案填充的图层。将填充图层与其他图层一起使用，可以创作出一些特殊的效果。要创建填充图层，其具体的操作方法如下：

（1）选中要创建填充图层的新图层，然后选择 图层(L) → 新建填充图层(W) 命令，弹出其子菜单，在此菜单中提供了 3 种填充图层的命令，即纯色、渐变、图案，例如选择 渐变(G)... 命令，可弹出“渐变填充”对话框，在其中可以设置渐变的颜色、样式以及角度等。

（2）设置完成后，单击 确定 按钮，即可根据所设置的渐变创建一个填充图层，如图 6.2.11 所示。

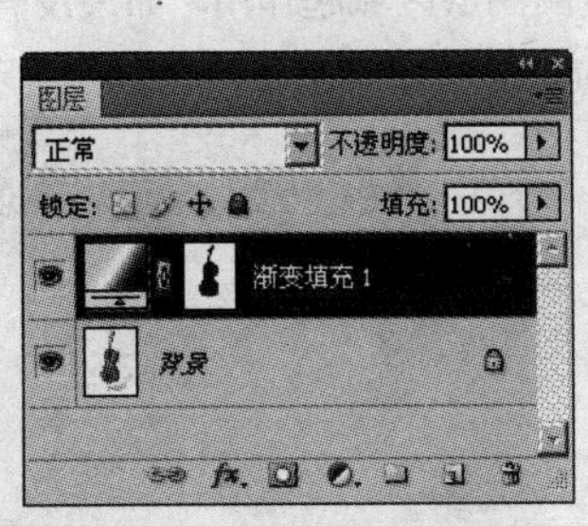

图 6.2.11　填充图层

从图层面板中可以看出，在新建的填充图层中显示着一个图层蒙版与链接符号。选中图层蒙版进行编辑时，则只对图层蒙版起作用，而不影响图像内容。当有链接符号时，可以同时移动图层中的图像与图层蒙版；如果没有链接符号，则只能移动其一。单击链接符号，可以显示或隐藏此链接符号。

在图层面板中双击调整图层或填充图层的缩览图，可以打开相应的填充选项对话框或调整选项对话框，然后可在对话框中修改填充或色彩。例如，在图层面板中双击色阶调整图层的缩览图，可弹出色阶对话框，然后可在对话框中修改色阶选项。

2．调整图层

调整图层是一种用于调整图像的色彩和色调的特殊图层，其中只包含一些色彩和色调信息，不包含任何图像。通过对调整图层的编辑，可以在不改变下一图层图像的前提下任意调整图像的色彩与色调。

创建调整图层的具体操作方法如下：

（1）在 Photoshop CS4 打开一个图像文件，选择菜单栏中的 图层(L) → 新建调整图层(J) 命令，弹出其子菜单，如图 6.2.12 所示。

（2）在该子菜单中选择相应的命令可以对当前新建图层的色调或色彩进行调整。这里选择 色阶(L)... 命令，可弹出“新建图层”对话框，在其对话框中可设置名称、颜色、模式以及不透明度选项参数。

（3）设置好参数后，单击 确定 按钮，可弹出调整面板，设置其面板参数如图 6.2.13 所示。

（4）单击 确定 按钮，就会在图层面板中建立一个调整图层，如图 6.2.14 所示。

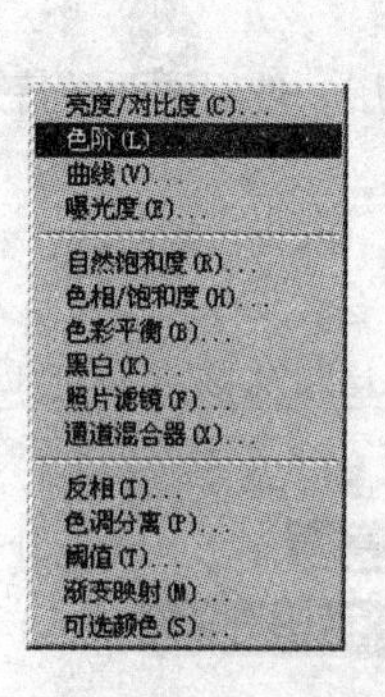

图 6.2.12 “新建调整图层”命令的子菜单

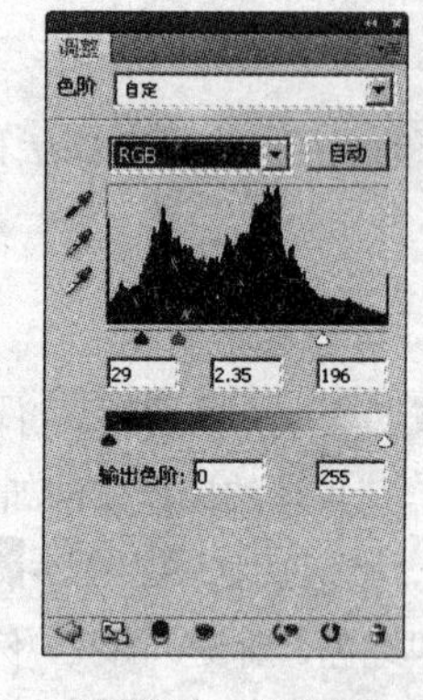

图 6.2.13 调整面板

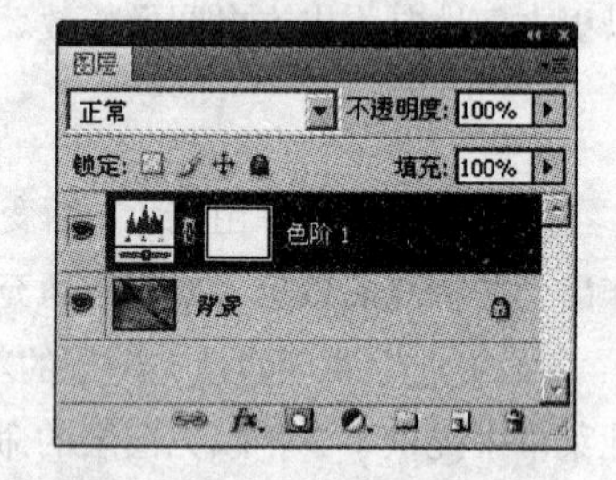

图 6.2.14 新建的调整图层

创建的调整图层会出现在当前图层之上，且以当前色彩或色调调整的命令来命名。在调整图层左侧显示相关的色调或色彩调整缩览图；右侧显示图层蒙版缩览图；中间有一个链接符号。当出现链接符号时，表示色调或色彩调整将只对蒙版中所指定的图层区域起作用。如果没有链接符号，则表示这个调整图层将对整个图像起作用。新建调整图层前后的图像对比如图 6.2.15 所示。

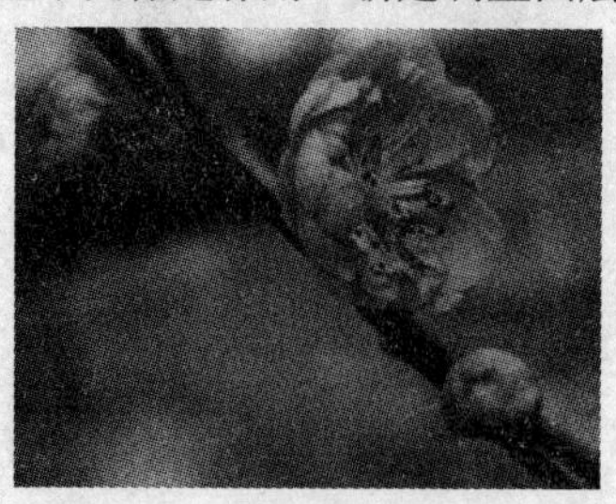

图 6.2.15 新建调整图层前后效果对比

6.2.8 将图像选区转换为图层

在 Photoshop CS4 中，用户可以直接创建新图层，也可以将创建的选区转换为图层。具体的操作

步骤如下：

（1）按“Ctrl+O”键打开一幅图像文件，并用工具箱中的创建选区工具在其中创建选区，效果如图 6.2.16 所示。

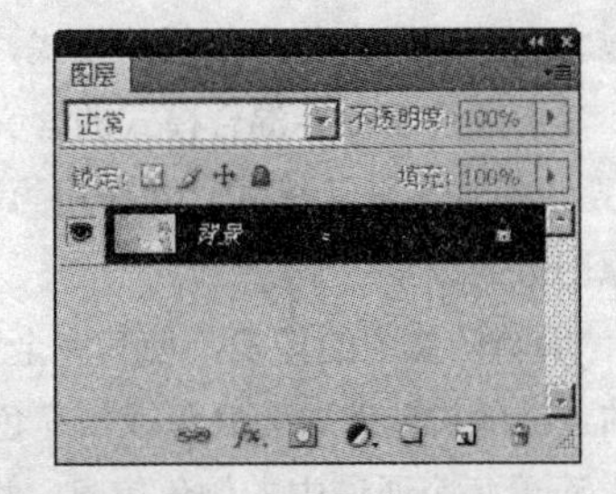

图 6.2.16　创建的选区及图层面板

（2）选择 图层(L) → 新建(N) → 通过拷贝的图层(C) 命令，此时的图层面板如图 6.2.17 所示。

（3）单击工具箱中的“移动工具”按钮，然后在图像窗口中单击并拖动鼠标，此时图像效果如图 6.2.18 所示。由此可看出，执行此命令后，系统会自动将选区中的图像内容复制到一个新图层中。

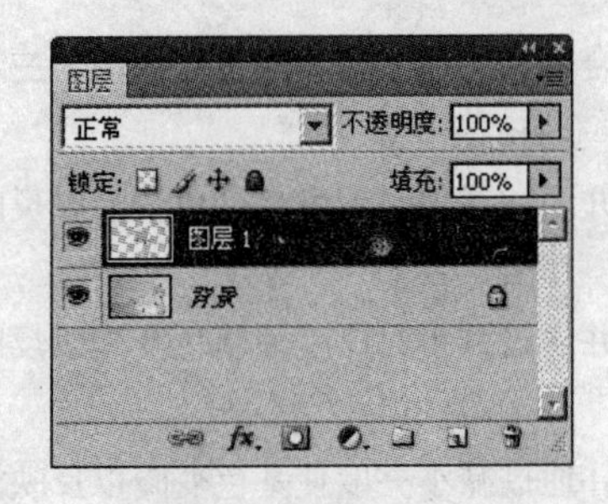

图 6.2.17　图层面板

图 6.2.18　移动图像效果

利用 图层(L) → 新建(N) → 通过剪切的图层(T) 命令，可将选区中的图像内容剪切到一个新图层中。

6.2.9　普通图层与背景图层的转换

普通图层就是经常用到的新建图层，用户可直接新建，也可以将背景图层转换为普通图层。其操作方法非常简单，用鼠标左键在背景图层上双击，可弹出“新建图层”对话框，在其中可设置转换后图层的名称、颜色、不透明度和色彩混合模式。设置完成后，单击 确定 按钮即可，效果如图 6.2.19 所示。

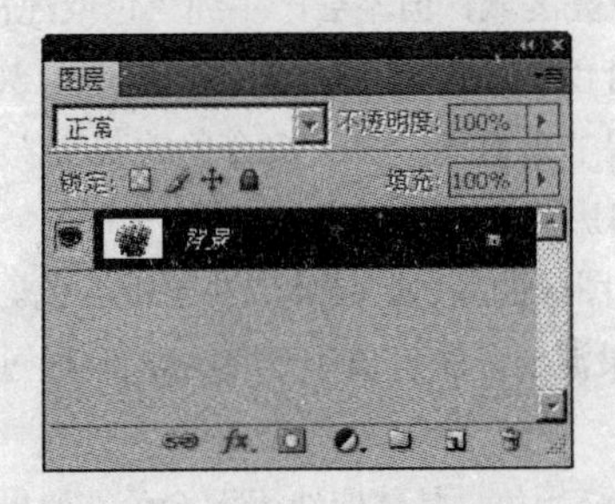

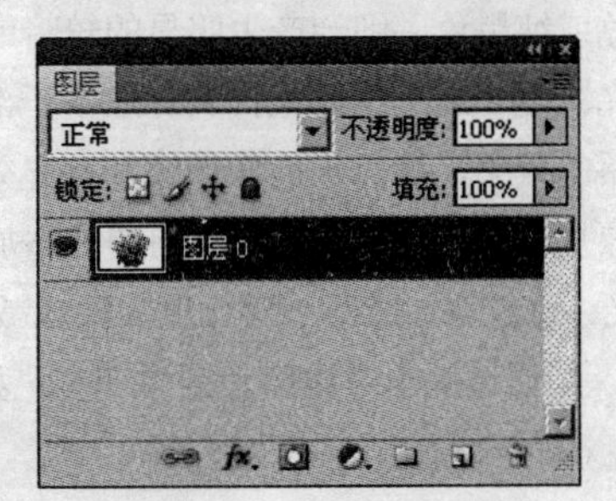

图 6.2.19　转换前后的图层面板对比

6.3 图层混合模式

在图层面板中单击 正常 下拉列表按钮，可弹出如图 6.3.1 所示的下拉列表，从中选择不同的选项可以将当前图层设置为不同的模式，其图层中的图像效果也随之改变。其下拉列表中各混合模式的含义介绍如下：

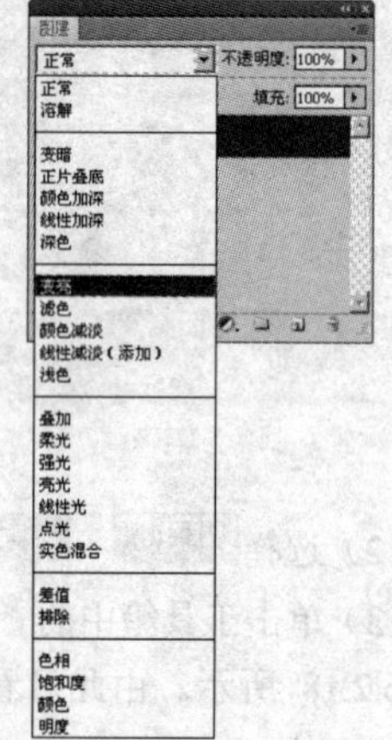

图 6.3.1 图层混合模式下拉列表

（1）正常：该模式为默认模式，其作用为编辑图像中的像素，使其完全替代原图像的像素。

（2）溶解：编辑图像中的像素，使其完全替代原图像的像素，但每个被混合的点被随机地选取为底色或填充色。

（3）变暗：查看每个通道中的颜色信息，并选择基色或混合色中较暗的颜色作为结果色。比混合色亮的像素被替换，而比混合色暗的像素保持不变。

（4）变亮：查看每个通道中的颜色信息，并选择基色或混合色中较亮的颜色作为结果色。比混合色暗的像素被替换，而比混合色亮的像素保持不变。

（5）正片叠底：新加入的颜色与原图像颜色混合成为比原来两种颜色更深的第三种颜色。任何颜色与黑色复合产生黑色；任何颜色与白色混合保持不变。

（6）颜色加深：查看每个通道中的颜色信息，并通过增加对比度使基色变暗以反映混合色。任何颜色与白色混合后不发生变化。

（7）颜色减淡：查看每个通道中的颜色信息，并通过减小对比度使基色变亮以反映混合色，与黑色混合后则不发生变化。

（8）线性加深：查看每个通道中的颜色信息，并通过减小亮度使基色变暗以反映混合色，与白色混合后不发生变化。

（9）线性减淡：查看每个通道中的颜色信息，并通过增加亮度使基色变亮以反映混合色，与黑色混合后则不发生变化。

（10）滤色：查看每个通道的颜色信息，并将混合色的互补色与基色复合，结果色总是较亮的颜色。在该模式中，可以完全去除图像中的黑色。

（11）叠加：加强原图像的高亮区和阴影区，同时将前景色叠加到原图像中。

（12）柔光：根据前景色的灰度值对原图像进行变暗或变亮处理。如果前景色灰度值大于 50%，则对图像进行浅色叠加处理；如果前景色灰度值小于 50%，对图像进行暗色相乘处理。因此，如果原图像是纯白色或纯黑色，则会产生明显的较暗或较亮区域，但不会产生纯黑色或纯白色。

（13）强光：复合或过滤颜色，具体取决于混合色。如果混合色的灰度值大于 50%，则图像变亮，就像过滤后的效果，这对于向图像添加高光效果非常有用；如果混合色的灰度值小于 50%，则图像变暗，就像复合后的效果，这对于向图像添加阴影效果非常有用。

（14）亮光：通过增加或减小对比度加深或减淡图像的颜色，具体取决于混合色。如果混合色灰度值大于 50%，则通过减小对比度使图像变亮；如果混合色灰度值小于 50%，则通过增加对比度使图像变暗。

（15）线性光：通过减小或增加亮度来加深或减淡颜色，具体取决于混合色。如果混合色灰度值大于 50%，则通过增加亮度使图像变亮；如果混合色灰度值小于 50%，则通过减小亮度使图像变暗。

（16）点光：根据混合色替换颜色。如果混合色灰度值大于 50%，则替换比混合色暗的像素而不改变比混合色亮的像素；如果混合色灰度值小于 50%，则替换比混合色亮的像素而不改变比混合色暗的像素，这对于向图像添加特殊效果非常有用。

（17）差值：查看每个通道中的颜色信息，并从基色中减去混合色，或从混合色中减去基色，具体取决于哪一个通道中颜色的亮度值更大。与白色混合将反转基色值；与黑色混合则不产生变化。

（18）排除：创建一种与“差值”模式相似但其效果更柔和的图像效果。与白色混合将反转基色值，与黑色混合则不发生变化。

（19）色相：用基色的亮度和饱和度以及混合色的色相创建结果色。

（20）饱和度：用基色的亮度和色相以及混合色的饱和度创建结果色。

（21）颜色：用基色的亮度以及混合色的色相和饱和度创建结果色。

（22）亮度：用基色的色相和饱和度以及混合色的亮度创建结果色。

如图 6.3.2 所示为两图层应用几种不同混合模式的效果对比。

（a）正常　（b）正片叠底　（c）变亮

（d）滤色　（e）差值　（f）颜色

图 6.3.2　几种不同混合模式下的图像效果

6.4　图 层 样 式

Photoshop CS4 中提供了 10 种图层特殊样式，如投影、发光、斜面与浮雕、描边、填充图案等。用户可以根据实际需要，使用其中的一种或多种样式，以制作出特殊的图像效果。

6.4.1　添加图层样式

用户可以通过以下 3 种方法为图像添加图层样式：

（1）单击图层面板底部的“添加图层样式”按钮 fx.，在弹出的下拉菜单中选择相应的命令进行设置。

（2）选择 图层(L) → 图层样式(Y) 命令，可弹出如图 6.4.1 所示的子菜单，在其子菜单中可选择相应的命令进行设置。

（3）单击图层面板右上角的按钮，从弹出的图层面板菜单中选择 混合选项... 命令。

使用以上 3 种方法添加图层样式，都可弹出“图层样式”对话框，如图 6.4.2 所示，用户可以根据需要在其中设置适当的参数，然后单击 确定 按钮即可。

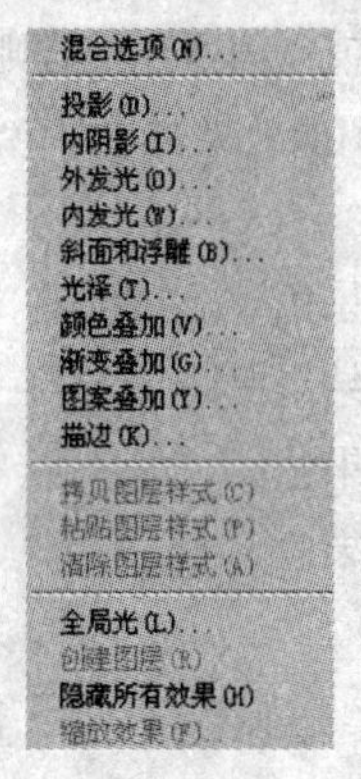

图 6.4.1 “图层样式”子菜单

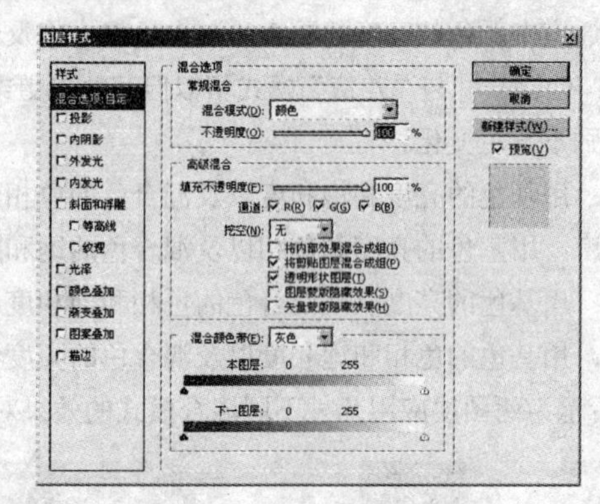

图 6.4.2 “图层样式”对话框

在“图层样式”对话框的左侧是所有的图层样式选项，右侧是样式选项参数设置区，所选择的样式不同，其对应的参数设置也就不同。当选中左侧的图层样式选项时，该样式选项的默认效果即可显示出来。

样式选项参数设置区包括 3 部分：常规混合、高级混合和混合颜色带。简单介绍如下：

（1）常规混合：该选项区中包含有“混合模式”和“不透明度”两个选项，可用于设置图层样式的混合模式和不透明度。

（2）高级混合：在该选项区中可以设置高级混合效果的相关参数。

（3）混合颜色带(E)：该选项根据图像颜色模式的不同来设置单一通道的混合范围。

提示： 给一个图层添加了图层效果后，在图层面板中将显示代表图层效果的图标 *fx*。图层效果与一般图层一样具有可以修改的特点，只要双击图层效果图标，就可以弹出“图层样式”对话框重新编辑图层效果。

下面通过一个例子进行介绍，具体的操作步骤如下：

（1）按“Ctrl+O”键，打开一幅图像，如图 6.4.3 所示。

（2）单击工具箱中的“文字工具”按钮 T，在图像中输入文字，效果如图 6.4.4 所示。

图 6.4.3 打开的图像

图 6.4.4 输入文字效果

（3）单击图层面板底部的“添加图层样式”按钮 *fx*，在弹出的下拉菜单中选择 渐变叠加... 命令，弹出“图层样式”对话框，设置参数如图 6.4.5 所示。

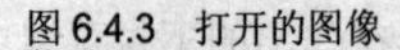

（4）设置完成后，单击 确定 按钮，效果如图 6.4.6 所示。

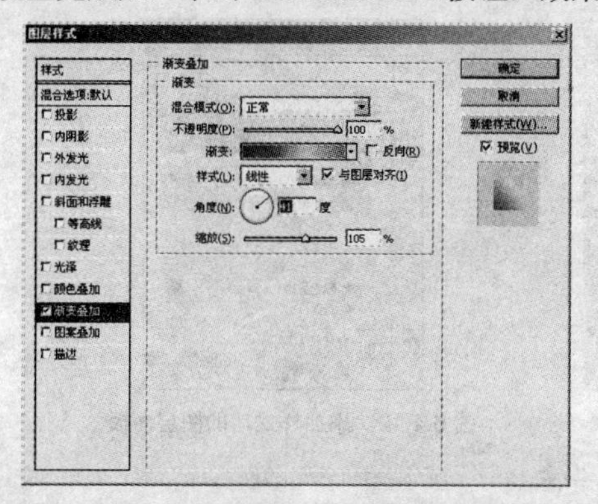

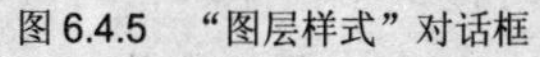

图 6.4.5　“图层样式”对话框

图 6.4.6　添加渐变叠加效果

（5）再单击图层面板底部的“添加图层样式”按钮 fx.，在弹出的下拉菜单中选择 投影... 命令，弹出“图层样式”对话框，设置参数如图 6.4.7 所示。

（6）设置完成后，单击 确定 按钮，效果如图 6.4.8 所示。

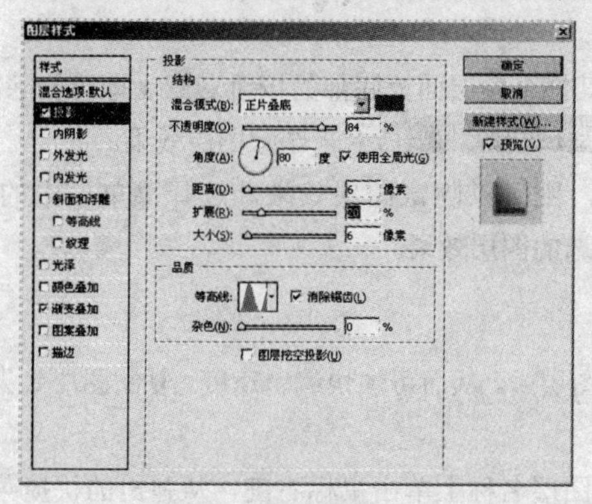

图 6.4.7　“投影”选项设置

图 6.4.8　添加投影效果

6.4.2　快速设置图层样式

在 Photoshop CS4 的样式面板中列出了系统自带的图层样式，用户只须选择这些样式就可以快速地给图层添加各种特殊的效果。下面通过一个例子进行介绍，具体的操作步骤如下：

（1）打开一幅图像，使用工具箱中的快速选择工具 在图像中抠出如图 6.4.9 所示的图像。

（2）选择 窗口(W) → 样式 命令，弹出样式面板，如图 6.4.10 所示。

图 6.4.9　打开的图像

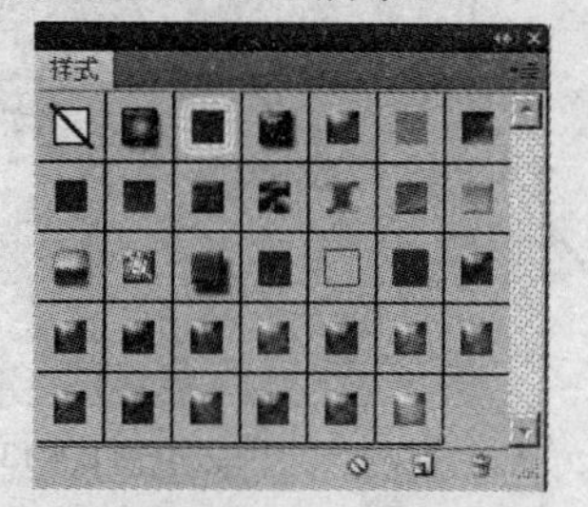

图 6.4.10　样式面板

（3）用鼠标左键单击其中的一种样式，即可将其添加到图层中，按“Ctrl+D”键取消选区，效果如图 6.4.11 所示。此时的图层面板如图 6.4.12 所示。

图 6.4.11　为图层添加样式效果

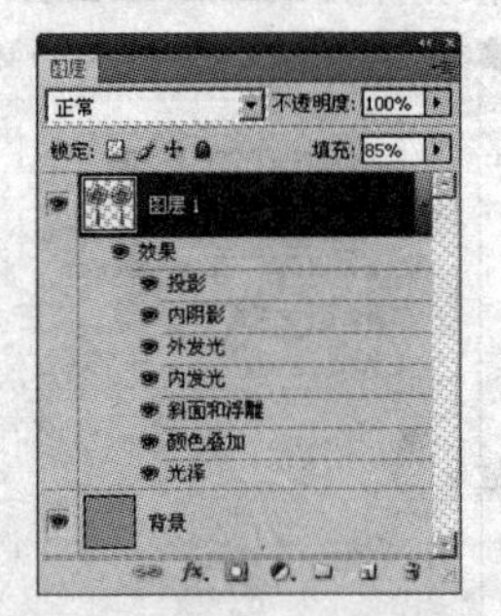

图 6.4.12　添加样式后的图层面板

6.4.3　编辑图层效果

对制作的图层效果还可以进行各种编辑操作，如删除与隐藏图层效果、复制与粘贴图层效果、分离图层效果、设置图层效果强度以及设置光照角度。

1. 删除与隐藏图层效果

在图层面板中选择要删除的图层效果，将其拖至图层面板底部的按钮 上即可删除图层效果。也可选择菜单栏中的 图层(L) → 图层样式(Y) → 清除图层样式(A) 命令来删除图层效果。

如果不需要在图像窗口中显示图层效果，则可以隐藏图层效果。选择菜单栏中的 图层(L) → 图层样式(Y) → 隐藏所有效果(H) 命令即可隐藏所选的图层效果。

2. 复制与粘贴图层效果

可以将某一图层中的图层效果复制到其他图层中，从而可加快编辑速度。复制图层效果的具体操作方法如下：

（1）在如图 6.4.11 所示的图层面板中的图层名称上单击鼠标右键，从弹出的快捷菜单中选择 拷贝图层样式 命令。也可以选择包含图层效果的图层，然后选择菜单栏中的 图层(L) → 图层样式(Y) → 拷贝图层样式(C) 命令复制图层效果。

（2）选择要粘贴图层效果的图层，例如选择该图层面板中的背景层，然后选择菜单栏中的 图层(L) → 图层样式(Y) → 粘贴图层样式(P) 命令，或在该图层中单击鼠标右键，从弹出的快捷菜单中选择 粘贴图层样式 命令，即可将复制的图层效果粘贴到背景层中，效果如图 6.4.13 所示。

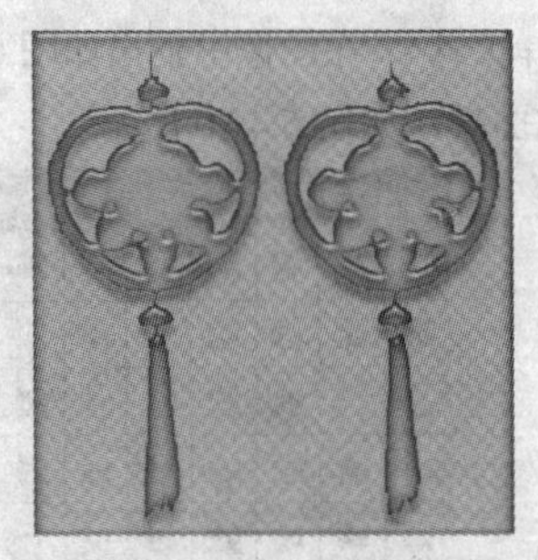

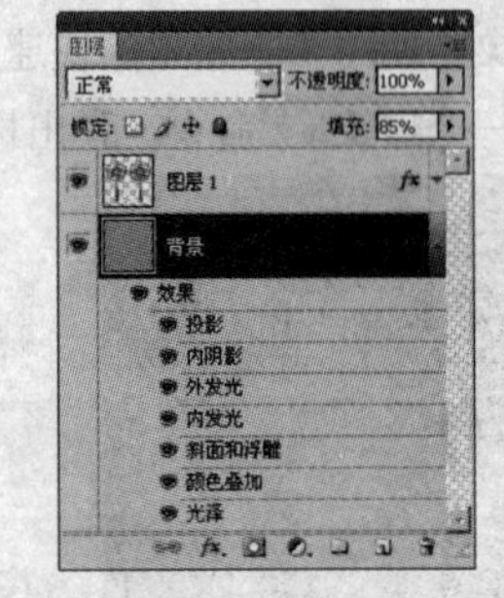

图 6.4.13　粘贴图层效果

3. 分离图层效果

为图层添加图层效果后，也可以将其进行分离。首先选中需要分离图层效果的图层，然后选择图层(L) → 图层样式(Y) → 创建图层(R) 命令，此时的图层面板将变成如图 6.4.14 所示的状态，其中的效果图层已经被分离为单独的图层。

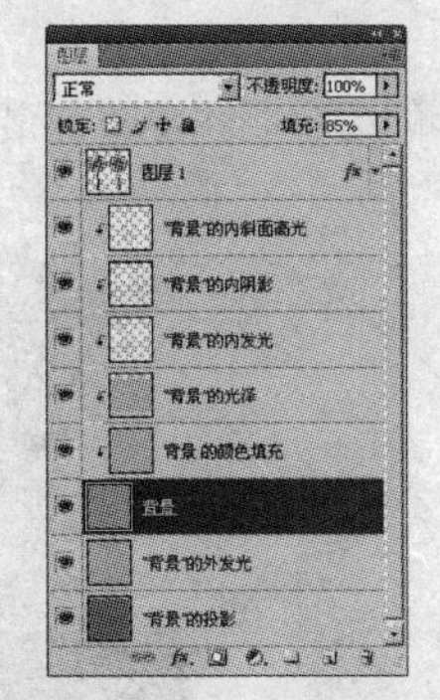

图 6.4.14　分离图层效果

4．设置图层效果强度

选择含有图层效果的图层后，再选择菜单栏中的 图层(L) → 图层样式(Y) → 缩放效果(F)... 命令，弹出“缩放图层效果”对话框，如图 6.4.15 所示。

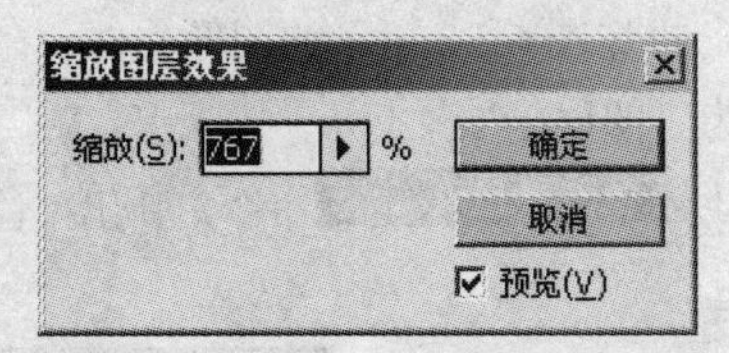

图 6.4.15　“缩放图层效果”对话框

在 缩放(S): 输入框中输入数值，可设置图层效果的强度。取值范围在 0～1 000 之间。

设置好参数后，单击 确定 按钮，调整图层效果强度后的效果如图 6.4.16 所示。

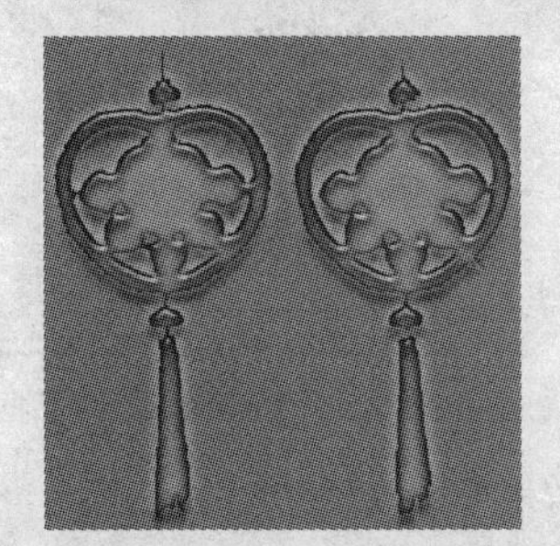

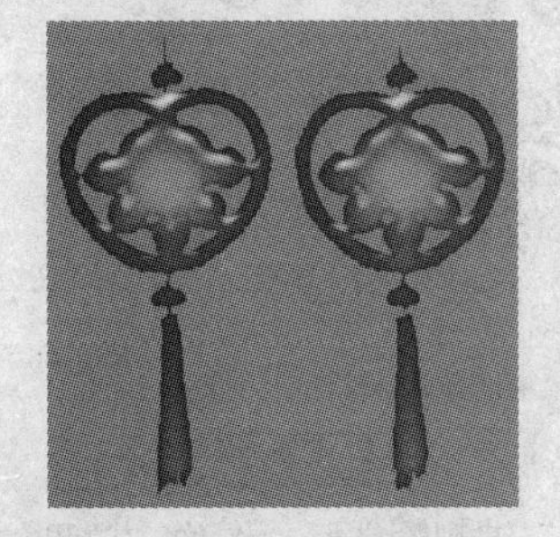

图 6.4.16　调整强度前后效果对比

5．设置光照角度

选择菜单栏中的 图层(L) → 图层样式(Y) → 全局光(L)... 命令，弹出 全局光 对话框，如图 6.4.17 所示，在此对话框中可以设置光线的角度和高度。

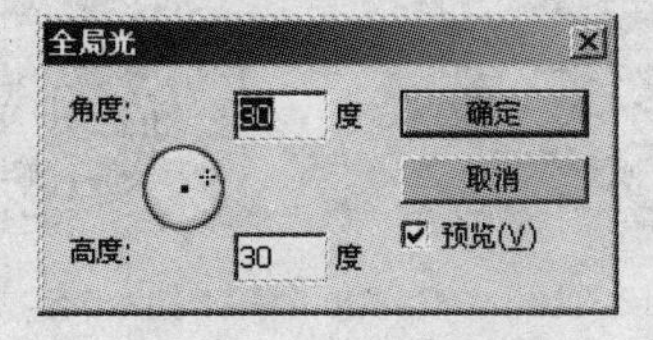

图 6.4.17　“全局光”对话框

6.5　实例速成——制作雕塑

本节主要利用所学的内容制作雕塑，最终效果如图 6.5.1 所示。

图 6.5.1　最终撕纸效果

操作步骤

（1）按“Ctrl+O”键，打开一幅如图 6.5.2 所示的图像文件，在图层面板中双击背景层对背景层进行解锁，然后将背景层重命名为“图层 1”。

（2）选择菜单栏中的 选择(S) → 色彩范围(C)... 命令，弹出“色彩范围”对话框，设置其对话框参数如图 6.5.3 所示。

图 6.5.2　打开的图像

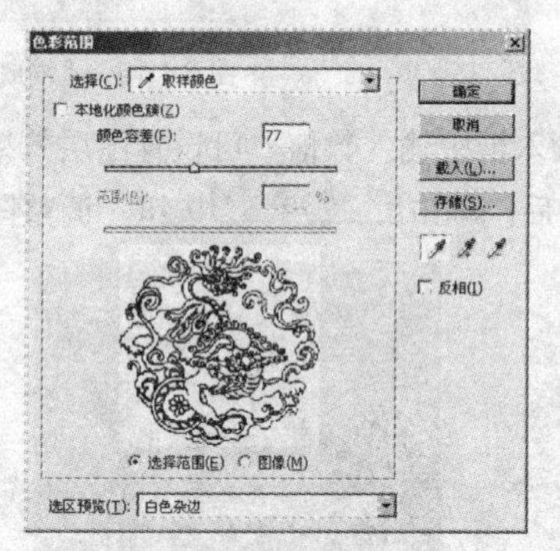

图 6.5.3　“色彩范围”对话框

（3）设置好参数后，单击 确定 按钮，效果如图 6.5.4 所示。

（4）按“Delete”键删除选区内图像，效果如图 6.5.5 所示。

图 6.5.4　创建选区

图 6.5.5　删除选区内图像

（5）打开一幅岩石图像，使用挑选工具将其拖曳到当前编辑的图层中，自动生成图层 2，效果

如图 6.5.6 所示。

（6）在图层面板中将图层 2 拖曳到图层 1 的下方，此时的效果如图 6.5.7 所示。

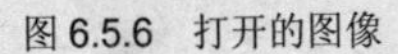

图 6.5.6　打开的图像

图 6.5.7　调整图层顺序效果

（7）将图层 1 作为当前图层，选择 图层(L) → 图层样式(Y) → 斜面和浮雕(B)... 命令，弹出“图层样式”对话框，设置其对话框参数如图 6.5.8 所示。

（8）设置完成后，单击 确定 按钮，效果如图 6.5.9 所示。

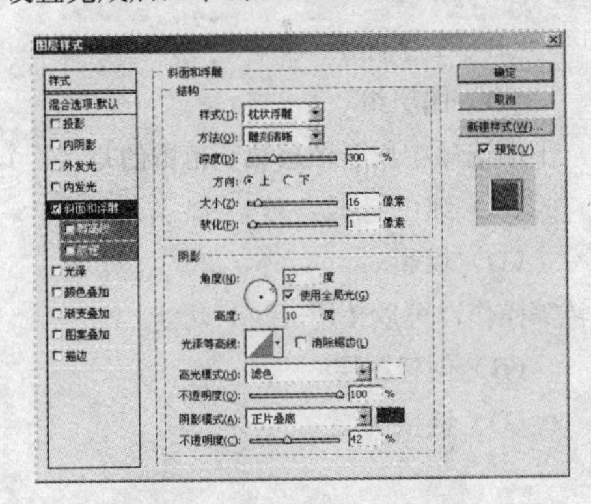

图 6.5.8　“图层样式”对话框

图 6.5.9　应用斜面和浮雕效果

（9）在图层面板中设置图层 1 的混合模式为“正片叠底”，最终效果如图 6.5.1 所示。

本 章 小 结

本章主要介绍了图层的类型与面板、图层的基本操作、图层混合模式以及图层样式等内容，通过本章的学习，读者应掌握创建和使用图层的方法与技巧，从而更加有效地编辑和处理图像。另外，通过对图层混合模式和图层样式的学习，读者应创建出绚丽多彩的图像效果。

轻 松 过 关

一、填空题

1．为了方便地管理图层与操作图层，在 Photoshop CS4 中提供了__________面板。

2．__________图层是一种不透明的图层，该图层不能进行混合模式与不透明度的设置。

3．在图层面板中，图层列表前面图标显示为 时，表示该图层处于__________状态。

4. 若用户想要对背景图层进行编辑，可将其转换为__________图层，再进行编辑操作。

5. 图层之间是有一定的顺序，也就是说，位于上层的图层会__________下层的图层的某个部分。

6. 设置图层链接时，如果要选择多个不连续的图层同时实现链接，应按__________键。

7. __________模式就是将两个图层的色彩叠加在一起，从而生成叠底效果。

8. 当图层上出现 fx 图标时，表示该图层中添加有__________。

二、选择题

1. 在 Photoshop CS4 中，按（　）键可以快速打开图层面板。

   （A）F4　　（B）F5

   （C）F6　　（D）F7

2. 按（　）快捷键可以复制一个新图层。

   （A）Ctrl+L　　（B）Ctrl+C

   （C）Ctrl+J　　（D）Shift+V

3. 通过选择 图层(L) → 新建(N) 命令，可新建（　）。

   （A）普通图层　　（B）文字图层

   （C）背景图层　　（D）图层组

4. 图层调整和填充是处理图层的一种方法，下面选项中属于图层填充范围的是（　）。

   （A）光泽　　（B）纯色

   （C）内发光　　（D）投影

5. 如果要将多个图层进行统一的移动、旋转等操作，可以使用（　）功能。

   （A）复制图层　　（B）创建图层

   （C）对齐图层　　（D）链接图层

三、简答题

1. 简述 Photoshop CS4 中图层的类型及其各自的特点。

2. 调整图层顺序的方法有哪几种？

3. 简述添加图层样式的方法。

四、上机操作题

利用本章所学的知识制作如题图 6.1 所示的艺术字效果。

题图　6.1

第 7 章　通道与蒙版的使用

在 Photoshop CS4 中，所有的颜色都是由若干个通道来表示的，用户可以利用通道来记录组成图像的颜色信息，也可以利用通道来保存图像中的选区和创建蒙版，有效地发挥其功能，可以设计出各种特殊精美的艺术作品。

本章要点

- 通道的类型与面板
- 通道的基本操作
- 合成通道
- 蒙版的使用

7.1　通道的类型与面板

在 Photoshop CS4 中，可以使用不同的方法将一幅图像分成几个相互独立的部分，对其中某一部分进行编辑而不影响其他部分，通道就是实现这种功能的途径之一，用于存放图像的颜色和选区数据。下面分别介绍通道的类型与通道面板。

7.1.1　通道类型

Photoshop CS4 的通道大致可分为 5 种类型的通道，即复合通道、颜色通道、Alpha 通道、专色通道和单色通道。

1．Alpha 通道

Alpha 通道是计算机图形学的术语，指的是特别的通道。Alpha 通道与图层看起来相似，但区别却非常大。Alpha 通道可以随意地增减，这一点类似于图层，但 Alpha 通道不是用来存储图像而是用来保存选区的。在 Alpha 通道中，黑色表示非选区，白色表示选区，不同层次的灰度则表示该区域被选取的百分比。

2．专色通道

专色通道可以使用除了青、黄、品红、黑以外的颜色来绘制图像。它主要用于辅助印刷，是用一种特殊的混合油墨来代替或补充印刷色的预混合油墨，每种专色在复印时都要求有专用的印版，使用专色油墨叠印出的通常要比四色叠印出的更平整，颜色更鲜艳。如果在 Photoshop CS4 中要将专色应用于特定的区域，则必须使用专用通道，它能够用来预览或增加图像中的专色。

3．单色通道

单色通道的产生比较特别，也可以说是非正常的。例如，在通道面板中随便删除其中一个通道，就会发现所有的通道都变成“黑白”的，原有的彩色通道即使不删除，也变成了灰度的。

4．颜色通道

在 Photoshop CS4 中图像像素点的色彩是通过各种色彩模式中的色彩信息进行描述的，所有的像素点包含的色彩信息组成了一个颜色通道。例如，一幅 RGB 模式的图像有 3 个颜色通道，其中 R（红色）通道中的像素点是由图像中所有像素点的红色信息组成的，同样 G（绿色）通道和 B（蓝色）通道中的像素点分别是由所有像素点中的绿色信息和蓝色信息组成的。这些颜色通道的不同信息搭配组成了图像中的不同色彩。

5．复合通道

复合通道不包含任何信息，实际上它只是能同时预览并编辑所有颜色通道的一种快捷方式。它通常被用来在单独编辑完一个或多个颜色通道后使通道面板返回到它的默认状态。对于不同模式的图像，其通道的数量是不一样的。在 Photoshop 中，通道涉及 3 种模式，对于一个 RGB 模式的图像，有 RGB、红、绿、蓝共 4 个通道；对于一个 CMYK 模式的图像，有 CMYK、青色、洋红、黄色、黑色共 5 个通道；对于一个 Lab 模式的图像，有 Lab、明度、a、b 共 4 个通道。

7.1.2 通道面板

在通道面板中可以同时将一幅图像所包含的通道全部都显示出来，还可以通过面板对通道进行各种编辑操作。例如打开一幅 RGB 模式的图像，默认情况下通道面板位于窗口的右侧，若在窗口中没有显示此面板，则可通过选择 窗口(W) → 通道 命令打开通道面板，如图 7.1.1 所示。

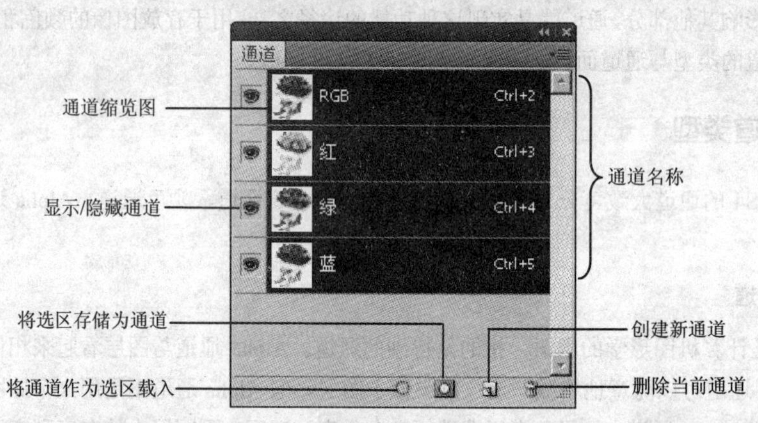

图 7.1.1 通道面板

下面主要介绍通道面板的各个组成部分及其功能：

眼睛图标：单击该图标，可在显示通道与隐藏通道之间进行切换，若显示有眼睛图标，则打开该通道的显示，反之则关闭该通道的显示。

按钮：单击此按钮，可以将通道内容作为选区载入。

按钮：单击此按钮，可以将图像中的选区存储为通道。

按钮：单击此按钮，可以在通道面板中创建一个新的 Alpha 通道。

按钮：单击此按钮，可以将不需要的通道删除。

单击通道面板右上角的按钮，可弹出如图 7.1.2 所示的通道面板菜单，其中包含了有关对通道的操作命令。此外，用户可以选择通道面板菜单中的 面板选项... 命令，在弹出的“通道面板选项”对话框中调整每个通道缩览图的大小，如图 7.1.3 所示。

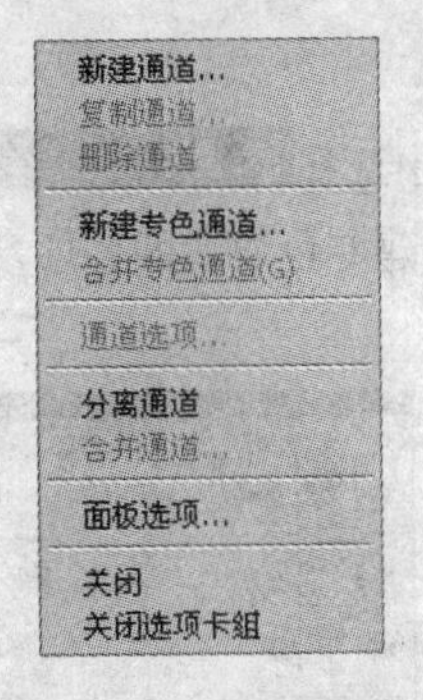

图 7.1.2　通道面板菜单

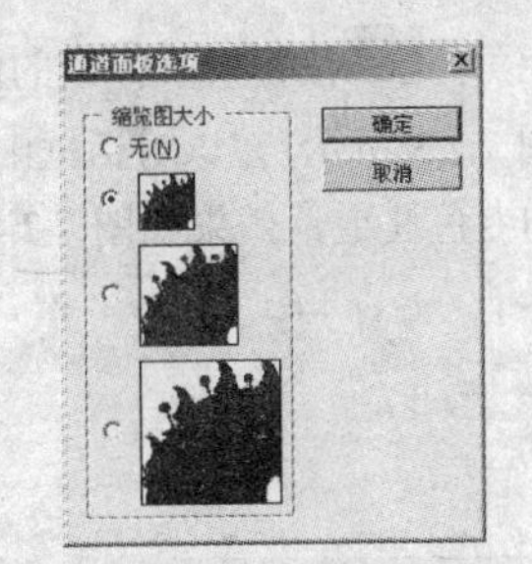

图 7.1.3　“通道面板选项”对话框

注意：在操作过程中，用户最好不要轻易修改原色通道，如果必须要修改，则可先复制原色通道，然后在其副本上进行修改。

7.2　通道的基本操作

通道的基本操作包括创建通道、复制通道、删除通道、分离通道和合并通道等，下面将分别进行介绍。

7.2.1　创建通道

在 Photoshop CS4 中，利用通道面板可以创建 Alpha 通道和专色通道，Alpha 通道主要用于建立、保存和编辑选区，也可将选区转换为蒙版。专色通道是一种比较特殊的颜色通道，在印刷过程中会经常用到。

1．创建 Alpha 通道

在 Photoshop CS4 中，单击通道面板中的“创建新通道”按钮进行创建。也可单击通道面板右上角的按钮，从弹出的面板菜单中选择新建通道...命令，则弹出“新建通道”对话框，如图 7.2.1 所示，在该对话框中设置好通道的各项参数，再单击确定按钮，即可在通道面板中创建一个新的 Alpha 通道，如图 7.2.2 所示。

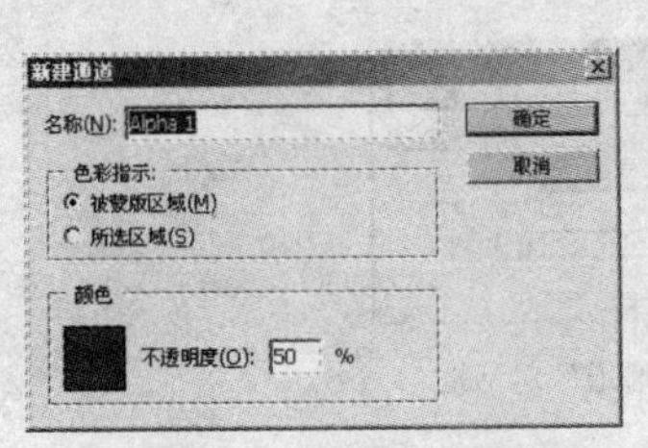

图 7.2.1　“新建通道”对话框

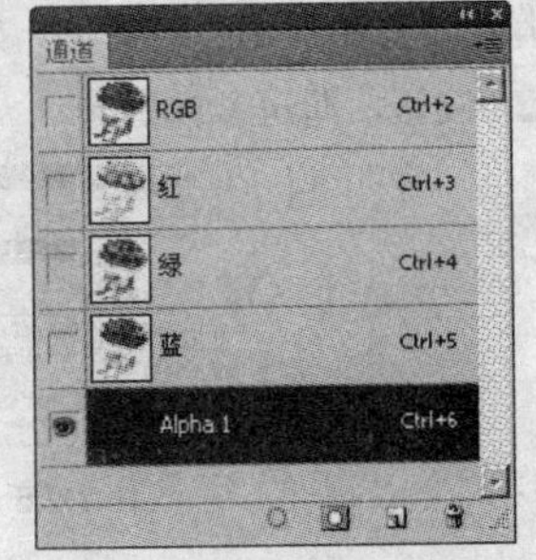

图 7.2.2　创建的 Alpha 通道

技巧：按住“Alt”键的同时单击通道面板底部的“创建新通道”按钮，也可弹出“新建通道”对话框。

2．创建专色通道

单击通道面板右上角的按钮，从弹出的面板菜单中选择新建专色通道...命令，则弹出“新建专色通道”对话框，如图7.2.3所示，在该对话框中设置好新建专色通道的各项参数，再单击确定按钮，即可创建出新的专色通道，效果如图7.2.4所示。

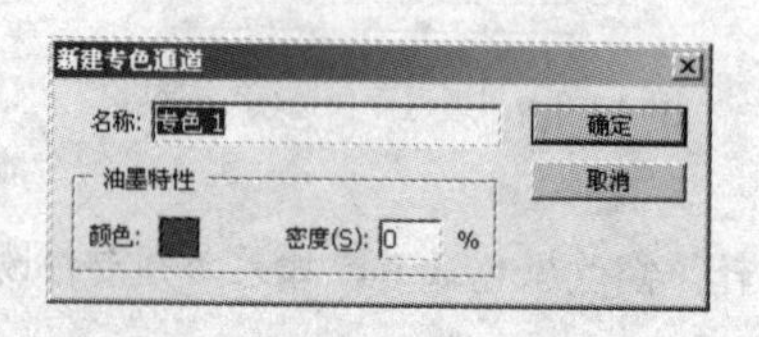

图7.2.3 “新建专色通道”对话框

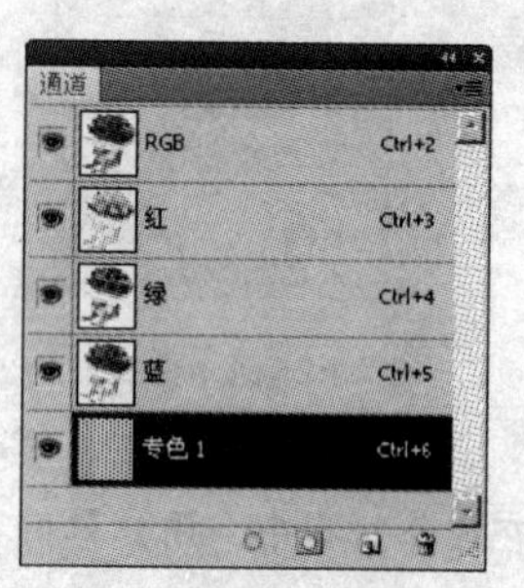

图7.2.4 创建的专色通道

7.2.2 复制通道

复制通道可以将一个通道中的图像移到另一个通道中，原来通道中的图像不改变。复制通道的方法有以下几种：

（1）选择要复制的通道，然后将其拖动到通道面板中的“创建新通道”按钮上，即可在被复制的通道下方复制一个通道副本，如图7.2.5所示。

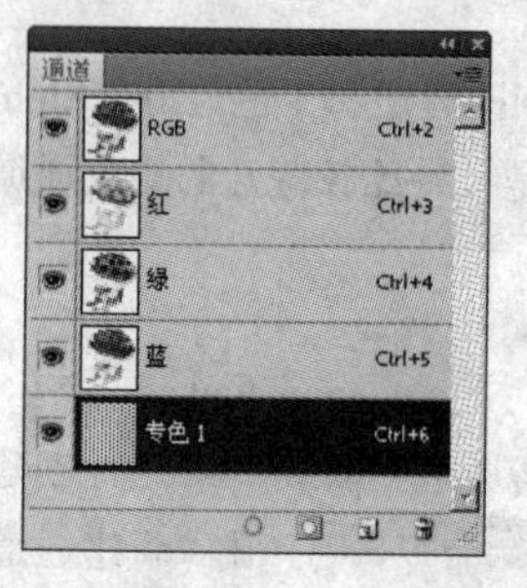

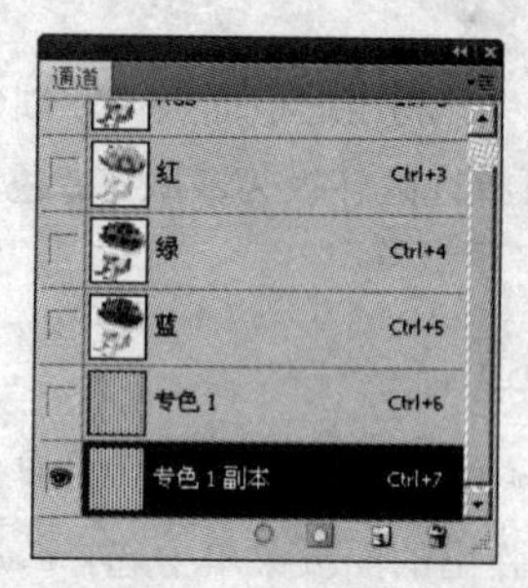

图7.2.5 复制通道

（2）选择要复制的通道，单击通道面板右上角的按钮，从弹出的通道面板菜单中选择复制通道...命令，弹出“复制通道”对话框，如图7.2.6所示。在为(A):文本框中输入复制通道的名称，然后单击确定按钮，即可复制通道。

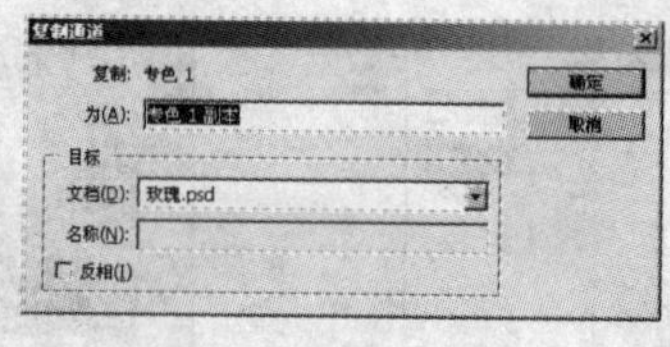

图7.2.6 “复制通道”对话框

7.2.3 将Alpha通道转换为专色通道

在通道面板中选择需要转换的Alpha通道后，单击通道面板右上角的按钮，在弹出的通道面板菜单中选择通道选项...命令，弹出“通道选项”对话框，在色彩指示:选项区中选中专色(P)单选按钮，然后单击 确定 按钮，即可将 Alpha 通道转换为专色通道，如图 7.2.7 所示。

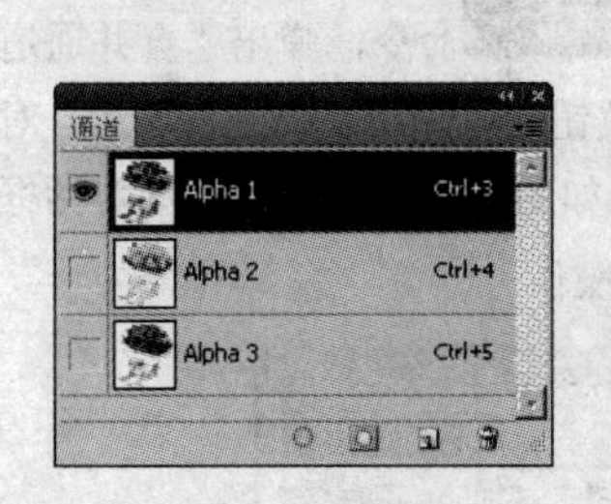

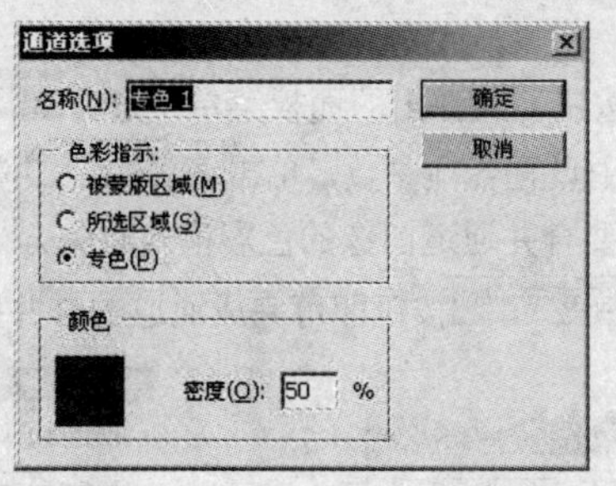

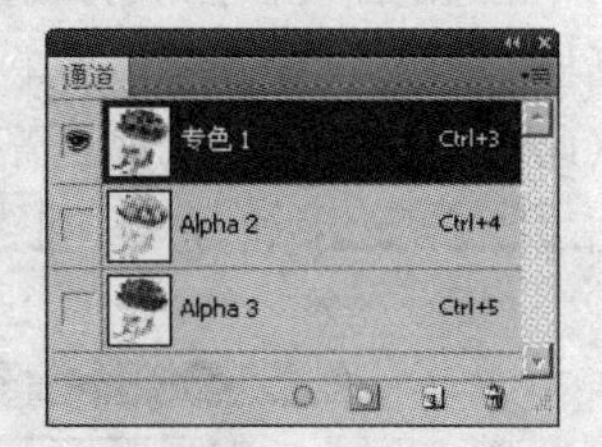

图 7.2.7　将 Alpha 通道转换为专色通道

7.2.4　删除通道

在 Photoshop CS4 中，带有 Alpha 通道的图像会占用一定的磁盘空间，在编辑完图像后，用户可以将不需要的 Alpha 通道删除以释放磁盘空间。删除通道的方法有以下两种：

（1）选择需要删除的通道，然后将其拖动到通道面板中的“删除通道”按钮 上，即可将选择的通道删除。

（2）选择需要删除的通道，单击通道面板右上角的 按钮，从弹出的通道面板菜单中选择 删除通道 命令，即可将选择的通道删除。

7.2.5　分离通道

在一幅图像中，如果包含的通道太多，就会导致文件太大而无法保存。利用通道面板中的 分离通道 命令（使用此命令之前，用户必须将图像中的所有图层合并，否则，此命令将不能使用），可以将图像的每个通道分离成灰度图像，以保留单个通道信息，每个图像可独立地进行编辑和存储。具体的操作方法如下：

（1）按“Ctrl+O”键，打开一幅 RGB 色彩模式的图像，如图 7.2.8 所示。

（2）单击通道面板右上角的 按钮，从弹出的面板菜单中选择 分离通道 命令，即可将通道分离为灰度图像文件，而原来的文件将自动关闭，效果如图 7.2.9 所示。

图 7.2.8　分离通道前的效果

图 7.2.9　分离通道后的效果

7.2.6　合并通道

分离通道后，还可以将其全部合并。需要注意的是，所有要进行合并的通道都必须打开，而且都为灰度图像文件，这些文件的尺寸大小都必须相同，只有在满足这些条件时，才可以将它们合并起来。具体的操作方法如下：

单击通道面板右上角的按钮，从弹出的面板菜单中选择合并通道...命令，弹出“合并通道”对话框，如图 7.2.10 所示。在其中设置各项参数，单击确定按钮，可弹出“合并多通道”对话框（此处弹出的对话框名称和需要合并通道图像的色彩模式有关），如图 7.2.11 所示。在该对话框中单击下一步(N)按钮直到弹出确定按钮即可完成通道的合并操作。

图 7.2.10 “合并通道”对话框

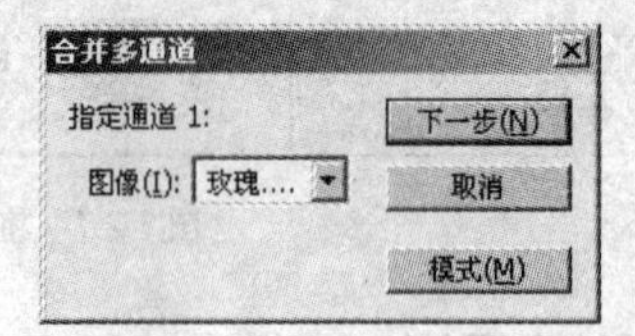

图 7.2.11 “合并多通道”对话框

7.3 合 成 通 道

利用图像(I)菜单中的计算(C)...和应用图像(Y)...命令可对图像中的通道进行合成操作，合成的通道可以来自同一个图像文件，也可以来自多个图像文件。当合成的通道来自两个或两个以上的图像时，这些含有通道的图像在 Photoshop 中必须全部打开，并且它们的尺寸和分辨率都必须相同。

7.3.1 计算

计算命令可以合成两个来自一个或多个源图像的单一的通道，然后将结果应用到新图像或新通道中，或作为当前图像的选区。若要在不同的图像间计算通道，则所打开的两幅图像的像素尺寸、分辨率必须相同。

选择菜单栏中的图像(I)→计算(C)...命令，弹出“计算”对话框，如图 7.3.1 所示。

在源 1(S):选项区中可以选择第一个源文件及其图层和通道。

在源 2(U):选项区中可以选择第二个源文件及其图层和通道。

在混合(B):下拉列表中可以选择用于计算时的混合模式。

选中☑ 蒙版(K)...复选框，此时的“计算”对话框如图 7.3.2 所示，用户可为混合效果应用通道蒙版。

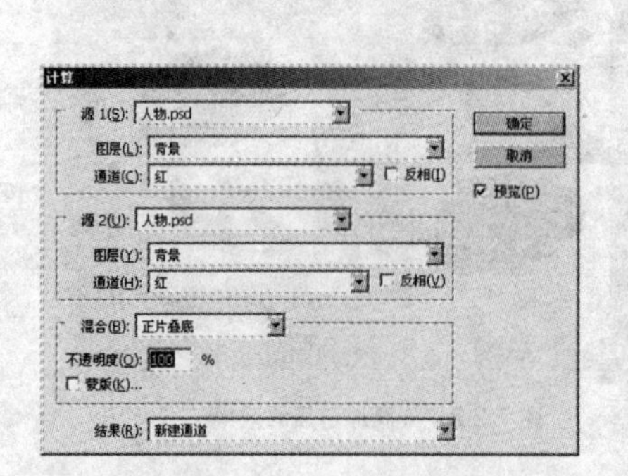

图 7.3.1 “计算”对话框

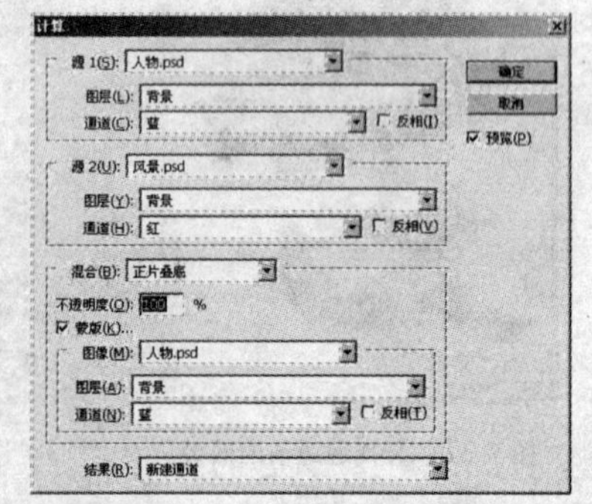

图 7.3.2 扩展后的“计算”对话框

选中☑ 反相(V)复选框，可使通道的被蒙版区域和未被蒙版区域反相显示。

在结果(R):下拉列表中可选择将混合后的结果置于新图像中，或置于当前图像的新通道或选区中。

注意：计算命令不能用来计算复合通道，因此产生的图像只能是灰度效果。

7.3.2　应用图像

应用图像命令可以将源图像中的图层和通道与当前图像中图层和通道进行计算。但用来计算的两个通道内的像素必须相对应，源文件与目标文件尺寸大小必须相等。与“计算”命令不同的是，“应用图像”命令还可对彩色复合通道进行计算。

选择菜单栏中的 图像(I) → 应用图像(Y)... 命令，弹出“应用图像”对话框，如图 7.3.3 所示。

图 7.3.3　“应用图像”对话框

在 源(S): 下拉列表中可以选择一个与目标文件大小相同的文件（其中包括目标文件在内）。

在 图层(L): 下拉列表中可以选择源文件的图层。

在 通道(C): 下拉列表中可以选择源文件中的通道。

选中 ☑ 反相(I) 复选框后，在计算中使用通道内容的负片进行输出。

在 混合(B): 下拉列表中可以选择计算时的混合模式。不同的混合模式，效果也不相同。

在 不透明度(O): 文本框中输入数值可调整合成图像的不透明度。

除了以上选项外，☑ 蒙版(K)... 复选框的作用与前面介绍的“计算”对话框中的完全相同。

下面通过一个例子介绍应用图像命令的使用方法，具体的操作步骤如下：

（1）打开两幅大小相同的图像，如图 7.3.4 所示。

（a）源文件

（b）目标文件

图 7.3.4　打开的两幅图像

（2）选择菜单栏中的 图像(I) → 应用图像(Y)... 命令，弹出“应用图像”对话框，设置参数如图 7.3.5 所示。

（3）设置完成后，单击 确定 按钮，效果如图 7.3.6 所示。

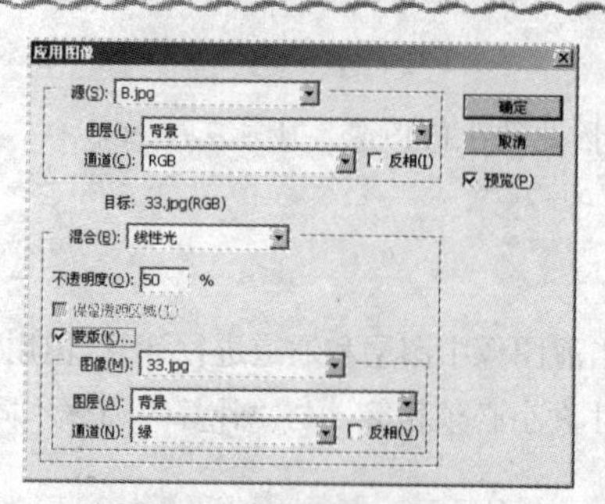

图 7.3.5 “应用图像”对话框

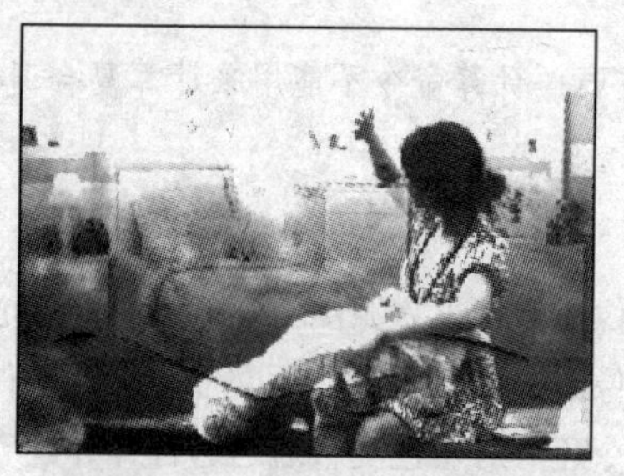

图 7.3.6 合成的图像效果

7.4 蒙版的使用

蒙版的形式有 4 种，分别为快速蒙版、通道蒙版、图层蒙版以及矢量蒙版。蒙版可以用来保护图像，使被蒙蔽的区域不受任何编辑操作的影响，以方便用户对其他部分的图像进行编辑调整。

7.4.1 快速蒙版

利用快速蒙版可以将创建的选区转换为蒙版并对其进行编辑。其具体的创建和编辑方法如下：

（1）打开一幅图像，使用椭圆选框工具在图像中绘制一个椭圆选区，如图 7.4.1 所示。

（2）单击工具箱中的“以快速蒙版模式编辑”按钮，此时图像中未被选择的区域将被蒙版保护起来，效果如图 7.4.2 所示。

图 7.4.1 创建的选区

图 7.4.2 快速蒙版效果

（3）选择菜单栏中的 滤镜(T) → 扭曲 → 水波... 命令，弹出“水波”对话框，设置其对话框参数如图 7.4.3 所示。

（4）设置完参数后，单击 确定 按钮，效果如图 7.4.4 所示。

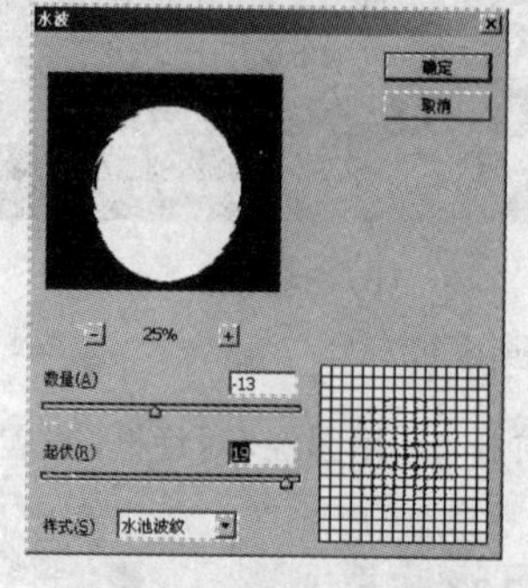

图 7.4.3 “水波”对话框

图 7.4.4 应用水波滤镜效果

（5）单击工具箱中的“以标准模式编辑”按钮，此时图像中未被蒙版的区域将转换成为选区，如图 7.4.5 所示。

（6）按“Ctrl+Shift+I”键反选选区，将背景色设为白色，再按“Delete”键删除选区中的内容，按“Ctrl+D”键取消选区，效果如图 7.4.6 所示。

图 7.4.5　以标准模式编辑图像效果

图 7.4.6　使用快速蒙版效果

7.4.2　通道蒙版

通道蒙版与快速蒙版的作用类似，都是为了存储选区以备下次使用。不同的是在一幅图像中只允许有一个快速蒙版存在，而通道蒙版则不同，在一幅图像中可以同时存在多个通道蒙版，分别存放不同的选区。此外，用户还可以将通道蒙版转换为专色通道，而快速蒙版则不能。

1. 创建通道蒙版

在 Photoshop CS4 中创建通道蒙版常用的方法有以下几种：

（1）首先在图像中创建一个选区，然后单击通道面板底部的“将选区存储为通道”按钮，即可将选区范围保存为通道蒙版，如图 7.4.7 所示。

图 7.4.7　创建通道蒙版效果

（2）首先在图像中创建一个选区，再选择 选择(S) → 存储选区(V)... 命令，弹出“存储选区”对话框，如图 7.4.8 所示。在 名称(N): 文本框中输入通道蒙版的名称，再单击 确定 按钮即可将选区范围保存为通道蒙版。

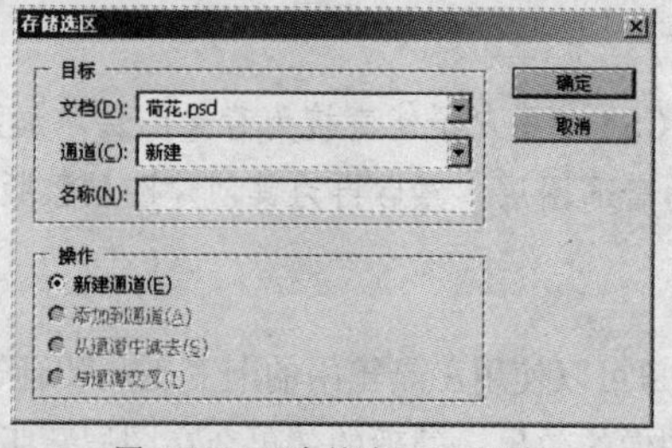

图 7.4.8　“存储选区”对话框

2. 编辑通道蒙版

通道蒙版的编辑方法与快速蒙版相同，为图像创建通道蒙版后，可以使用 Photoshop CS4 工具箱中的绘图工具、调整命令和滤镜等对其进行编辑，为图像添加各种特殊效果。

7.4.3 图层蒙版

图层蒙版是一个附加在图层之上的 8 位灰度图像，主要用于保护被屏蔽的图像区域，并可将部分图像处理成透明或半透明的效果。它与前面所说的快速蒙版、通道蒙版不同，图层蒙版只对需要创建蒙版的图层起作用，而对于图像中的其他层，该蒙版不可见，也不起任何作用。

1. 创建图层蒙版

创建图层蒙版的方法有以下两种：

（1）在图层面板中选中需要创建图层蒙版的图层，然后使用工具箱中的椭圆选框工具在图像中绘制选区，单击图层面板底部的“添加图层蒙版”按钮，即可为选择区域以外的图像添加蒙版，如图 7.4.9 所示。

图 7.4.9 创建的图层蒙版效果

（2）在图层面板中选中需要创建图层蒙版的图层，然后选择图层(L)→图层蒙版(M)命令，弹出如图 7.4.10 所示的子菜单，在其中选择相应的命令即可为图层添加蒙版，添加蒙版后的图层面板如图 7.4.11 所示。

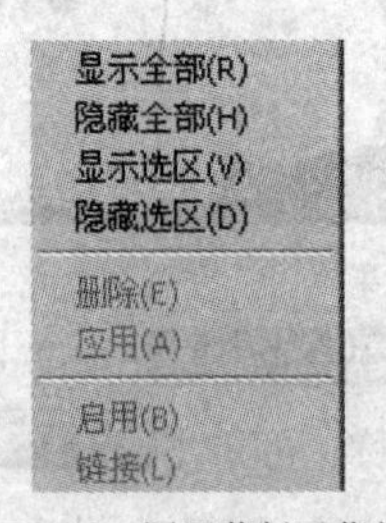

图 7.4.10 图层蒙版子菜单

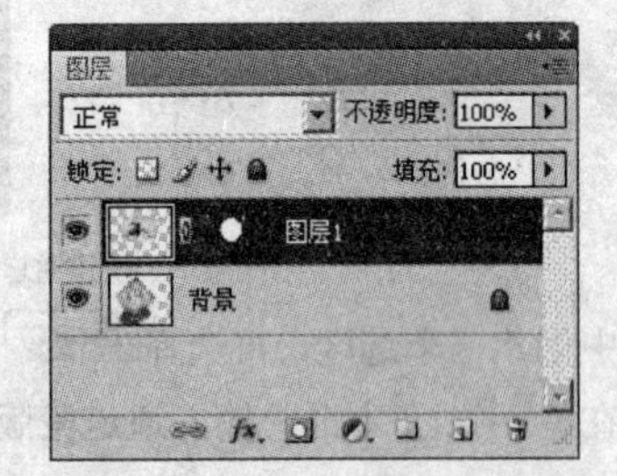

图 7.4.11 图层面板

提示：在 Photoshop CS4 中用户不能直接为背景图层添加蒙版，如果需要给背景图层添加蒙版，可以先将背景图层转换为普通图层，然后再为其创建图层蒙版。

2. 编辑图层蒙版

为图像创建图层蒙版后，用户可以使用工具箱中的渐变工具和画笔工具组在图层蒙版中添加渐变颜色或进行擦拭，以达到融合图像的效果，处理的效果会在图层蒙版缩略图中显示出来。

7.4.4　矢量蒙版

矢量蒙版是通过钢笔工具或形状工具创建的路径来遮罩图像的，它与分辨率无关，因此在进行缩放时可保持对象边缘光滑无锯齿。

选择菜单栏中的 图层(L) → 矢量蒙版(V) 命令，可弹出其子菜单，如图 7.4.12 所示。从中选择相应的命令可创建矢量蒙版。

显示全部(R)
隐藏全部(H)
当前路径(U)
删除(D)
启用(B)
取消链接(L)

图 7.4.12　矢量蒙版子菜单

选择 显示全部(R) 命令，可为当前图层添加白色矢量蒙版，白色矢量蒙版不会遮罩图像。

选择 隐藏全部(H) 命令，可为当前图层添加黑色矢量蒙版，黑色矢量蒙版将遮罩当前图层中的图像。

选择 当前路径(U) 命令，可基于当前的路径创建矢量蒙版。

创建矢量蒙版后，可通过锚点编辑工具修改路径的形状，从而修改蒙版的遮罩区域，如要取消矢量蒙版时，可选择 图层(L) → 矢量蒙版(V) → 删除(D) 命令进行删除。

7.5　实例速成——制作壁纸

本节主要利用所学的内容制作壁纸，最终效果如图 7.5.1 所示。

图 7.5.1　最终效果图

操作步骤

（1）打开两幅如图 7.5.2 所示的图像文件，将小狗图像文件作为当前背景的图像。

图 7.5.2　打开的图像文件

（2）进入通道面板，激活“红”通道，选择 图像(I) → 调整(A) → 亮度/对比度(C)... 命令，在弹出的“亮度/对比度”对话框中设置 亮度: 为“0”、对比度: 为“50”，效果如图 7.5.3 所示。

（3）按“Ctrl+I”键反相图像，然后单击工具箱中的“减淡工具”按钮，在小狗图像的周围单击鼠标减淡图像，效果如图 7.5.4 所示。

图 7.5.3　调整亮度/对比度效果

图 7.5.4　减淡图像效果

（4）单击工具箱中的“快速选择工具”按钮，选中图像中的白色区域，然后反选图层，删除选区内图像，单击“绿”通道，效果如图 7.5.5 所示。

（5）进行图层面板，羽化小狗图像，并对其进行白色描边，再使用移动工具将其拖曳到另一幅图像中，效果如图 7.5.6 所示

图 7.5.5　删除选区并显示“绿”通道

图 7.5.6　复制并移动图像效果

（6）再复制一个小狗图层，按“Ctrl+T”键，调整其大小及位置，并对其进行水平翻转，最终效果如图 7.5.1 所示。

本 章 小 结

本章主要介绍了通道的类型与面板、通道的基本操作、合成通道以及蒙版的使用方法与技巧。通过本章的学习，读者应对通道与蒙版的用途有更深入的了解，从而在以后的制作过程中能够熟练地应用通道与蒙版制作出美观大方的图像效果。

轻 松 过 关

一、填空题

1．在 Photoshop CS4 中通道的主要功能是__________。

2．在 Photoshop CS4 中包含 5 种类型的通道，即__________通道、__________通道、__________通道、__________通道和__________通道。

3．打开一幅 CMYK 模式的图像时，在通道面板中有 5 个默认的通道，分别是__________、__________、__________、__________和__________。

4．合并通道时各源文件必须为__________模式，并且__________也要相同，否则不能进行合并。

5．在 Photoshop CS4 中有两个图像合成命令，分别是__________和__________。

6．在 Photoshop CS4 中，__________被用于保存图像的颜色数据和选区。

7．蒙版包括__________、__________、__________和__________4 类。

二、选择题

1．将一幅图像分离通道后，可将图像的每个通道分离成（　　）图像。

（A）黑白　　　　（B）灰度

（C）彩色　　　　（D）位图

2．在通道面板上，［按钮］按钮的作用是（　　）。

（A）将通道作为选区载入　　　　（B）将选区存储为通道

（C）创建新的通道　　　　（D）删除通道

3．按住（　）键依次单击需要选择的通道则可同时选中多个通道。

（A）Shift　　　　（B）Alt

（C）Shift+Alt　　　　（D）Ctrl

4．在通道面板中，（　）通道不能更改其名称。

（A）Alpha　　　　（B）专色

（C）复合　　　　（D）单色

三、简答题

1．在 Photoshop CS4 中，如何创建专色通道与 Alpha 通道？

2．在 Photoshop CS4 中，如果创建通道蒙版与图层蒙版？

3．如何使用计算命令合成图像效果？

四、上机操作题

1．打开一幅图像，练习使用蒙版功能精确选择某区域。

2．打开两幅大小相同的图像文件，使用本章所学的知识制作如题图 7.1 所示的合成图像效果。

原图 1

原图 2

效果图

题图　7.1

第 8 章　路径的使用

Photoshop CS4 具有绘制和编辑路径的强大功能，它不仅为用户提供了大量的相关工具来绘制和编辑路径，而且系统自身也提供了大量的自定义形状路径供用户选用，从而制作出具有艺术效果的作品，以增强作品整体的视觉表现力。

本章要点

- 路径面板
- 创建路径
- 编辑路径

8.1　路 径 面 板

在 Photoshop CS4 中，用户可利用路径面板对创建的路径进行管理和编辑，包括将选区转换为路径、将路径转换为选区、删除路径、创建新路径等。在默认状态下路径面板处于打开状态，如果窗口中没有显示路径面板，可通过选择窗口(W)→路径命令将其打开，如图 8.1.1 所示。

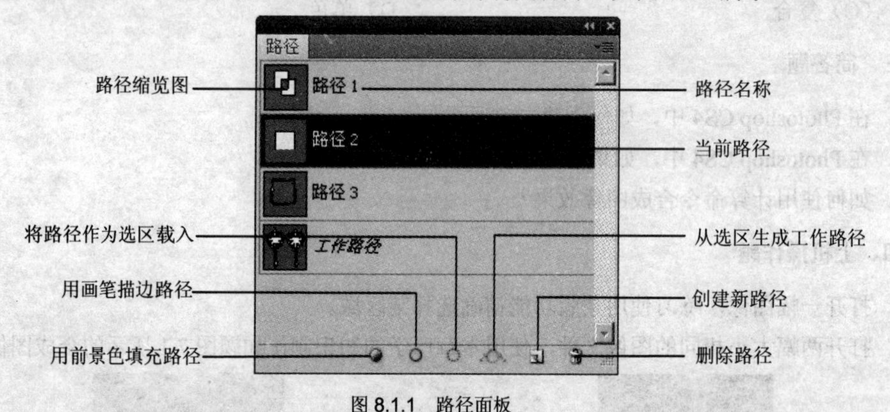

图 8.1.1　路径面板

下面主要介绍路径面板的各个组成部分及其功能：

（填充按钮）：单击此按钮，可用前景色填充路径包围的区域。

（描边按钮）：单击此按钮，可用描绘工具对路径进行描边处理。

（载入选区按钮）：单击此按钮，可将当前绘制的封闭路径转换为选区。

（生成工作路径按钮）：单击此按钮，可将图像中创建的选区直接转换为工作路径。

（新建按钮）：单击此按钮，可在路径面板中创建新的路径。

（删除按钮）：单击此按钮，可将当前路径删除。

单击路径面板右上角的（菜单）按钮，可弹出如图 8.1.2 所示的路径面板菜单，在其中包含了所有用于路径的操作命令，如新建、复制、删除、填充以及描边路径等。此外，用户还可以选择路径面板菜单中的面板选项...命令，在弹出的“路径面板选项”对话框（见图 8.1.3）中调整路径缩览图的大小。

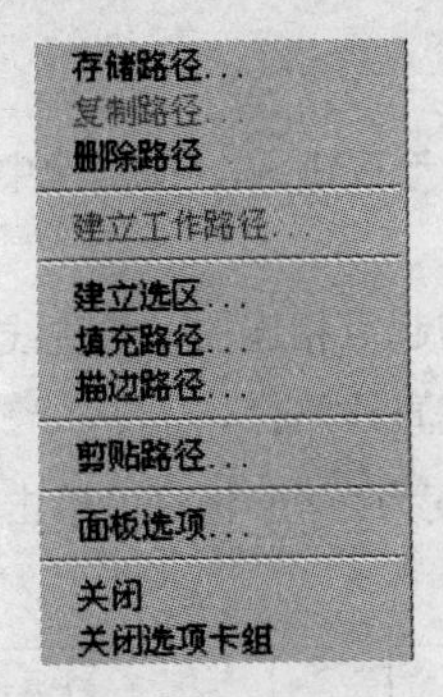

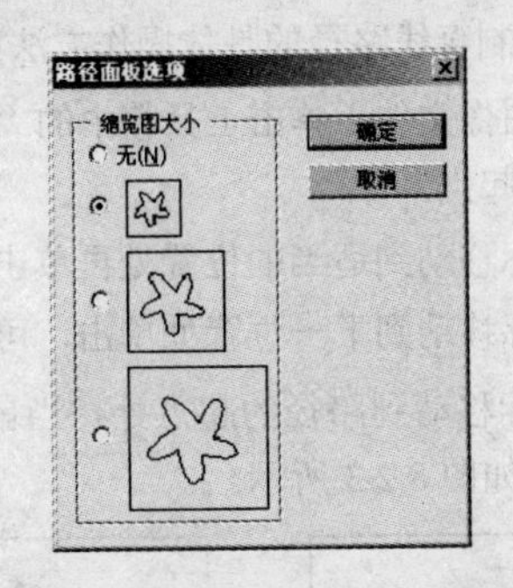

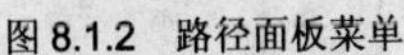

图 8.1.2　路径面板菜单　　　　图 8.1.3　“路径面板选项”对话框

在路径面板中正在编辑而尚未保存的路径的名称默认为“工作路径”，在保存路径时可对路径进行重命名，其方法与图层重命名方法相同，这里不再赘述。

8.2　创 建 路 径

Photoshop CS4 中提供了多种创建路径的工具，如钢笔工具、自由钢笔工具以及形状工具等，其中钢笔工具是创建路径的主要工具。下面分别介绍使用各种工具创建路径的方法。

8.2.1　钢笔工具

钢笔工具是最常用的创建路径的工具，单击工具箱中的“钢笔工具”按钮，其属性栏如图 8.2.1 所示。

图 8.2.1　“钢笔工具”属性栏

其属性栏中的各选项功能介绍如下：

：单击此按钮，就可以在图像中绘制需要的路径。

：单击此按钮，原属性栏将切换到形状图层属性栏，如图 8.2.2 所示，在利用钢笔工具绘制路径时，所绘的路径会被填充，填充的颜色在属性栏中的颜色：中设置，单击样式：下拉列表，可以选择一种填充样式进行填充。

图 8.2.2　“形状图层”属性栏

：单击此按钮，在绘制图形时可以直接使用前景色填充路径区域。该按钮只有在选择形状工具时才可以使用。

：该组工具可以直接用来绘制矩形、椭圆形、多边形、直线等形状。

选中 自动添加/删除 复选框，钢笔工具将具备添加和删除锚点的功能，可以在已有的路径上自动添加新锚点或删除已存在的锚点。

：这 4 个按钮从左到右分别是相加、相减、相交和反交，与选框工具属性栏中的相同，这里不再赘述。

1．绘制直线路径

利用钢笔工具绘制直线路径的具体操作方法如下：

（1）新建一个图像文件，单击工具箱中的“钢笔工具”按钮，在图像中适当的位置处单击鼠标，创建直线路径的起点。

（2）将鼠标光标移动到适当的位置处再单击，绘制与起点相连的一条直线路径。

（3）将鼠标光标移动到下一位置处单击，可继续创建直线路径。

（4）将鼠标光标移动到路径的起点处，当鼠标光标变为形状时，单击鼠标左键即可创建一条封闭的直线路径，如图 8.2.3 所示。

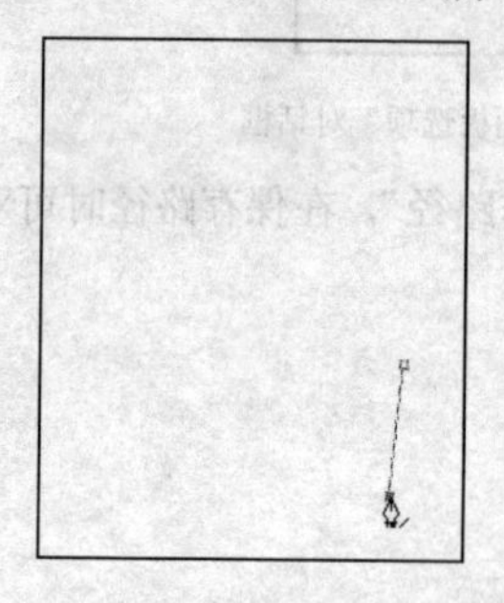
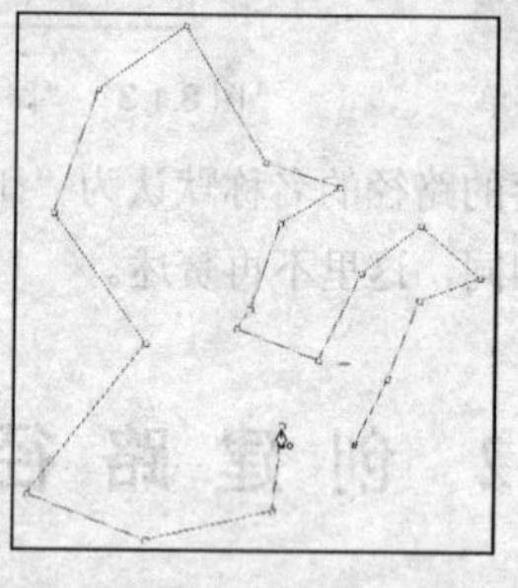
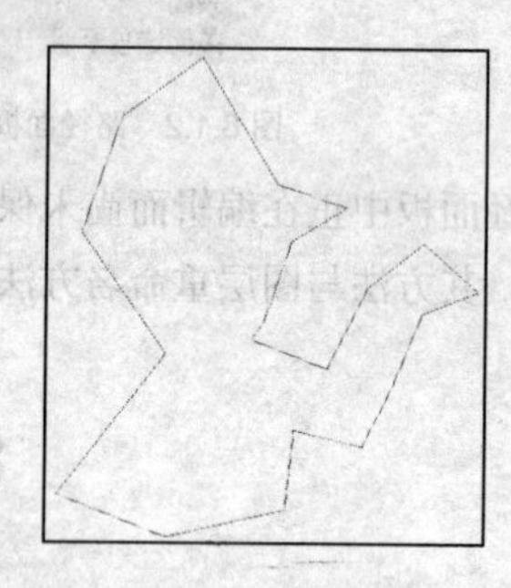

图 8.2.3　绘制的封闭直线路径

2．绘制曲线路径

利用钢笔工具绘制曲线路径的具体操作方法如下：

（1）新建一个图像文件，单击工具箱中的“钢笔工具”按钮，在图像中适当的位置处单击鼠标，创建曲线路径的起点（即第一个锚点）。

（2）将鼠标光标移动到适当位置再单击并按住鼠标左键拖动，将在起点与该锚点之间创建一条曲线路径。

（3）重复步骤（2）的操作，可继续创建曲线路径。

（4）将鼠标光标移动到路径的起点处，当鼠标光标变为形状时，单击鼠标左键即可创建一条封闭的曲线路径，如图 8.2.4 所示。

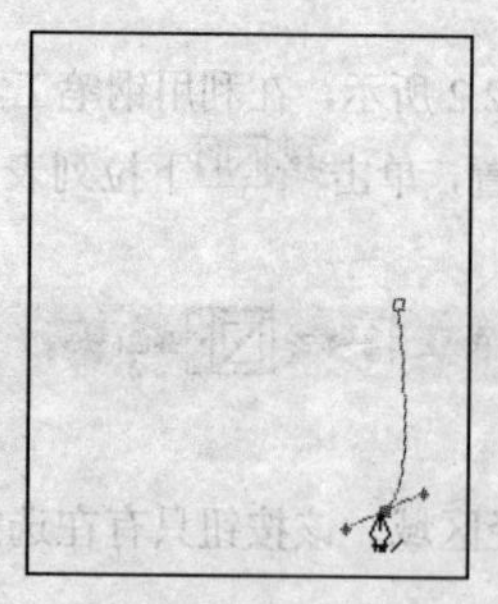
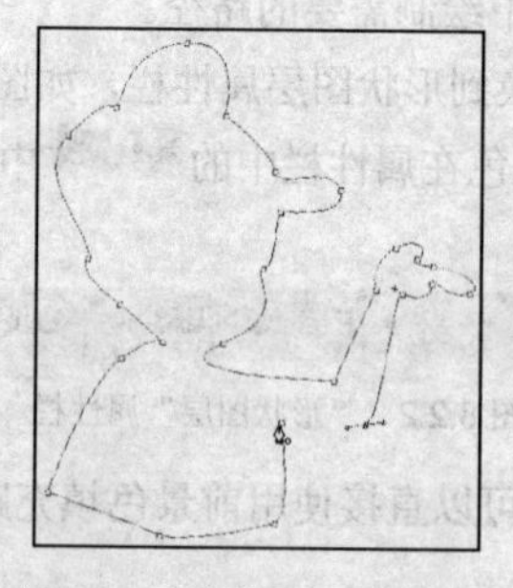
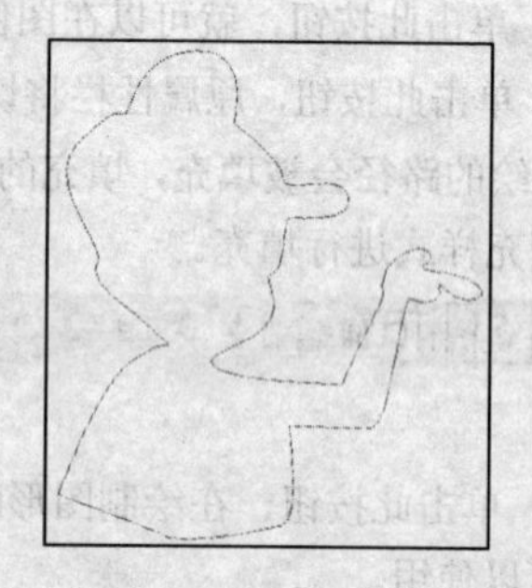

图 8.2.4　绘制的封闭曲线路径

8.2.2　自由钢笔工具

自由钢笔工具类似于绘图工具中的画笔、铅笔等，此工具根据鼠标拖动轨迹建立路径。

要使用自由钢笔工具绘制路径，其具体的操作方法如下：

（1）单击工具箱中的“自由钢笔工具”按钮。

（2）在属性栏中设置自由钢笔工具的属性，单击属性栏中的“几何选项”按钮，可弹出自由钢笔选项面板，如图 8.2.5 所示。

（3）在 曲线拟合: 输入框中输入数值，可设置创建路径上的锚点多少，数值越大，路径上的锚点就越少。

（4）在图像中拖动鼠标，可产生一条路径尾随指针，松开鼠标，即可创建工作路径，如图 8.2.6 所示。

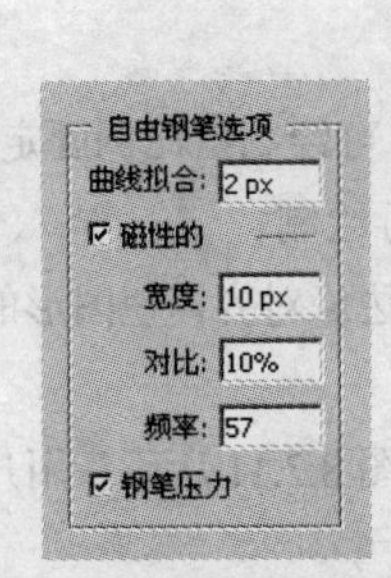

图 8.2.5　自由钢笔选项面板

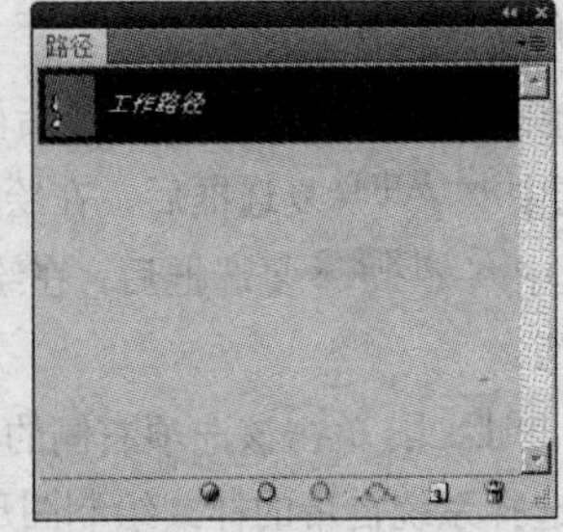

图 8.2.6　自由钢笔工具绘制路径

（5）如果要继续手绘现有路径，可将自由钢笔工具移至绘制的路径的一个端点，按住鼠标左键拖动。

（6）要创建闭合路径，移动鼠标至起始点单击即可。

在自由钢笔工具属性栏中选中 磁性的 复选框，表明此时的自由钢笔工具具有磁性。磁性钢笔工具的功能与磁性套索工具基本相同，可以自动寻找图像的边缘，其差别在于使用磁性钢笔工具生成的是路径，而不是选区。在图像边缘单击，确定第一个锚点，然后沿着图像边缘拖动，即可自动沿边缘生成多个锚点，如图 8.2.7 所示。当鼠标指针移至第一个锚点时，单击可形成闭合路径。

8.2.3　形状工具

如果要创建形状规则的路径，通常可以使用形状工具组来绘制。该工具组中包括矩形工具、圆角矩形工具、椭圆工具、多边形工具、直线工具以及自定形状工具，如图 8.2.8 所示。

图 8.2.7　使用磁性钢笔工具绘制路径

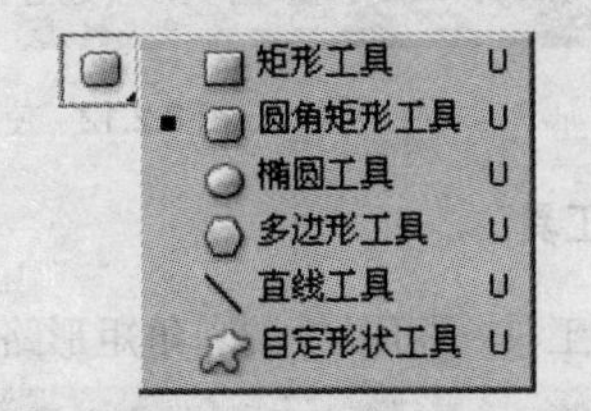

图 8.2.8　形状工具组

1．矩形工具

矩形工具用于绘制矩形路径，其属性栏如图 8.2.9 所示。

图 8.2.9 “矩形工具”属性栏

矩形工具属性栏与钢笔工具属性栏基本相同，其中各选项含义如下：

（1）“自定义形状”按钮：单击该按钮右侧的下拉按钮，打开矩形选项面板，如图 8.2.10 所示。

1）选中 不受约束 单选按钮，在图像文件中创建图形将不受任何限制，可以绘制任意形状的图形。

2）选中 方形 单选按钮，可在图像文件中绘制方形、圆角方形或圆形。

3）选中 固定大小 单选按钮，在后面的文本框中输入固定的长宽数值，可以绘制出指定尺寸的矩形、圆角矩形或椭圆形。

4）选中 比例 单选按钮，在后面的文本框中设置矩形的长宽比例，可绘制出比例固定的图形。

5）选中 从中心 复选框后，在绘制图形时将以图形的中心为起点进行绘制。

6）选中 对齐像素 复选框后，在绘制图形时，图形的边缘将同像素的边缘对齐，使图形的边缘不会出现锯齿。

（2）样式：单击该选项右侧的下拉按钮，弹出样式下拉列表，如图 8.2.11 所示，用户可以在该列表中选择系统自带的样式绘制图形。

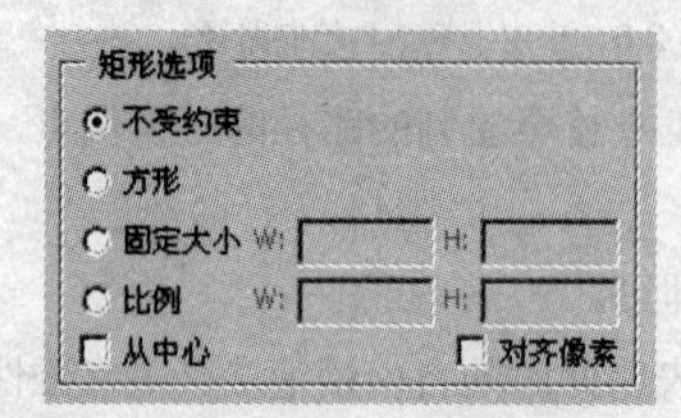

图 8.2.10 “矩形选项”面板

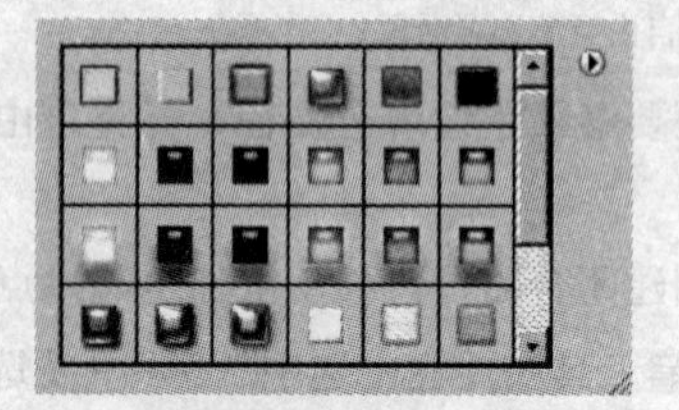
图 8.2.11 样式下拉列表

（3）颜色：单击其右侧的色块，弹出“拾色器”对话框，用户可以在拾色器中选择颜色设置形状的填充色。

使用矩形工具在图像中绘制的路径如图 8.2.12 所示。

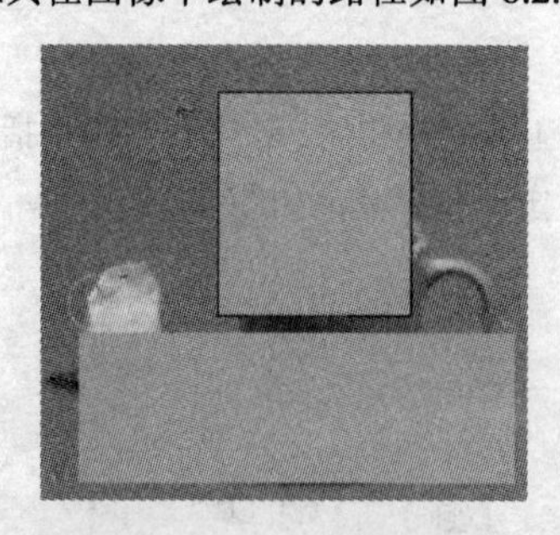

图 8.2.12 使用矩形工具绘制的路径

2．圆角矩形工具

使用圆角矩形工具可以绘制圆角矩形路径，其属性栏如图 8.2.13 所示。

图 8.2.13 “圆角矩形工具”属性栏

该属性栏与矩形工具属性栏基本相同，在 半径: 文本框中输入数值可设置圆角的大小，当该数值为 0 时，其功能与矩形工具相同。

使用圆角矩形工具设置不同的半径值绘制的路径如图 8.2.14 所示。

图 8.2.14　使用圆角矩形工具绘制的路径

3．椭圆工具

使用椭圆工具可以绘制椭圆形和圆形路径，其属性栏如图 8.2.15 所示。

图 8.2.15　“椭圆工具”属性栏

该工具属性栏与矩形工具属性栏完全相同，选择该工具，按住“Shift”键在绘图区拖动鼠标即可创建一个圆形，使用该工具绘制的路径如图 8.2.16 所示。

图 8.2.16　使用椭圆工具绘制的路径

4．多边形工具

使用多边形工具可以绘制各种边数的多边形，其属性栏如图 8.2.17 所示。

该工具属性栏同矩形工具属性栏基本相同，在 边: 5 文本框中输入数值，可以控制多边形或星形的边数。

单击“自定义形状”按钮右侧的下拉按钮，打开多边形选项面板，如图 8.2.18 所示。

图 8.2.17　“多边形工具”属性栏

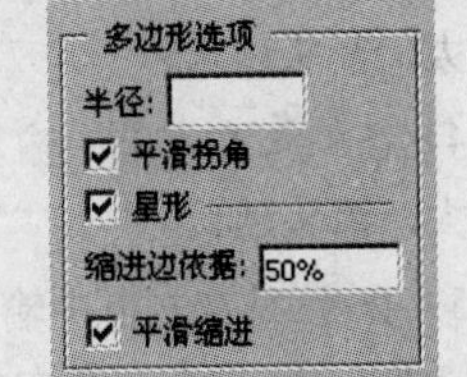

图 8.2.18　多边形选项面板

（1）在 半径: 文本框中输入数值可设置多边形的中心点至顶点的距离。

（2）选中 平滑拐角 复选框，可以绘制出圆角效果的正多边形或星形。

（3）选中 星形 复选框，在图像文件中可绘制出星形图形。

1）在缩进边依据:文本框中输入数值，可控制在绘制多边形时边缩进的程度，输入数值范围在 1%～99%，数值越大，缩进的效果越明显。

2）选中☑平滑缩进复选框，可以对绘制的星形边缘进行平滑处理。

使用多边形工具绘制的路径如图 8.2.19 所示。

图 8.2.19　使用多边形工具绘制的路径

5．直线工具

使用直线工具可以绘制线段和箭头，其工具属性栏如图 8.2.20 所示。

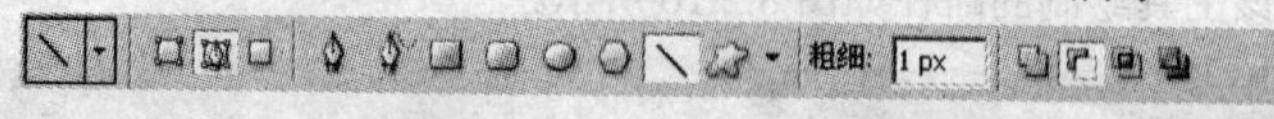

图 8.2.20　“直线工具”属性栏

该工具属性栏与矩形工具属性栏基本相同，在粗细:文本框中输入数值可设置线段的粗细。

单击“自定义形状”按钮右侧的下拉按钮，打开箭头选项面板，如图 8.2.21 所示。

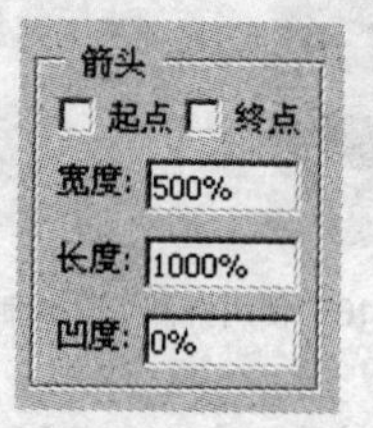

图 8.2.21　箭头选项面板

（1）选中☑起点复选框，在绘制直线形状时，直线形状的起点处带有箭头。

（2）选中☑终点复选框，在绘制直线形状时，直线形状的终点处带有箭头。如果将☑起点复选框和☑终点复选框都选中，则可以绘制双向箭头。

（3）在宽度:文本框中输入数值，可用来控制箭头的宽窄，输入数值范围在 10%～1000%之间。数值越大，箭头越宽。

（4）在长度:文本框中输入数值，可用来控制箭头的长短，输入数值范围在 10%～5000%之间。数值越大，箭头越长。

（5）在凹度:文本框中输入数值，可用来控制箭头的凹陷程度。输入数值范围在－50%～50%之间。数值为正时，箭头尾部向内凹陷；数值为负时，箭头尾部向外突出；数值为 0 时，箭头尾部平齐。

使用直线工具在图像中绘制的路径如图 8.2.22 所示。

技巧：使用直线工具绘制图形时，按住“Shift”键可以绘制水平、垂直和 45° 的直线或箭头。

图 8.2.22　使用直线工具绘制的路径

6. 自定义形状工具

自定义形状工具的主要作用是把一些定义好的图形形状直接使用，使创建图形更加方便快捷。自定义形状工具的使用方法同其他形状工具的使用方法一样，单击工具箱中的“自定义形状工具”按钮，属性栏如图 8.2.23 所示。

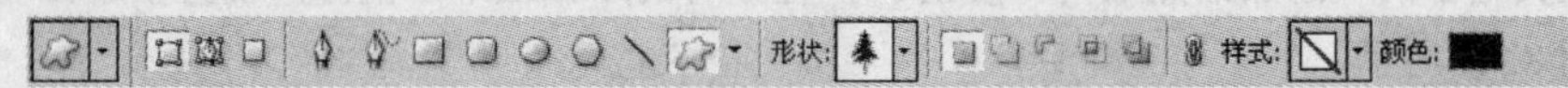

图 8.2.23　“自定义形状工具”属性栏

单击“自定义形状”按钮右侧的下拉按钮，打开自定义形状选项面板，如图 8.2.24 所示。该面板中各选项含义与矩形选框工具相同。

单击形状:右侧的按钮，将弹出自定义形状下拉列表，如图 8.2.25 所示。

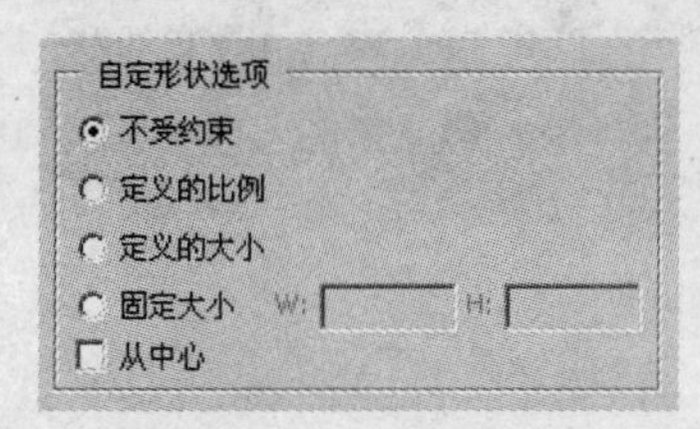

图 8.2.24　自定义形状选项面板

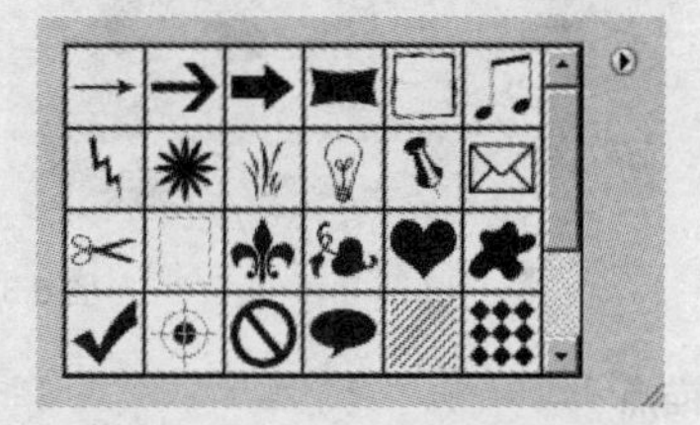

图 8.2.25　自定义形状下拉列表

用户可以单击该列表右侧的按钮，从弹出的下拉菜单中可以选择相应的命令进行载入形状和存储自定义形状等操作，如图 8.2.26 所示。

使用自定义形状工具在图像中绘制的路径如图 8.2.27 所示。

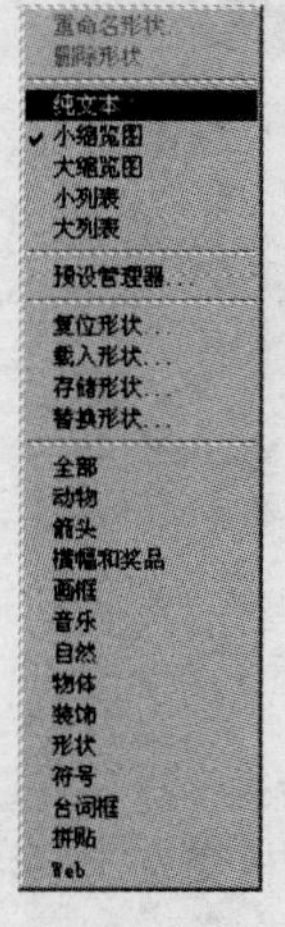

图 8.2.26　加载自定义图形

图 8.2.27　使用自定义形状工具绘制的路径

8.3 编辑路径

在路径的绘制过程中，有时直接绘制的路径不能满足用户的要求，此时就需要对其进行进一步的编辑，例如，添加、删除和转换锚点，对路径进行变形及调整等，此外，用户还可对其进行描边和填充等。

8.3.1 添加、删除和转换锚点

利用钢笔工具组中的“添加锚点”、“删除描点”和“转换锚点”，可以轻松地添加、删除和转换锚点。具体的操作方法介绍如下。

1．添加锚点

单击工具箱中的“添加锚点工具”按钮，在原有的路径上单击鼠标，就会在路径中增加一个锚点，如图 8.3.1 所示。

图 8.3.1 添加锚点

2．删除锚点

使用删除锚点工具可以将路径中多余的锚点删除，锚点越少，处理出的图像越光滑，单击工具箱中的“删除锚点工具”按钮，将光标放在需要删除的锚点处单击，锚点就被删除了，如图 8.3.2 所示。

图 8.3.2 删除锚点

3．转换锚点

使用转换点工具可以修改路径中的锚点，使路径精确，单击工具箱中的“转换锚点工具”按钮，在路径中单击鼠标，锚点的句柄将被显示出来，将鼠标放在句柄上时，鼠标光标变为 形状，此时就可以对锚点进行编辑，如图 8.3.3 所示。

图 8.3.3　转换锚点

8.3.2　选择路径

路径的选择可通过路径选择工具和直接选择工具来实现，可对路径进行移动、编辑和修改等操作。

1．路径选择工具

路径选择工具可以将路径整体选中，并且能够移动、组合、排列和复制路径。单击工具箱中的“路径选择工具”按钮，其属性栏如图 8.3.4 所示。

显示定界框　组合

图 8.3.4　“路径选择工具”属性栏

选中显示定界框复选框，在路径的周围将显示定界框，拖动定界框各个调节点，即可对路径进行变形，与图像的变形操作一样；如果路径层中有两个以上路径时，单击组合按钮，可将多个路径合成一个路径显示，如图 8.3.5 所示。

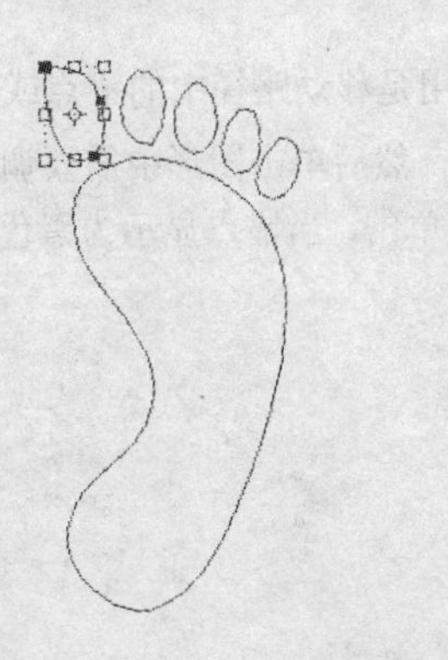

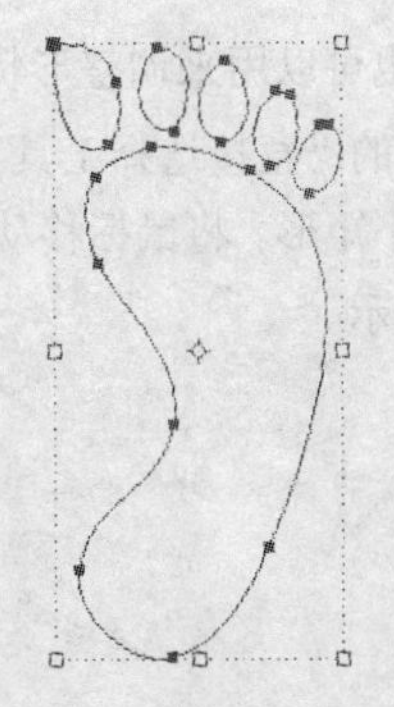

图 8.3.5　组合路径效果

使用路径选择工具对路径进行操作的方法如下：

（1）将鼠标光标放置在定界框 4 个角的调节点上，按下鼠标拖曳，可对图形进行任意缩放变形；按住“Shift”键拖动鼠标，可对图形进行等比例缩放；按住“Shift+Alt”键拖动鼠标，图形将以调节中心为基准等比例缩放，效果如图 8.3.6 所示。

（2）当鼠标显示为弧形的双向箭头时拖动鼠标，路径将以调节中心为轴进行旋转，按住键盘上的“Shift”键旋转路径，可使路径按 15° 角的倍数进行旋转，效果如图 8.3.7 所示。

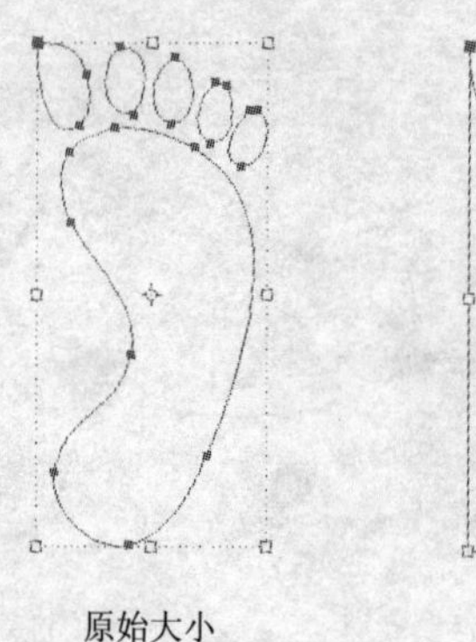

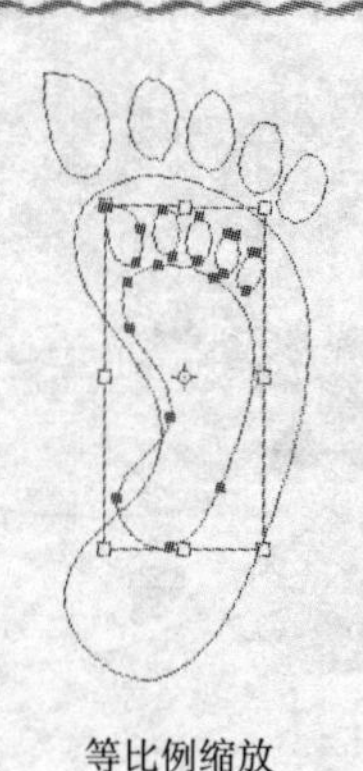

原始大小　　任意缩放　　等比例缩放

图 8.3.6　缩放路径

（3）按住键盘上的“Ctrl”键，用鼠标调整定界框上的调节点，可以对路径进行扭曲变形，如图 8.3.8 所示。

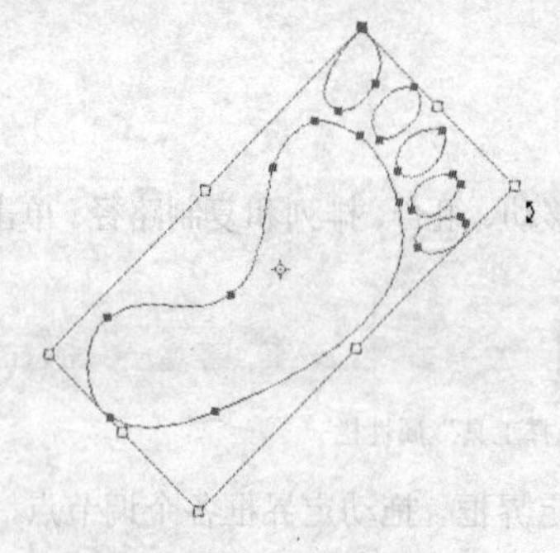

图 8.3.7　旋转路径

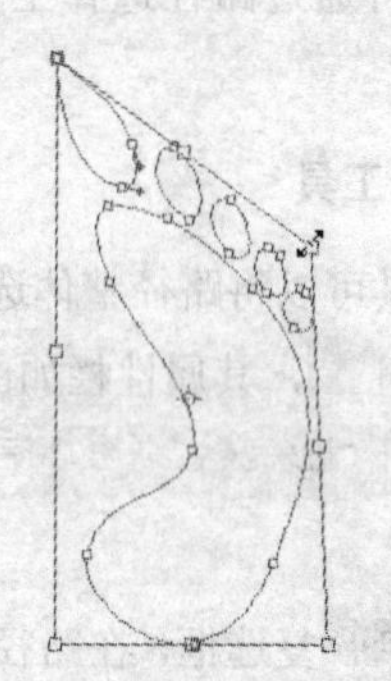

图 8.3.8　扭曲变形路径

2．直接选择工具

使用直接选择工具也可以用来调整形状，主要作用是移动路径中的锚点或线段。其操作方法如下：

（1）单击工具箱中的“直接选择工具”按钮，然后单击图形中需要调整的路径，此时路径上的锚点全部显示为空心小矩形。将鼠标移动到锚点上单击，当锚点显示为黑色时，表示此锚点处于被选中状态，如图 8.3.9 所示。

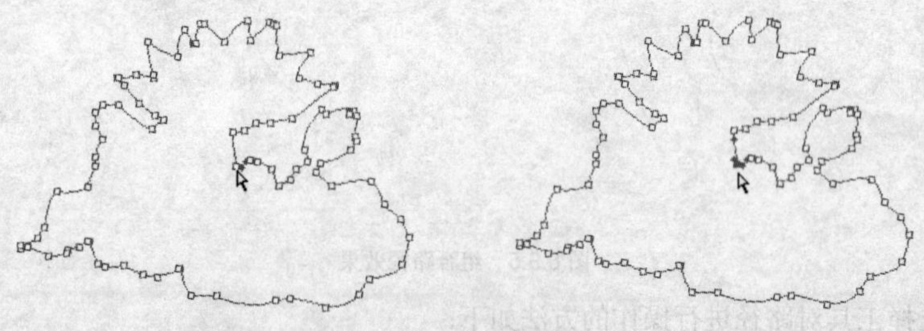

图 8.3.9　选中的锚点

技巧： 当需要在路径上同时选择多个锚点时，可以按住“Shift”键，然后依次单击要选择的锚点即可；也可以用框选的方法来选取所需的锚点；若要选择路径中的全部锚点，则可以按住“Alt”键在图形中单击路径，全部锚点显示为黑色时，即表示全部锚点被选择。

（2）拖曳平滑曲线两侧的方向点，可以改变其两侧曲线的形状。

（3）按住“Alt”键的同时用鼠标拖曳路径，可以复制路径，如图 8.3.10 所示。

图 8.3.10　复制路径

（4）按住“Ctrl”键，在路径中的锚点或线段上按下鼠标并拖曳，可将直接选择工具转换为路径选择工具；释放鼠标与“Ctrl”键后，再次按住“Ctrl”键在路径中的锚点或在线段上拖曳鼠标，可将路径选择工具转换为直接选择工具。

（5）按住“Shift”键，将鼠标光标移动到平滑点两侧的方向点上按下鼠标并拖曳，可以将平滑点的方向点以 45°角的倍数调整。

8.3.3　复制路径

若要复制路径，可直接将需要复制的路径拖动到路径面板底部的“创建新路径”按钮上即可。要将路径复制到其他的图像中，可在选择路径后，选择编辑(E)→拷贝(C)命令，将路径复制到剪贴板中，然后再选择编辑(E)→粘贴(P)命令将其粘贴到其他图像中即可。

8.3.4　删除路径

若要删除路径，首先在路径面板中选择要删除的路径，再单击路径面板右上角的按钮，在弹出的路径面板菜单中选择删除路径命令即可，也可直接将需要删除的路径拖动到路径面板底部的“删除路径”按钮上进行删除。

8.3.5　填充路径

如果要用前景色填充路径封闭区域，在路径面板中单击“用前景色填充路径”按钮即可。若要用背景色、图案或其他内容填充路径，可单击路径面板右上角的按钮，在弹出的路径面板菜单中选择填充路径...命令，弹出“填充路径”对话框，如图 8.3.11 所示。

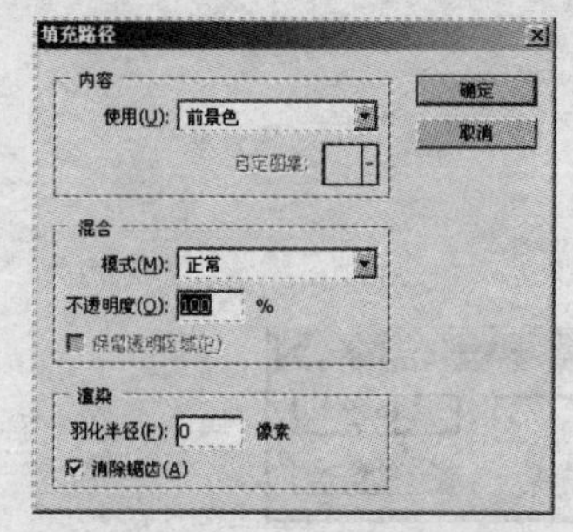

图 8.3.11　“填充路径”对话框

在填充过程中，如果只选中了当前路径中的部分路径，则只填充选定部分，效果如图 8.3.12

所示。

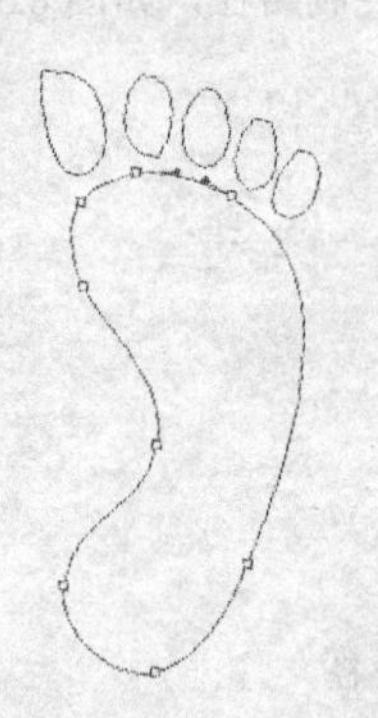

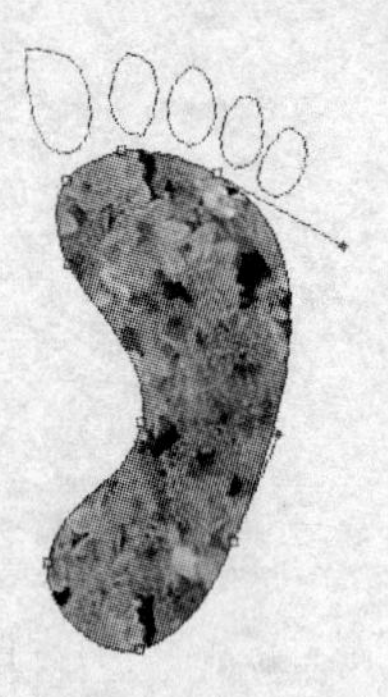

图 8.3.12 填充选定路径效果

如果在填充时未选中路径，则填充将针对当前全部路径，效果如图 8.3.13 所示。

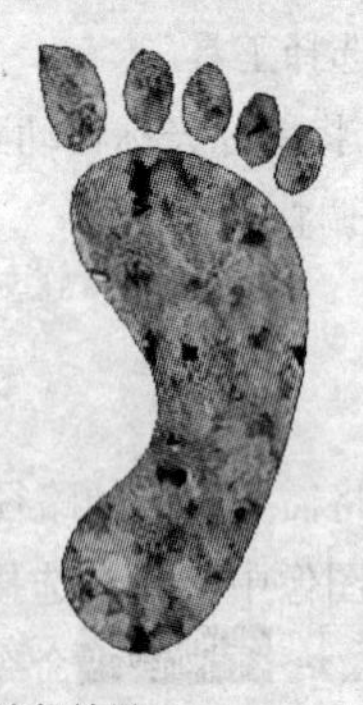

图 8.3.13 填充全部路径效果

8.3.6 描边路径

如果要用画笔工具对路径进行描边，可单击路径面板底部的“用画笔描边路径”按钮 。如果要使用其他描边工具，则可单击路径面板右上角的按钮，在弹出的路径面板菜单中选择描边路径...命令，弹出“描边路径”对话框，如图 8.3.14 所示，用户可在画笔下拉列表中选择描边所用的绘画工具。

选择描边工具以后，在该工具的属性栏中可以设置不透明度、画笔特性、羽化效果等影响描边的选项，如图 8.3.15 所示为对脚印路径进行描边的效果。

图 8.3.14 “描边路径”对话框

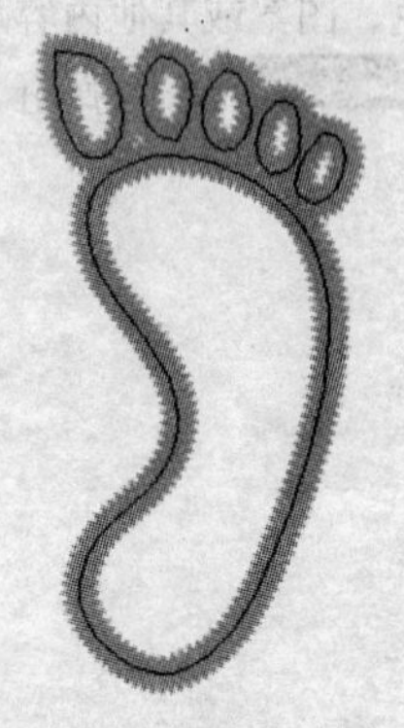

图 8.3.15 描边路径效果

8.3.7　输出剪贴路径

剪贴路径功能主要用于制作去除背景效果的图像。也就是说，使用剪贴路径功能输出的图像插入到 PageMaker 等排版软件中时，在其路径之内的图像会被输出，而路径之外的区域则会成为透明区域。

打开要输出路径的图像，在路径面板菜单中选择 剪贴路径... 命令，可弹出“剪贴路径”对话框，如图 8.3.16 所示。

图 8.3.16　“剪贴路径”对话框

在 路径: 下拉列表中可选择所要剪贴的路径。

在 展平度(F): 输入框中输入数值，可设置填充输出路径之内图像的边缘像素。

单击 确定 按钮，即可完成输出剪贴路径，此时就可以将图像保存为.TIF（或.EPS，.DCS）的图像格式，然后插入到 PageMaker 软件中使用。

8.3.8　路径与选区的互换

创建选区后，在路径面板菜单中选择 建立工作路径... 命令，弹出“建立工作路径”对话框，单击 确定 按钮，即可将选区转换为路径；也可以直接单击路径面板底部的“从选区生成工作路径”按钮，转换选区为路径。

同样，创建路径后，在路径面板菜单中选择 建立选区... 命令，弹出“建立选区”对话框，单击 确定 按钮，即可将路径转换为选区；也可以直接在路径面板底部单击“将选区作为路径载入”按钮，转换路径为选区。

8.4　实例速成——制作换装效果

本节主要利用所学的内容制作换装效果，最终效果如图 8.4.1 所示。

图 8.4.1　最终效果图

操作步骤

（1）按“Ctrl+O”键，打开一幅图像，如图 8.4.2 所示。

图 8.4.2 打开的图像

（2）单击工具箱中的“钢笔工具”按钮，其属性栏设置如图 8.4.3 所示。

图 8.4.3 “钢笔工具”属性栏

（3）设置完成后，在图像中单击鼠标沿着人物的衣服创建路径，效果如图 8.4.4 所示。

图 8.4.4 创建的路径及路径面板

（4）按“Ctrl+O”键，打开一幅底纹图像，选择 编辑(E) → 定义图案... 命令，弹出“图案名称”对话框，参数设置如图 8.4.5 所示。设置完成后，单击 确定 按钮，即可将图案保存。

图 8.4.5 “图案名称”对话框

（5）用鼠标单击人物图像，在路径面板中选择工作路径，再单击右上角的按钮，在弹出的面板菜单中选择 填充路径... 命令，弹出“填充路径”对话框，设置参数如图 8.4.6 所示。

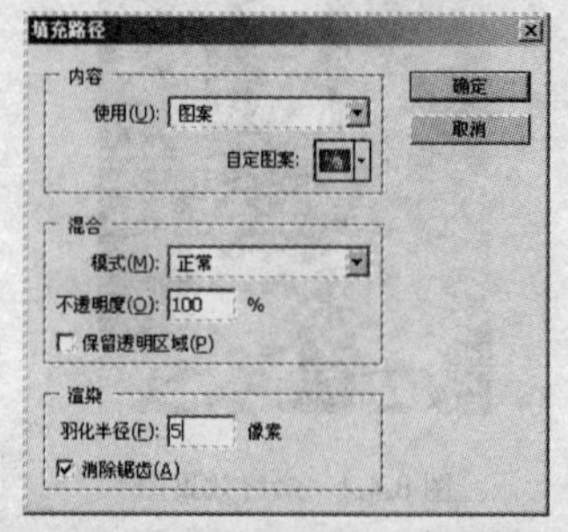

图 8.4.6 “填充路径”对话框

（6）设置完成后，单击 确定 按钮，在路径面板中将工作路径拖动到底部的“删除路径”按钮 上将其删除，最终效果如图 8.4.1 所示。

本 章 小 结

本章主要介绍了路径面板、创建路径以及编辑路径的方法与技巧。通过本章的学习，读者能够熟练使用路径工具创建各种不同形状的路径，并利用编辑路径工具对所创建的路径进行编辑操作，从而绘制出多种不同的图形效果。

轻 松 过 关

一、填空题

1．在 Photoshop CS4 中提供了多种创建路径的工具，如_________工具、_________工具以及_________工具等，其中_________工具是创建路径的主要工具。

2．_________是由多个节点构成的直线或曲线线段。

3．使用_________工具可以绘制矩形、正方形的路径或形状。

4．编辑路径的工具有_________、_________、_________、_________和_________5 种。

二、选择题

1．在“工作路径”状态下，路径面板菜单中不可用的命令是（　）。

（A）复制路径　　（B）删除路径

（C）存储路径　　（D）建立选区

2．使用（　）工具可以改变路径的方向线。

（A）路径选择　　（B）直接选择

（C）转换点　　（D）钢笔

3．要将当前的路径转换为选区，可单击路径面板底部的（　）按钮。

（A）　　（B）

（C）　　（D）

4．单击工具箱中的（　）可以将角点与平滑点进行转换。

（A）转换点工具　　（B）直接选择工具

（C）路径选择工具　　（D）添加锚点工具

三、简答题

1．在 Photoshop CS4 中，用来绘制路径的工具有哪些？

2．简述路径与选区的转换方法。

四、上机操作题

1．新建一幅图像，练习使用钢笔工具、自由钢笔工具以及形状工具绘制所需的路径。

2．结合本章学习的路径知识，绘制一段路径并对其进行描边、填充等操作。

第9章　滤镜的使用

滤镜是Photoshop软件中的特色工具之一，充分而适度地利用好滤镜，不仅可以改善图像效果、掩盖缺陷，还可以在原有图像的基础上产生许多特殊炫目的效果。本章将详细讲述这些滤镜的作用效果与使用技巧。

本章要点

- 滤镜简介
- 普通滤镜
- 特殊滤镜
- 智能滤镜

9.1 滤镜简介

滤镜来源于摄影中的滤光镜，利用滤光镜的功能可以改进图像并能产生特殊效果。在Photoshop中，通过滤镜的功能，可以为图像添加各种各样的特殊效果。

9.1.1 滤镜的概念

滤镜是在摄影过程中的一种光学处理镜头，为了使图像产生特殊的效果，使用这种光学镜头过滤掉部分光线中的元素，从而改进图像的显示效果。在Photoshop CS4中提供了近百种滤镜，这些滤镜按照不同的处理效果可分为13类，同时，还包括了一些特殊的处理效果，如滤镜库、消失点以及液化滤镜，如图9.1.1所示。

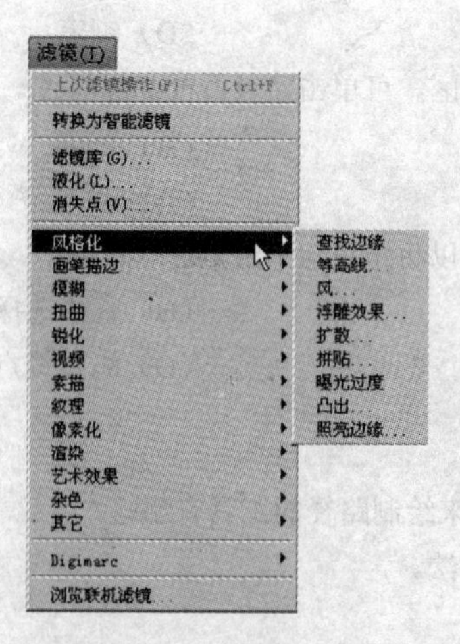

图9.1.1　滤镜菜单

滤镜可以应用于图像的选择区域，也可以应用于整个图层。Photoshop中的滤镜从功能上分为两种，矫正性滤镜和破坏性滤镜。矫正性滤镜包括模糊、锐化、视频、杂色以及其他滤镜，它们对图像处理的效果很微妙，可调整对比度、色彩等宏观效果；其他滤镜都属于破坏性滤镜，破坏性滤镜对图像的改变比较明显，主要用于构造特殊的艺术图像效果。

滤镜菜单中的第一组是最近一次使用的滤镜命令，用户可以选择该项或按“Ctrl+F”键重复使用该滤镜效果。

9.1.2　使用滤镜的过程

在 Photoshop 中提供了近百种滤镜，这些滤镜各有其特点，但使用过程基本相似。在使用滤镜时，一般都可以按照以下步骤进行：

（1）选择需要使用滤镜处理的某个图层、某区域或某个通道。

（2）在 滤镜(T) 菜单中（见图 9.1.1），选择需要使用的滤镜命令，弹出相应的设置对话框。

（3）在弹出的对话框中设置相关的参数，一般有两种方法：一种是使用滑块，此方法很方便，也更容易随时预览效果；另一种是直接输入数值，这样可以得到较精确的设置。

（4）预览图像效果。大多数滤镜对话框中都设置了预览图像效果的功能。

（5）调整好各个参数后，单击 确定 按钮就可以执行此滤镜命令。如果对调整的效果不满意，可单击 取消 按钮取消设置操作。

9.1.3　使用滤镜的技巧

滤镜的种类很多，产生的效果也不一样，但是在使用上都有共同的基本方法和技巧，掌握该技巧将在滤镜的使用中获得事半功倍的效果。

（1）滤镜的效果只对单一的图层起作用，对蒙版、Alpha 通道也可制作滤镜效果。

（2）运用滤镜后，要通过“Ctrl+Z”键切换，以观察使用滤镜前后的图像效果对比，能更清楚地观察滤镜的作用。

（3）在对某一选择区域使用滤镜时，可对该部分图像创建选区，一般应先对选择区域执行羽化命令，然后再执行滤镜命令，这样可以使通过滤镜处理后选区内的图像很好地融合到图像中。

（4）按“Ctrl+F”键可重复执行上次使用的滤镜，但此时不会弹出滤镜对话框，即不能调整滤镜参数；如果按“Ctrl+Alt+F”键，则会重新弹出上一次执行的滤镜对话框，此时即可调整滤镜的参数设置；按“Esc”键，可以放弃当前正在应用的滤镜。

（5）可以将多个滤镜命令组合使用，从而制作出漂亮的文字、纹理或图像效果。

（6）滤镜在不同色彩模式中的使用范围不同，在位图、索引颜色和 16 位的色彩模式下不能使用滤镜，在 RGB 模式下可以使用全部的滤镜。

（7）执行完一个滤镜命令后，若觉得对滤镜效果不满意，还要进行一些简单的调整，可以选择 编辑(E) → 渐隐 命令，在弹出的“渐隐”对话框中进行适当的调整。还可以按“Ctrl+Z”键撤销上一步滤镜的操作，然后再执行该命令重新设置。

9.2　普 通 滤 镜

普通滤镜是 Photoshop CS4 滤镜的主要组成部分，主要包括扭曲、模糊、杂色、渲染、素描等滤镜。下面分别对其进行介绍。

9.2.1 扭曲滤镜组

扭曲滤镜可对图像进行扭曲变形等操作，为图像整形从而产生特殊的效果。

1．玻璃

利用玻璃滤镜可产生一种透过不同玻璃观看图像的效果。其具体的使用方法如下：

（1）选择滤镜(T)→扭曲→玻璃...命令，弹出“玻璃”对话框。

（2）在扭曲度(D)文本框中输入数值，可设置图像的扭曲程度；在平滑度(M)文本框中输入数值，可设置玻璃的平滑程度；在纹理(T):下拉列表中可选择不同类型的玻璃纹理；在缩放(S)文本框中输入数值，可设置玻璃纹理的缩放比例；选中☑反相(I)复选框，应用时可将图像中的玻璃纹理向相反的方向进行处理。

（3）设置完成后，单击确定按钮，效果如图 9.2.1 所示。

图 9.2.1 应用玻璃滤镜效果

2．海洋波纹

利用海洋波纹滤镜命令可将随机分离的波纹添加到图像的表面，使图像看上去像是浸泡在水中的效果。其具体的使用方法如下：

（1）选择滤镜(T)→扭曲→海洋波纹...命令，弹出“海洋波纹”对话框。

（2）在波纹大小(R)文本框中输入数值，可设置随机产生的波纹大小；在波纹幅度(M)文本框中输入数值，可设置随机产生的波纹数量。

（3）设置完成后，单击确定按钮，效果如图 9.2.2 所示。

图 9.2.2 应用海洋波纹滤镜效果

3．极坐标

利用极坐标滤镜命令可使图像产生极度的扭曲效果。其具体的使用方法如下：

（1）选择滤镜(T)→扭曲→极坐标...命令，弹出“极坐标”对话框。

（2）选中⊙平面坐标到极坐标(R)单选按钮，图像将从平面坐标系转换到极坐标系；选中⊙极坐标到平面坐标(P)单选按钮，图像将从极坐标系转换到平面坐标系。

（3）设置完成后，单击 确定 按钮，效果如图 9.2.3 所示。

图 9.2.3 应用极坐标滤镜效果

4．切变

切变滤镜命令可以使图像在垂直方向沿着设定的曲线进行扭曲。其具体的使用方法如下：

（1）选择 滤镜(T) → 扭曲 → 切变... 命令，弹出“切变”对话框。

（2）选中 折回(W) 单选按钮，图像中溢出去的图像会在相反方向的位置上显示出来。选中 重复边缘像素(R) 单选按钮，图像中溢出去的图像不会在相反方向的位置上显示出来。

（3）设置完成后，单击 确定 按钮，效果如图 9.2.4 所示。

图 9.2.4 应用切变滤镜效果

5．旋转扭曲

利用旋转扭曲滤镜命令可对图像进行顺时针或逆时针旋转扭曲。其具体的使用方法如下：

（1）选择 滤镜(T) → 扭曲 → 旋转扭曲... 命令，弹出“旋转扭曲”对话框。

（2）在 角度(A) 文本框中输入数值，可设置图像旋转的角度。

（3）设置完成后，单击 确定 按钮，效果如图 9.2.5 所示。

图 9.2.5 应用旋转扭曲滤镜效果

6．球面化

球面化滤镜命令可在水平和垂直方向上对图像进行球面化处理。其具体的使用方法如下：

（1）选择 滤镜(T) → 扭曲 → 球面化... 命令，弹出“球面化”对话框。

（2）在 数量(A) 文本框中输入数值，可设置球面凸出的形状；在 模式 下拉列表中可选择球面化方向的模式，包括正常、水平优先和垂直优先3个选项。

（3）设置完成后，单击确定按钮，效果如图9.2.6所示。

图9.2.6　应用球面化滤镜效果

7．水波

利用水波滤镜命令可使图像产生各种不同的波纹效果，像是将石头投入水中时产生的涟漪效果。其具体的使用方法如下：

（1）选择滤镜(T)→扭曲→水波...命令，弹出“水波”对话框。

（2）在数量(A)文本框中输入数值，可设置产生的波纹数量；在起伏(R)文本框中输入数值，可设置波纹向外凸出的效果；在样式(S)下拉列表中可选择水波的样式。

（3）设置完成后，单击确定按钮，效果如图9.2.7所示。

图9.2.7　应用水波滤镜效果

9.2.2　渲染滤镜组

渲染滤镜可以对图像进行镜头光晕、云彩以及光照等效果的处理。

1．云彩

云彩滤镜命令是将前景色与背景色相融合，产生随机的云彩效果。其具体的使用方法如下：

选择滤镜(T)→渲染→云彩命令，该滤镜无对话框，执行后效果会直接应用到图像上，如图9.2.8所示。如果对所做的效果不满意，可连续按“Ctrl+F”快捷键，直到满意为止。

图9.2.8　应用云彩滤镜效果

2．纤维

纤维滤镜命令可使图像产生一种纤维化的图案效果，其颜色与前景色和背景色有关。其具体的使用方法如下：

（1）选择滤镜(T)→渲染→纤维...命令，弹出“纤维”对话框。

（2）在差异文本框中输入数值，可设置纤维的变化程度；在强度文本框中输入数值，可设置图像效果中纤维的密度。单击随机化按钮，可生成随机的纤维效果。

（3）设置完成后，单击确定按钮，效果如图 9.2.9 所示。

图 9.2.9 应用纤维滤镜效果

3．镜头光晕

利用镜头光晕滤镜命令可使图像产生光线折射的光晕效果。其具体的使用方法如下：

（1）选择滤镜(T)→渲染→镜头光晕...命令，弹出“镜头光晕”对话框。

（2）在亮度(B):文本框中输入数值可设置炫光的亮度大小；拖动光晕中心:显示框中的十字光标可以设置炫光的位置；在镜头类型选项区中选择镜头的类型。

（3）设置完成后，单击确定按钮，效果如图 9.2.10 所示。

图 9.2.10 应用镜头光晕滤镜效果

9.2.3 模糊滤镜组

模糊滤镜组主要用来修饰边缘过于清晰或者对比度过于强烈的图像或选区，使其变得更加柔和。

1．动感模糊

利用动感模糊滤镜可使图像产生任意角度的动态模糊效果。其具体的使用方法如下：

（1）选择滤镜(T)→模糊→动感模糊...命令，弹出“动感模糊”对话框。

（2）在角度(A):文本框中输入数值，可设置模糊的角度；在距离(D):文本框输入数值，可设置产生动感模糊的强度。

（3）设置完成后，单击 确定 按钮，效果如图 9.2.11 所示。

图 9.2.11　应用动感模糊滤镜效果

2．高斯模糊

高斯模糊滤镜命令可通过设置不同的数值，来有选择地快速模糊图像。其具体的使用方法如下：

（1）选择 滤镜(T) → 模糊 → 高斯模糊... 命令，弹出“高斯模糊”对话框。

（2）在 半径(R): 文本框中输入数值，可设置模糊效果的强度。

（3）设置完成后，单击 确定 按钮，效果如图 9.2.12 所示。

图 9.2.12　应用高斯模糊滤镜效果

3．径向模糊

利用径向模糊滤镜命令可产生旋转模糊或放射状的动态模糊效果。其具体的使用方法如下：

（1）选择 滤镜(T) → 模糊 → 径向模糊... 命令，弹出“径向模糊”对话框。

（2）在 数量(A) 文本框中输入数值，设置图像产生模糊效果的强度，输入数值范围为 1～100；在 模糊方法: 选项区中选择模糊的方法；在 品质: 选项区中选择生成模糊效果的质量。

（3）设置完成后，单击 确定 按钮，效果如图 9.2.13 所示。

图 9.2.13　应用径向模糊滤镜效果

4. 特殊模糊

利用特殊模糊滤镜命令可精确地模糊图像，是唯一不模糊图像轮廓的模糊方式。其具体的使用方法如下：

（1）选择滤镜(T)→模糊→特殊模糊...命令，弹出“特殊模糊”对话框。

（2）在半径文本框中输入数值，可设置模糊效果的强度；在阈值文本框中输入数值，可设置相邻像素之间的差别；在品质:下拉列表中可选择模糊图像效果的质量；在模式:下拉列表中可选择特殊模糊的模糊方式。

（3）设置完成后，单击确定按钮，效果如图9.2.14所示。

图9.2.14　应用特殊模糊滤镜效果

9.2.4　像素化滤镜组

像素化滤镜主要用来将图像分块或将图像平面化，将图像中颜色相近的像素连接，形成相近颜色的像素块。

1. 彩色半调

利用彩色半调滤镜命令可使图像产生彩色网点状的半调效果。其具体的使用方法如下：

（1）选择滤镜(T)→像素化→彩色半调...命令，弹出“彩色半调”对话框。

（2）在最大半径(R):文本框中输入数值，可设置产生网点的最大半径值；在网角(度):选项中可设置各个颜色通道中的网点角度。

（3）设置完成后，单击确定按钮，效果如图9.2.15所示。

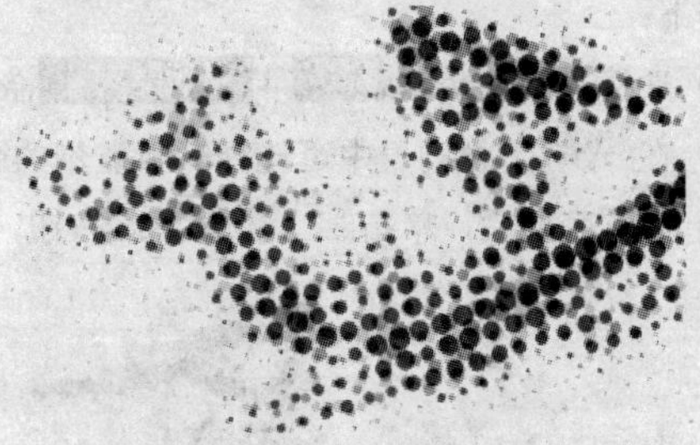

图9.2.15　应用彩色半调滤镜效果

2. 晶格化

利用晶格化滤镜命令可将图像中邻近的像素组合起来形成纯色多边形效果。其具体的使用方法如下：

（1）选择滤镜(T)→像素化→晶格化...命令，弹出“晶格化”对话框。

（2）在单元格大小(C)文本框中输入数值，可设置形成多边形的大小尺寸。

（3）设置完成后，单击确定按钮，效果如图 9.2.16 所示。

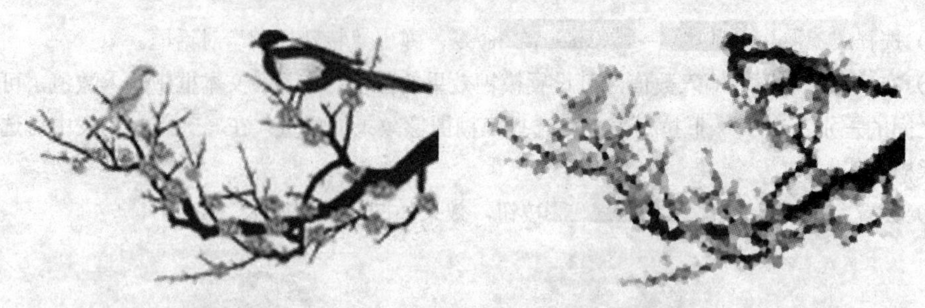

图 9.2.16　应用晶格化滤镜效果

3．点状化

利用点状化滤镜命令可将图像中的颜色分散成随机分布的网点。其具体的使用方法如下：

（1）选择滤镜(T)→像素化→点状化...命令，弹出“点状化”对话框。

（2）在单元格大小(C)文本框中输入数值，可设置产生的网点的尺寸大小。

（3）设置完成后，单击确定按钮，效果如图 9.2.17 所示。

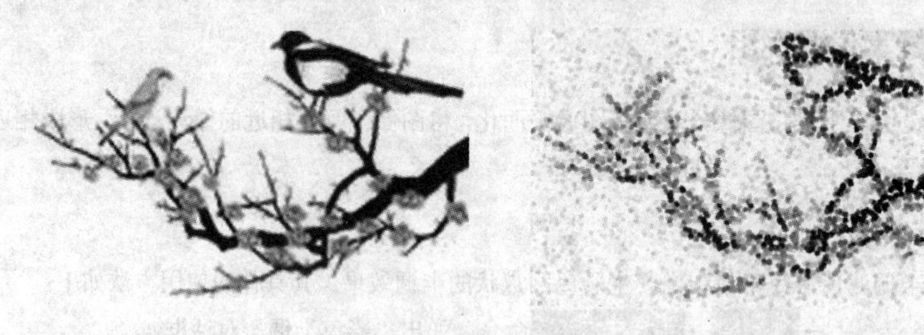

图 9.2.17　应用点状化滤镜效果

4．铜版雕刻

铜版雕刻滤镜命令是利用点和线条重新组成图像，使图像产生不同的镂刻版画效果。其具体的使用方法如下：

（1）选择滤镜(T)→像素化→铜版雕刻...命令，弹出“铜版雕刻”对话框。

（2）在类型下拉列表中可选择铜版雕刻的画笔类型，共包括 10 种选项。

（3）设置完成后，单击确定按钮，效果如图 9.2.18 所示。

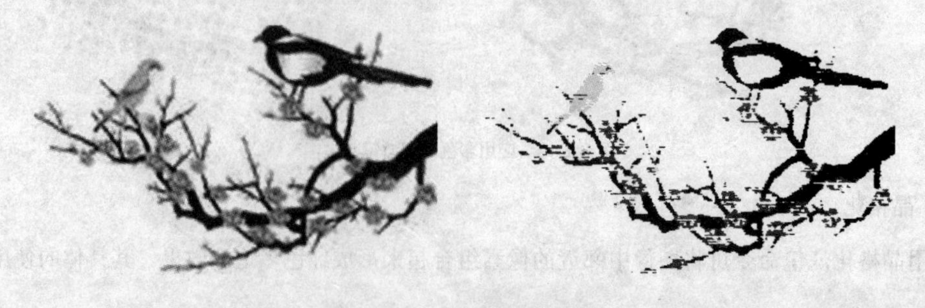

图 9.2.18　应用铜版雕刻滤镜效果

5．马赛克

利用马赛克滤镜命令可使图像产生类似于用像素拼出的图案效果。其具体的使用方法如下：

（1）选择 滤镜(T) → 像素化 → 马赛克... 命令，弹出“马赛克”对话框。

（2）在 单元格大小(C) 文本框中输入数值，可设置产生的像素点的尺寸大小。

（3）设置完成后，单击 确定 按钮，效果如图 9.2.19 所示。

图 9.2.19　应用马赛克滤镜效果

9.2.5　艺术效果滤镜组

艺术效果滤镜用于为美术或商业项目制作绘画效果或艺术效果。艺术效果滤镜组中共包含 15 种不同的滤镜，使用这些滤镜，可模仿不同风格的艺术绘画效果。

1．壁画

利用壁画滤镜命令可使图像产生一种在墙壁上画水彩画的效果，该滤镜是通过短、圆和潦草的斑点来绘制风格粗犷的图像。具体的使用方法如下：

（1）选择菜单栏中的 滤镜(T) → 艺术效果 → 壁画... 命令，弹出“壁画”对话框。

（2）在 画笔大小(B) 文本框中输入数值，可设置画笔的尺寸大小；在 画笔细节(D) 文本框中输入数值，可设置画笔的粗糙程度；在 纹理(T) 文本框中输入数值，可设置画笔纹理凸现程度。

（3）设置完成后，单击 确定 按钮，效果如图 9.2.20 所示。

图 9.2.20　应用壁画滤镜效果

2．彩色铅笔

利用彩色铅笔滤镜命令可使图像产生一种用彩色铅笔在纯色背景上绘画的效果。具体的使用方法如下：

（1）选择 滤镜(T) → 艺术效果 → 彩色铅笔... 命令，弹出“彩色铅笔”对话框。

（2）在铅笔宽度(P)文本框中输入数值，可调整画笔的笔触宽度和密度；在描边压力(S)文本框中输入数值，可设置画笔的力度；在纸张亮度(B)文本框中输入数值，可设置作用于图层中图像的亮度。

（3）设置完成后，单击确定按钮，效果如图 9.2.21 所示。

图 9.2.21　应用彩色铅笔滤镜效果

3．底纹效果

利用底纹效果滤镜命令可使图像产生一种带有纹理的背景效果。具体的使用方法如下：

（1）选择滤镜(T)→艺术效果→底纹效果...命令，弹出“底纹效果”对话框。

（2）在画笔大小(B)文本框中输入数值，可设置画笔笔触大小；在纹理覆盖(C)文本框中输入数值，可设置纹理的覆盖范围；在纹理(T):下拉列表中可选择不同的纹理效果；在缩放(S)文本框中输入数值，可设置纹理的缩放比例；在凸现(R)文本框中输入数值，可设置纹理的凸现程度；选中☑反相(I)复选框，可将纹理以相反的方向进行处理。

（3）设置完成后，单击确定按钮，效果如图 9.2.22 所示。

图 9.2.22　应用底纹效果滤镜效果

4．木刻

利用木刻滤镜命令可使图像产生一种像是由粗糙的彩色剪纸组成的效果。具体的使用方法如下：

（1）选择滤镜(T)→艺术效果→木刻...命令，弹出“木刻”对话框。

（2）在色阶数(L)文本框中输入数值，可设置图像色彩的层次；在边缘简化度(S)文本框中输入数值，可设置边缘的简化程度；在边缘逼真度(F)文本框中输入数值，可设置边缘的真实度，数值越大，其图像真实度越高。

（3）设置完成后，单击确定按钮，效果如图 9.2.23 所示。

图 9.2.23　应用木刻滤镜效果

5．海报边缘

海报边缘滤镜命令是通过设置海报化选项来减少图像中的颜色数量，查找图像的边缘，并在上面绘制黑线。具体的使用方法如下：

（1）选择 滤镜(T) → 艺术效果 → 海报边缘... 命令，弹出“海报边缘”对话框。

（2）在 边缘厚度(E) 文本框中输入数值，可设置边缘的宽度；在 边缘强度(I) 文本框中输入数值，可设置边缘的可见程度；在 海报化(P) 文本框中输入数值，可设置颜色在图像上的渲染效果。

（3）设置完成后，单击 确定 按钮，效果如图 9.2.24 所示。

图 9.2.24　应用海报边缘滤镜效果

6．调色刀

调色刀滤镜命令是通过减少图像中的细节，使图像产生很淡的画布效果。具体的使用方法如下：

（1）选择 滤镜(T) → 艺术效果 → 调色刀... 命令，弹出“调色刀”对话框。

（2）在 描边大小(S) 文本框中输入数值，可设置画笔笔触的大小；在 描边细节(D) 文本框中输入数值，可设置颜色的相近程度；在 软化度(O) 文本框中输入数值，可设置边缘的模糊程度。

（3）设置完成后，单击 确定 按钮，效果如图 9.2.25 所示。

图 9.2.25　应用调色刀滤镜效果

7．海绵

利用海绵滤镜命令可使图像产生一种带有强烈对比色纹理的效果，像是用海绵在图像上画过一样。具体的使用方法如下：

（1）选择滤镜(T)→艺术效果→海绵...命令，弹出“海绵”对话框。

（2）在画笔大小(B)文本框中输入数值，可设置画笔笔触大小；在清晰度(D)文本框中输入数值，可设置图像颜色的清晰度；在平滑度(S)文本框中输入数值，可设置图像的光滑程度。

（3）设置完成后，单击确定按钮，效果如图 9.2.26 所示。

图 9.2.26　应用海绵滤镜效果

8．粗糙蜡笔

利用粗糙蜡笔滤镜命令可使图像产生一种像是用彩色蜡笔在有纹理的背景上描边的效果。具体的使用方法如下：

（1）选择滤镜(T)→艺术效果→粗糙蜡笔...命令，弹出“粗糙蜡笔”对话框。

（2）在描边长度(L)文本框中输入数值，可设置描边笔画的长度；在描边细节(D)文本框中输入数值，可设置描边笔画的细腻程度；在纹理(T)下拉列表中可选择不同的纹理；在缩放(S)文本中输入数值，可设置纹理的缩放比例；在凸现(R)文本框中输入数值，可设置纹理的凸现程度。

（3）设置完成后，单击确定按钮，效果如图 9.2.27 所示。

图 9.2.27　应用粗糙蜡笔滤镜效果

9．胶片颗粒

利用胶片颗粒滤镜命令可使图像产生胶片颗粒的纹理效果。具体的使用方法如下：

（1）选择滤镜(T)→艺术效果→胶片颗粒...命令，弹出“胶片颗粒”对话框。

（2）在颗粒(G)文本框中输入数值，可设置图像中产生颗粒的密度；在高光区域(H)文本框中输入数值，可设置图像中高光区域的颗粒数目；在强度(I)文本框中输入数值，可设置产生颗粒的强度。

（3）设置完成后，单击确定按钮，效果如图 9.2.28 所示。

图 9.2.28　应用胶片颗粒滤镜效果

10．霓虹灯光

利用霓虹灯光滤镜命令可使图像产生一种奇特的光照效果，像是用彩色霓虹灯照射在图像上一样。具体的使用方法如下：

（1）选择滤镜(T)→艺术效果→霓虹灯光...命令，弹出“霓虹灯光”对话框。

（2）在发光大小(G)文本框中输入数值，可设置霓虹灯光的照射范围；在发光亮度(B)文本框中输入数值，可设置灯光的发光亮度；单击发光颜色选项右侧的■按钮，可在弹出的“拾色器”对话框中设置灯光照射的颜色。

（3）设置完成后，单击确定按钮，效果如图 9.2.29 所示。

图 9.2.29　应用霓虹灯光滤镜效果

11．塑料包装

利用塑料包装滤镜命令可使图像表面产生一种类似于被闪亮的塑料纸包起来的效果。具体的使用方法如下：

（1）打开一幅图像文件，选择菜单栏中的滤镜(T)→艺术效果→塑料包装...命令，弹出“塑料包装”对话框。

（2）在高光强度(H)文本框中输入数值可设置塑料包装效果中高亮度点的亮度；在细节(D)文本框中输入数值可设置产生效果的细节复杂程度；在平滑度(S)文本框中输入数值可设置产生塑料包装效果的光滑度。

（3）设置完成后，单击确定按钮，效果如图 9.2.30 所示。

图 9.2.30 应用塑料包装滤镜效果

12. 涂抹棒

利用涂抹棒滤镜命令可涂抹图像中较暗的区域，使图像更加柔和。具体的使用方法如下：

（1）选择 滤镜(T) → 艺术效果 → 涂抹棒... 命令，弹出“涂抹棒”对话框。

（2）在 描边长度(S) 文本框中输入数值，可设置笔画的长度，数值越大，图像中的颜色暗调部分就越亮；在 高光区域(H) 文本框中输入数值，可调整高光区域的面积；在 强度(I) 文本框中输入数值，可设置产生的涂抹强度。

（3）设置完成后，单击 确定 按钮，效果如图 9.2.31 所示。

图 9.2.31 应用涂抹棒滤镜效果

9.2.6 画笔描边滤镜组

画笔描边滤镜可使用不同的画笔和油墨描边效果创造出绘画效果的外观。此滤镜组中的滤镜可为图像添加喷溅、喷色描边、成角的线条以及烟灰墨，从而获得点状化效果。

1. 成角的线条

成角的线条滤镜命令是利用两种角度的线条来描绘图像，使图像产生具有方向性的线条效果。其具体的使用方法如下：

（1）选择 滤镜(T) → 画笔描边 → 成角的线条... 命令，弹出“成角的线条”对话框。

（2）在 方向平衡(D) 文本框中输入数值，可设置描边线条的方向角度；在 描边长度(L) 文本框中输入数值，可设置描边线条的长度；在 锐化程度(S) 文本框中输入数值，可设置图像效果的锐化程度。

（3）设置完成后，单击 确定 按钮，效果如图 9.2.32 所示。

图 9.2.32　应用成角的线条滤镜效果

2．墨水轮廓

利用墨水轮廓滤镜可在图像中建立黑色油墨的喷溅效果。其具体的使用方法如下：

（1）选择 滤镜(T) → 画笔描边 → 墨水轮廓... 命令，弹出“墨水轮廓”对话框。

（2）在 描边长度(S) 文本框中输入数值，可设置画笔描边的线条长度；在 深色强度(D) 文本框中输入数值，可设置黑色油墨的强度；在 光照强度(L) 文本框中输入数值，可设置图像中浅色区域的光照强度。

（3）设置完成后，单击 确定 按钮，效果如图 9.2.33 所示。

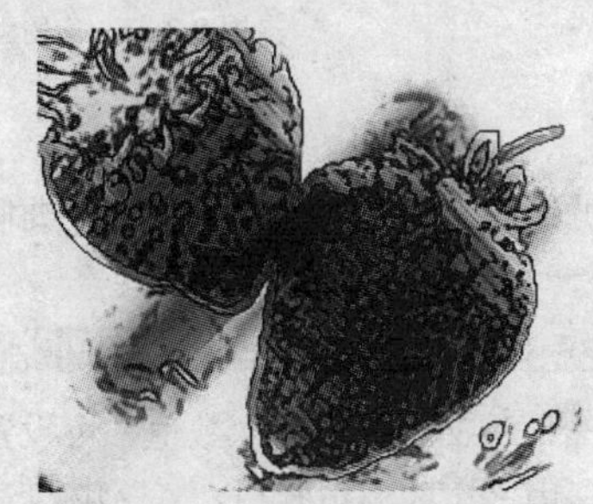

图 9.2.33　应用墨水轮廓滤镜效果

3．喷溅

喷溅滤镜命令是利用图像本身的颜色来产生喷溅效果的，类似于用水在画面上喷溅、浸润的效果。其具体的使用方法如下：

（1）选择 滤镜(T) → 画笔描边 → 喷溅... 命令，弹出“喷溅”对话框。

（2）在 喷色半径(R) 文本框中输入数值，可设置喷溅的范围；在 平滑度(S) 文本框中输入数值，可设置喷溅效果的平滑程度。

（3）设置完成后，单击 确定 按钮，效果如图 9.2.34 所示。

图 9.2.34　应用喷溅滤镜效果

4．强化的边缘

利用强化的边缘滤镜命令可以强化勾勒图像的边缘，使图像边缘产生荧光效果。其具体的使用方法如下：

（1）选择 滤镜(T) → 画笔描边 → 强化的边缘... 命令，弹出“强化的边缘”对话框。

（2）在 边缘宽度(W) 文本框中输入数值，可以设置需要强化的边缘宽度；在 边缘亮度(B) 文本框中输入数值，可以设置边缘的明亮程度；在 平滑度(S) 文本框中输入数值，可以设置图像效果的平滑程度。

（3）设置完成后，单击 确定 按钮，效果如图 9.2.35 所示。

 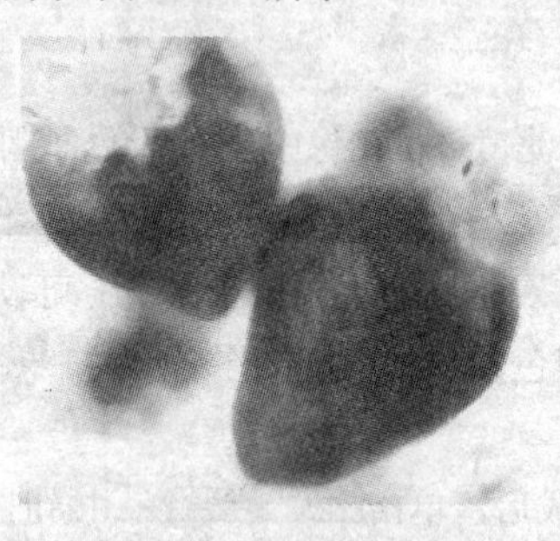

图 9.2.35　应用强化的边缘滤镜效果

5．烟灰墨

利用烟灰墨滤镜命令可在图像上产生一种类似于用黑色墨水的画笔在宣纸上绘画的效果。其具体使用方法如下：

（1）选择 滤镜(T) → 画笔描边 → 烟灰墨... 命令，弹出“烟灰墨”对话框。

（2）在 描边宽度(S) 文本框中输入数值，可设置需要描边边缘的宽度；在 描边压力(P) 文本框中输入数值，可设置图像中产生的黑色数值；在 对比度(C) 文本框中输入数值，可设置图像效果的对比度。

（3）设置完成后，单击 确定 按钮，效果如图 9.2.36 所示。

 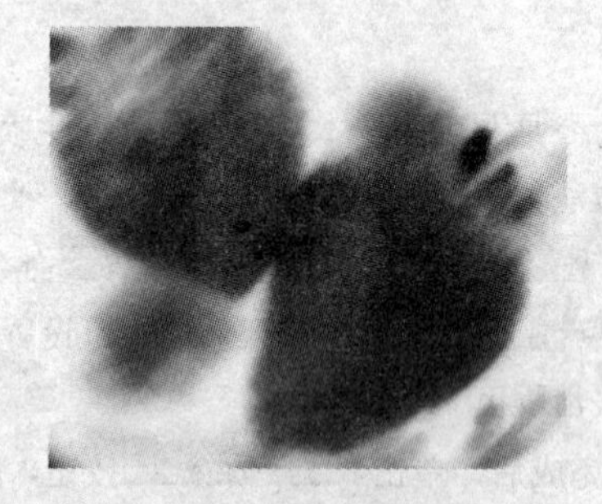

图 9.2.36　应用烟灰墨滤镜效果

9.2.7　素描滤镜组

素描滤镜主要通过模拟素描、速写等绘画手法使图像产生不同的艺术效果。该滤镜可以在图像中添加底纹从而使图像产生三维效果。素描滤镜组中的大部分滤镜都要配合前景色与背景色使用。

1．便条纸

利用便条纸滤镜命令可使图像产生凹凸不平的立体压痕效果。其具体的使用方法如下：

（1）选择滤镜(T)→素描→便条纸...命令，弹出“便条纸”对话框。

（2）在图像平衡(I)文本框中输入数值，可设置图像的颜色细节；在粒度(G)文本框中输入数值，可设置图像中底纹的颗粒度；在凸现(R)文本框中输入数值，可设置图像的凹凸程度。

（3）设置完成后，单击确定按钮，效果如图9.2.37所示。

图9.2.37　应用便条纸滤镜效果

2. 影印

影印滤镜可用前景色与背景色来模拟影印图像效果，图像中的较暗区域显示为背景色，较亮区域显示为前景色。其具体的使用方法如下：

（1）选择滤镜(T)→素描→影印...命令，弹出“影印”对话框。

（2）在细节(D)文本框中输入数值，可设置图像效果的细节；在暗度(A)文本框中输入数值，可设置图像效果的明暗程度。

（3）设置完成后，单击确定按钮，效果如图9.2.38所示。

图9.2.38　应用影印滤镜效果

3. 撕边

利用撕边命令可使图像产生一种类似于撕破的碎纸片吸浮在物体上的效果。其具体的使用方法如下：

（1）选择滤镜(T)→素描→撕边...命令，弹出“撕边”对话框。

（2）在图像平衡(I)文本框中输入数值，可设置图像的颜色平衡度；在平滑度(S)文本框中输入数值，可设置图像边缘的平滑度；在对比度(C)文本框中输入数值，可设置图像的对比度。

（3）设置完成后，单击确定按钮，效果如图9.2.39所示。

图 9.2.39 应用撕边滤镜效果

4. 图章

图章滤镜命令可使图像简化，产生一种类似于图章的图案效果。其具体的使用方法如下：

（1）选择 滤镜(T) → 素描 → 图章... 命令，弹出“图章”对话框。

（2）在 明/暗平衡(B) 文本框中输入数值，可设置图像明度和暗度的平衡量；在 平滑度(S) 文本框中输入数值，可设置图像边缘的平滑程度。

（3）设置完成后，单击 确定 按钮，效果如图 9.2.40 所示。

图 9.2.40 应用图章滤镜效果

5. 基底凸现

利用基底凸现滤镜可使图像产生柔和的浮雕效果。其具体的使用方法如下：

（1）选择 滤镜(T) → 素描 → 基底凸现... 命令，弹出“基底凸现”对话框。

（2）在 细节(D) 文本框中输入数值，可设置图像效果的细节；在 平滑度(S) 文本框中输入数值，可设置图像表面的平滑程度；在 光照(L): 下拉列表中可选择光线照射的方向。

（3）设置完成后，单击 确定 按钮，效果如图 9.2.41 所示。

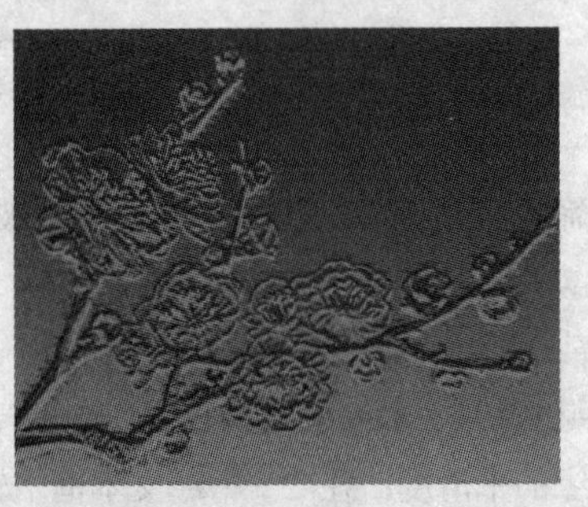

图 9.2.41 应用基底凸现滤镜效果

6．塑料效果

利用塑料效果滤镜可使图像产生一种像是用立体石膏压模而成的效果。其具体的使用方法如下：

（1）选择 滤镜(T) → 素描 → 塑料效果... 命令，弹出“塑料效果”对话框。

（2）该对话框中的参数设置和基底凸现滤镜的相同，这里就不再赘述。

（3）设置完成后，单击 确定 按钮，效果如图 9.2.42 所示。

图 9.2.42　应用塑料效果滤镜效果

7．水彩画纸

水彩画纸滤镜命令可产生一种用彩色画笔在湿纸上绘制的效果。其具体的使用方法如下：

（1）选择 滤镜(T) → 素描 → 水彩画纸... 命令，弹出“水彩画纸”对话框。

（2）在 纤维长度(F) 文本框中输入数值可设置扩散的程度与画笔的长度；在 亮度(B) 文本框中输入数值可设置图像的亮度；在 对比度(C) 文本框中输入数值可设置图像的对比度。

（3）设置完成后，单击 确定 按钮，效果如图 9.2.43 所示。

图 9.2.43　应用水彩画纸滤镜效果

8．炭笔

利用炭笔滤镜命令可使图像产生素描绘画的效果。其具体的使用方法如下：

（1）选择 滤镜(T) → 素描 → 炭笔... 命令，弹出“炭笔”对话框。

（2）在 炭笔粗细(C) 文本框中输入数值，可以设置炭笔的粗细程度；在 细节(D) 文本框中输入数值，可以设置图像效果的细节；在 明/暗平衡(B) 文本框中输入数值，可以设置图像效果的明/暗平衡度。

（3）设置完成后，单击 确定 按钮，效果如图 9.2.44 所示。

图 9.2.44 应用炭笔滤镜效果

9. 网状

利用网状滤镜命令可使图像产生一种胶片感光剂失效后的效果。具体的使用方法如下：

(1) 选择 滤镜(T) → 素描 → 网状... 命令，弹出“网状”对话框。

(2) 在 浓度(D) 文本框中输入数值，可以设置产生网点的密度；在 前景色阶(F) 文本框中输入数值，可以设置前景色的色彩层次；在 背景色阶(B) 文本框中输入数值，可以设置背景色的色彩层次。

(3) 设置完成后，单击 确定 按钮，效果如图 9.2.45 所示。

图 9.2.45 应用网状滤镜效果

10. 绘图笔

绘图笔滤镜是利用具有一定方向的油墨线条来描绘图像的，使图像产生彩色的版画效果。具体的使用方法如下：

(1) 选择 滤镜(T) → 素描 → 绘图笔... 命令，弹出“绘图笔”对话框。

(2) 在 描边长度(S) 文本框中输入数值，可设置画笔笔触的长度；在 明/暗平衡(B) 文本框中输入数值，可设置图像效果的明/暗平衡度；在 描边方向(D): 文本框中输入数值，可设置画笔描边的方向。

(3) 设置完成后，单击 确定 按钮，效果如图 9.2.46 所示。

图 9.2.46 应用绘图笔滤镜效果

9.2.8　纹理滤镜组

纹理滤镜可以使图像中各部分之间产生过渡变形的效果，其主要的功能是在图像中加入各种纹理以产生图案效果。使用纹理滤镜可以使图像的表面具有深度感或物质覆盖表面的感觉。

1．龟裂缝

利用龟裂缝滤镜命令可使图像产生干裂的浮雕纹理效果。其具体的使用方法如下：

（1）选择滤镜(T)→纹理→龟裂缝...命令，弹出“龟裂缝”对话框。

（2）在裂缝间距(S)文本框中输入数值，可设置产生的裂纹之间的距离；在裂缝深度(D)文本框中输入数值，可设置产生裂纹的深度；在裂缝亮度(B)文本框中输入数值，可设置裂缝的亮度。

（3）设置完成后，单击确定按钮，效果如图 9.2.47 所示。

图 9.2.47　应用龟裂缝滤镜效果

2．拼缀图

利用拼缀图滤镜命令可将图像拆分为不同颜色的小方块，类似于拼贴图的效果。其具体的使用方法如下：

（1）选择滤镜(T)→纹理→拼缀图...命令，弹出“拼缀图”对话框。

（2）在方形大小(S)文本框中输入数值，可设置生成方块的大小；在凸现(R)文本框中输入数值，可设置方块的凸现程度。

（3）设置完成后，单击确定按钮，效果如图 9.2.48 所示。

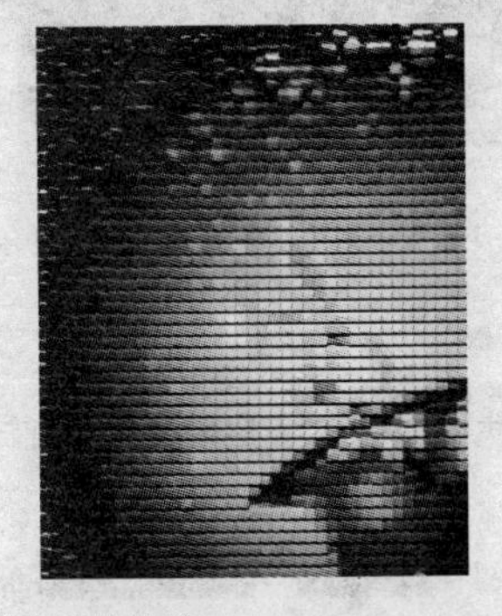

图 9.2.48　应用拼缀图滤镜效果

3．染色玻璃

利用染色玻璃滤镜命令可以制作彩色的玻璃效果，像是透过花玻璃看图像的效果。其具体的使用方法如下：

（1）选择 滤镜(T) → 纹理 → 染色玻璃... 命令，弹出“染色玻璃”对话框。

（2）在 单元格大小(C) 文本框中输入数值，可设置产生的玻璃格的大小；在 边框粗细(B) 文本框中输入数值，可设置玻璃边框的粗细；在 光照强度(L) 文本框中输入数值，可设置光线照射的强度。

（3）设置完成后，单击 确定 按钮，效果如图 9.2.49 所示。

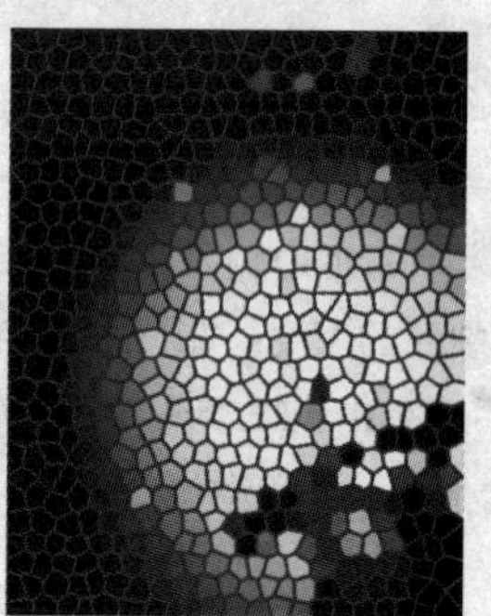

图 9.2.49　应用染色玻璃滤镜效果

9.2.9　锐化滤镜组

锐化滤镜组通过增加相邻像素的对比度来聚焦模糊的图像。使用该组滤镜可使图像更清晰逼真，但是如果锐化太强烈，反而会适得其反。

1．锐化

利用锐化滤镜命令可以提高图像的清晰度。其具体的使用方法如下：

选择 滤镜(T) → 锐化 → 锐化 命令，执行该命令不弹出任何对话框，直接将效果应用到图像中，效果如图 9.2.50 所示。

图 9.2.50　应用锐化滤镜效果

2．USM 锐化

利用 USM 锐化滤镜命令可调整图像边缘细节的对比度，使图像边缘更加突出。其具体的使用方法如下：

（1）选择 滤镜(T) → 锐化 → USM 锐化... 命令，弹出“USM 锐化”对话框。

（2）在 数量(A): 文本框中输入数值，可设置锐化的程度；在 半径(R): 文本框中输入数值，可设置需要进行锐化的范围；在 阈值(T): 文本框中输入数值，可设置边缘像素的色阶。

（3）设置完成后，单击 确定 按钮，效果如图 9.2.51 所示。

图 9.2.51　应用 USM 锐化滤镜效果

9.2.10　风格化滤镜组

风格化滤镜是通过置换图像中的像素以及通过查找增加图像的对比度，使图像产生印象派以及其他风格化派的效果。

1．扩散

利用扩散滤镜命令可使图像产生不同色彩颗粒并向外扩散的效果。具体的使用方法如下：

（1）选择 滤镜(T) → 风格化 → 扩散... 命令，弹出“扩散”对话框。

（2）在 模式 选项中可选择要进行扩散的位置，包括 正常(N)、变暗优先(D)、变亮优先(L) 和 各向异性(A) 4 个单选按钮。

（3）设置完成后，单击 确定 按钮，效果如图 9.2.52 所示。

图 9.2.52　应用扩散滤镜效果

2．查找边缘

利用查找边缘滤镜命令可将图像边缘的色彩反转并且高亮度显示，产生一种用铅笔勾勒轮廓的效果。其具体的使用方法如下：

选择 滤镜(T) → 风格化 → 查找边缘 命令，执行该命令不弹出任何对话框，直接将效果应用到图像中，效果如图 9.2.53 所示。

图 9.2.53　应用查找边缘滤镜效果

3．风

利用风滤镜命令可在图像中制作各种风吹效果。其具体的使用方法如下：

（1）选择 滤镜(T) → 风格化 → 风... 命令，弹出“风”对话框。

（2）在 方法 选项中可设置风力的大小，包括 风(W)、大风(B) 和 飓风(S) 3 个单选按钮；在 方向 选项中可设置风吹的方向，包括 从右(R) 和 从左(L) 两个单选按钮。

（3）设置完成后，单击 确定 按钮，效果如图 9.2.54 所示。

图 9.2.54　应用风滤镜效果

4．浮雕效果

浮雕效果滤镜通过勾画图像或选区的轮廓和降低周围色值来生成浮雕图像效果。其具体的使用方法如下：

（1）选择 滤镜(T) → 风格化 → 浮雕效果... 命令，弹出“浮雕效果”对话框。

（2）在 角度(A): 文本框中输入数值，可设置光线照射的方向；在 高度(H): 文本框中输入数值，可设置凸出的高度；在 数量(M): 文本框中输入数值，可设置凸出部分细节的百分比。

（3）设置完成后，单击 确定 按钮，效果如图 9.2.55 所示。

图 9.2.55　应用浮雕滤镜效果

9.2.11　杂色滤镜组

应用杂色滤镜可以在图像中随机地添加或减少杂色，这有利于将选区混合到周围的像素中。使用杂色滤镜可创建与众不同的纹理，如灰尘或划痕。

1．添加杂色

利用添加杂色滤镜命令可给图像添加杂点。其具体的使用方法如下：

（1）选择 滤镜(T) → 杂色 → 添加杂色... 命令，弹出“添加杂色”对话框。

（2）在 数量(A): 文本框中输入数值，可设置添加杂点的数量；在 分布 选项区中可设置杂点的分布方式，包括 平均分布(U) 和 高斯分布(G) 两个单选按钮；选中 单色(M) 复选框，可增加图像的灰度，设置杂点的颜色为单色。

（3）设置完成后，单击 确定 按钮，效果如图 9.2.56 所示。

图 9.2.56 应用添加杂色滤镜效果

2．蒙尘与划痕

蒙尘与划痕滤镜命令是通过不同的像素来减少图像中的杂色。其具体的使用方法如下：

（1）选择 滤镜(T) → 杂色 → 蒙尘与划痕... 命令，弹出“蒙尘与划痕”对话框。

（2）在 半径(R): 文本框中输入数值，可设置清除缺陷的范围；在 阈值(T): 文本框中输入数值，可设置进行处理的像素的阈值。

（3）设置完成后，单击 确定 按钮，效果如图 9.2.57 所示。

图 9.2.57 应用蒙尘与划痕滤镜效果

3．中间值

利用中间值滤镜命令可消除或减少图像中动感效果，使图像变平滑化。其具体的使用方法如下：

（1）选择 滤镜(T) → 杂色 → 中间值... 命令，弹出“中间值”对话框。

（2）在 半径(R): 文本框中输入数值，可设置图像中像素的色彩平均化。

（3）设置完成后，单击 确定 按钮，效果如图 9.2.58 所示。

图 9.2.58 应用中间值滤镜效果

4．去斑

去斑滤镜可以保留图像边缘而轻微模糊图像，从而去除较小的杂色。用户可以利用它来减少干扰或模糊过于清晰的区域，并可除去扫描图像中的波纹图案。打开一幅图像，选择滤镜(T)→杂色→去斑命令，系统会自动对图像进行调整。

9.2.12　其他滤镜组

其他滤镜组主要用于修饰图像的部分细节，同时也可以创建一些用户自定义的特殊效果。此滤镜组包括高反差保留、位移、自定、最大值和最小值 5 种。

1．位移

位移滤镜可以将图像水平或垂直移动一定的数量，移动留下的空白区域可用图像的折回部分或图像边缘像素填充。其具体的使用方法如下：

（1）选择滤镜(T)→其它→位移...命令，弹出“位移”对话框。

（2）在水平(H):文本框中输入数值，可设置图像效果在水平方向上向左或向右的偏移量；在垂直(V):文本框中输入数值，可设置图像效果在垂直方向上向上或向下的偏移量。

（3）在未定义区域选项区中，选中设置为背景(B)单选按钮，可将图像移动后留下的空白区域以透明色填充；选中重复边缘像素(R)单选按钮，可将图像移动后留下的空白区域用图像边缘的像素填充；选中折回(W)单选按钮，可将图像移动后的区域用图像折回部分填充。

（4）设置完成后，单击确定按钮，效果如图 9.2.59 所示。

图 9.2.59　应用位移滤镜前后的效果对比

2．高反差保留

高反差保留滤镜可以删除图像中亮度逐渐变化的部分，并保留色彩变化最大的部分。该滤镜可以使图像中的阴影消失而使亮点部分更加突出。

3．自定

自定滤镜可以使用户自己创建过滤器，使用滤镜修改蒙版，在图像中使选区发生位移和快速调整颜色。

4．最大值

最大值滤镜可以放大图像中较亮的区域并减少暗区。通过应用图像中的通道来增加亮区，屏蔽部分区域使其有单独的区域进行编辑。

5．最小值

最小值滤镜可以放大图像中的暗区并减少亮区，通过应用图像中的通道来缩小亮区，或用于为某一图像进行补漏时的收缩效果。

9.3　特 殊 滤 镜

Photoshop CS4 中的特殊滤镜主要包括滤镜库、液化和消失点 3 种滤镜。下面将逐一对其进行介绍。

9.3.1　滤镜库

从 Photoshop CS 版本开始，为了方便用户使用滤镜，系统就新增了一个“滤镜库”命令，它可将常用的滤镜组拼嵌到一个面板中，以折叠菜单的方式显示出来，以直接预览其效果。选择菜单栏中的 滤镜(T) → 滤镜库(G)... 命令，弹出“滤镜库”对话框，如图 9.3.1 所示。

图 9.3.1　“滤镜库”对话框

在“滤镜库”对话框中，系统集中放置了一些比较常用的滤镜，并将它们分别放置在不同的滤镜组中。例如，要使用“便条纸”滤镜，可首先单击“素描”滤镜组名，展开滤镜文件夹，然后单击“便条纸”滤镜。同时，选中某个滤镜后，系统会自动在右侧设置区显示该滤镜的相关参数，用户可根据需要进行调整。

此外，在对话框右下角的设置区中，用户还可通过单击“新增效果图层”按钮 添加滤镜层，从而可对一幅图像一次应用多个滤镜效果。要删除某个滤镜，可在选中要删除的滤镜后单击“删除效果图层”按钮 即可。

9.3.2　液化

液化滤镜可用于推、拉、旋转、反射、折叠和膨胀图像的任意区域，是修饰图像和创建艺术效果的强大工具。选择菜单栏中的 滤镜(T) → 液化(L)... 命令，弹出“液化”对话框，如图 9.3.2 所示。

图 9.3.2 “液化”对话框

其对话框中的各选项含义介绍如下：

（1）单击“向前变形”按钮，在图像上拖动，会使图像向拖动方向产生弯曲变形效果。

（2）单击“重建工具”按钮，在已发生变形的区域单击或拖动，可以使已变形图像恢复为原始状态。

（3）单击“顺时针旋转扭曲工具”按钮，在图像上按住鼠标时，可以使图像中的像素顺时针旋转。按住“Alt”键，在图像上按住鼠标时，可以使图像中的像素逆时针旋转。

（4）单击“褶皱工具”按钮，在图像上单击或拖动时，会使图像中的像素向画笔区域的中心移动，使图像产生收缩效果。

（5）单击“膨胀工具”按钮，在图像上单击或拖动时，会使图像中的像素从画笔区域的中心向画笔边缘移动，使图像产生膨胀效果，该工具产生的效果正好与“褶皱工具”产生的效果相反。

（6）单击“左推工具”按钮，在图像上拖动鼠标时，图像中的像素会以相对于拖动方向左垂直的方向在画笔区域内移动，使其产生挤压效果；按住“Alt”键拖动鼠标时，图像中的像素会以相对于拖动方向右垂直的方向在画笔区域内移动，使其产生挤压效果。

（7）单击“镜像工具”按钮，在图像上拖动时，图像中的像素会以相对于拖动方向右垂直的方向上产生镜像效果；按住“Alt”键拖动鼠标时，图像中的像素会以相对于拖动方向左垂直的方向上产生镜像效果。

（8）单击“湍流工具”按钮，在图像上拖动时，图像中的像素会平滑地混和在一起，可以十分轻松地在图像上产生与火焰、波浪或烟雾相似的效果。

（9）单击“冻结蒙版工具”按钮，将图像中不需要变形的区域涂抹进行冻结，使涂抹的区域不受其他区域变形的影响；使用“向前变形”在图像上拖动，经过冻结的区域图像不会被变形。

（10）单击“解冻蒙版工具”按钮，在图像中冻结的区域涂抹，可以解除冻结。

（11）单击“抓手工具”按钮，当图像放大到超出预览框时，使用抓手工具可以移动图像查看。

（12）单击“缩放工具”按钮，可以将预览区的图像放大，按住“Alt”键单击鼠标会将图像按比例缩小。

液化变形的工作原理很简单，编辑前必须对画笔大小及压力值进行编辑，然后区分图像的处理区域，该动作在这里被称为“冻结”。液化命令对冻结区域的图像不产生效果，保持原来的样子，而经过“解冻”处理的区域会受到液化命令的变形处理，产生不同的变化效果，如图 9.3.3 所示。

图 9.3.3　使用液化滤镜效果

9.3.3　消失点

使用消失点功能可以在图像中指定平面进行绘画、仿制、拷贝、粘贴、变换等编辑操作。所有编辑操作都将采用所处理平面的透视，因此，使用消失点来修饰、添加或移去图像中的内容，效果将更加逼真。

选择菜单栏中的 滤镜(T) → 消失点(V)... 命令，弹出“消失点”对话框，如图 9.3.4 所示。

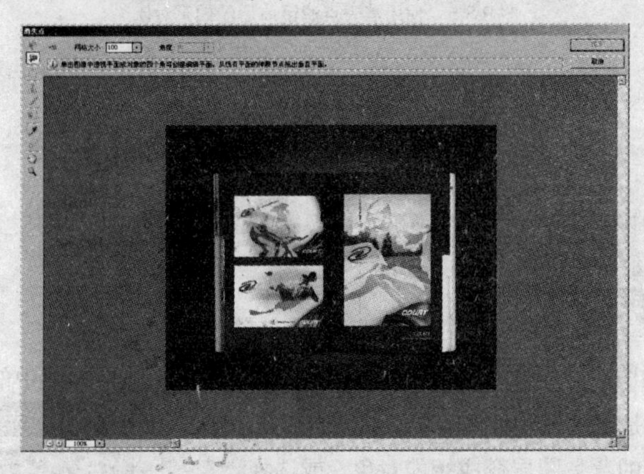

图 9.3.4　“消失点”对话框

对话框中各选项的含义如下：

（1）“创建平面工具”按钮：可以在预览编辑区的图像中单击并创建平面的 4 个点，节点之间会自动连接成透视平面，在透视平面边缘上按住“Ctrl”键拖动时，就会产生另一个与之配套的透视平面。

（2）“编辑平面工具”按钮：可以对创建的透视平面进行选择、编辑、移动和调整大小，存在两个平面时，按住“Alt”键拖动控制点可以改变两个平面的角度。

（3）“选框工具”按钮：在平面内拖动即可在平面内创建选区；按住“Alt”键拖动选区可以将选区内的图像复制到其他位置，复制的图像会自动生成透视效果；按住“Ctrl”键拖动选区可以将选区停留的图像复制到创建的选区内。

（4）“图章工具”按钮：与软件工具箱中的“仿制图章工具”用法相同，只是多出了修复透视区域效果，按住“Alt”键在平面内取样，松开键盘，移动鼠标到需要仿制的地方按下鼠标拖动即可复制，复制的图像会自动调整所在位置的透视效果。

（5）“画笔工具”按钮：使用画笔工具可以在图像内绘制选定颜色的画笔，在创建的平面内绘制的画笔会自动调整透视效果。

（6）“变换工具”按钮：使用变换工具可以对选区复制的图像进行调整变换，还可以将复制“消失点”对话框中的其他图像拖动到多维平面内，并可以对其进行移动和变换。

（7）“吸管工具”按钮：在图像中采集颜色，选取的颜色可作为画笔的颜色。

（8）“缩放工具”按钮：用来缩放预览区的视图，在预览区内单击会将图像放大，按住“Alt”键单击鼠标会将图像按比例缩小。

（9）“抓手工具”按钮：单击并拖动可在预览窗口中查看局部图像。

设置好参数后，单击 确定 按钮，效果如图 9.3.5 所示。

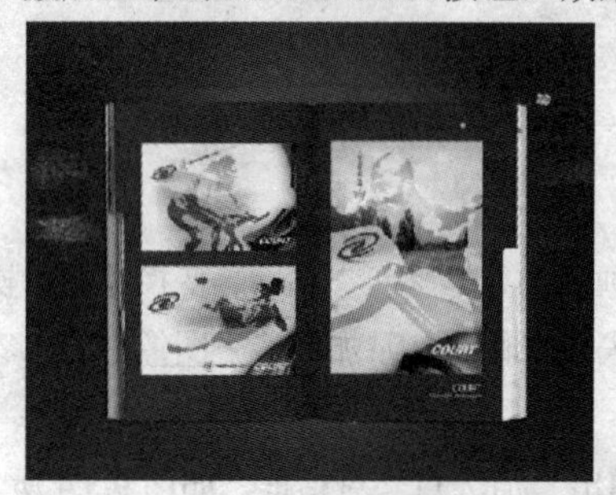

图 9.3.5　使用消失点滤镜前后的效果对比

9.4 智能滤镜

在 Photoshop CS4 中智能滤镜可以在不破坏图像本身像素的条件下为图层添加滤镜效果。

9.4.1 创建智能滤镜

图层面板中的普通图层应用滤镜后，原来的图像将会被取代；图层面板中的智能对象可以直接将滤镜添加到图像中，但是不破坏图像本身的像素。首先选择 图层(L) → 智能对象 → 转换为智能对象(S) 命令，即可将普通图层的背景图层变成智能对象，或选择 滤镜(T) → 转换为智能滤镜 命令，此时会弹出如图 9.4.1 所示的提示对话框，单击 确定 按钮，即可将当前图层转换为智能对象图层，再执行相应的滤镜命令，就会在图层面板中看到该滤镜显示在智能滤镜的下方，如图 9.4.2 所示。

图 9.4.1　提示对话框

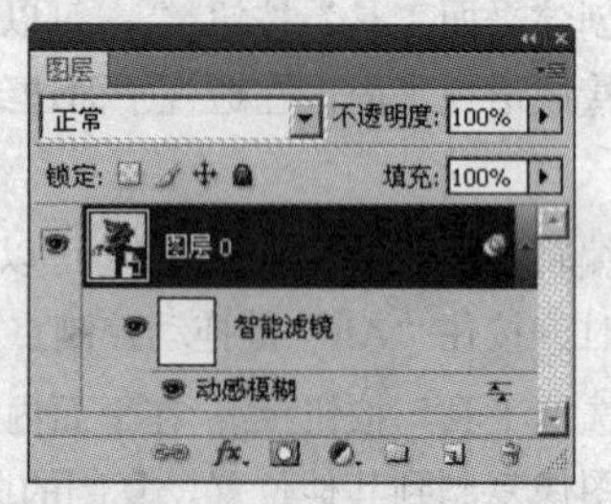

图 9.4.2　智能滤镜

9.4.2 停用/启用智能滤镜

在图层面板中应用智能滤镜后，选择菜单栏中的 图层(L) → 智能滤镜 → 停用智能滤镜 命令，即可将当前使用的智能效果隐藏，还原图像的原来品质，此时 智能滤镜 子菜单中的 停用智能滤镜 命令变成

启用智能滤镜命令，执行此命令即可启用智能滤镜，如图 9.4.3 所示。

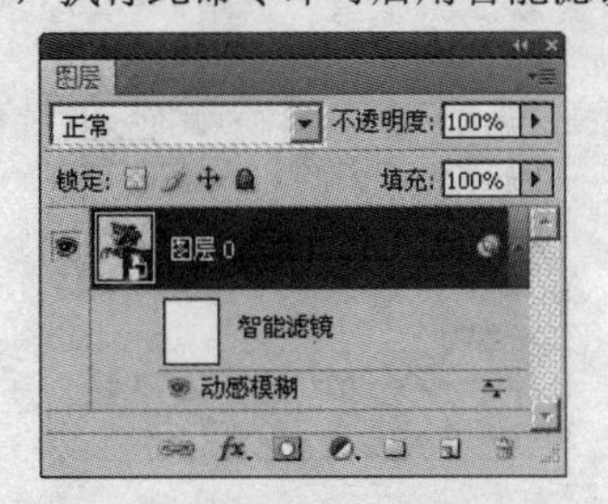

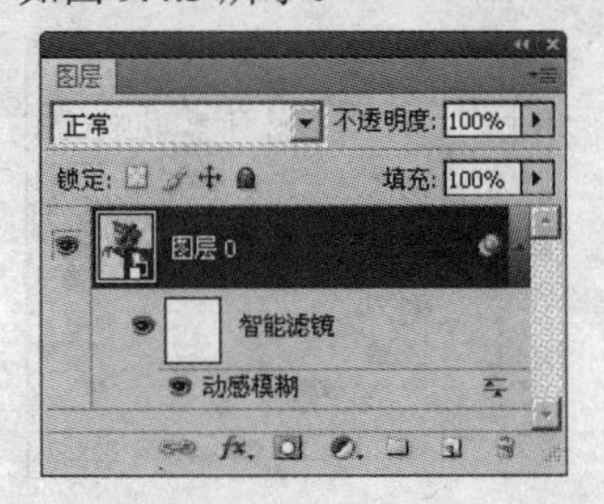

图 9.4.3　停用/启用智能滤镜

9.4.3　编辑智能滤镜混合选项

在应用的滤镜效果名称上单击鼠标右键，从弹出的如图 9.4.4 所示的菜单中选择编辑智能滤镜混合选项...选项，或在图层面板中的按钮上双击鼠标，即可弹出“混合选项”对话框，在该对话框中可以设置该滤镜在图层中的模式(M):和不透明度(O):，如图 9.4.5 所示。

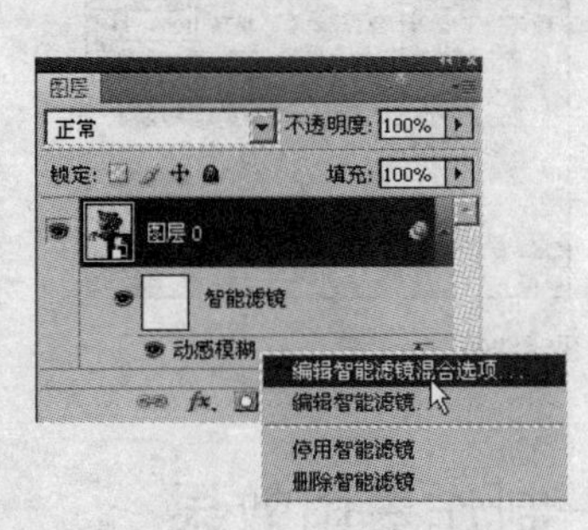

图 9.4.4　选择“编辑智能滤镜混合选项”选项　　图 9.4.5　“混合选项”对话框

9.4.4　删除/添加滤镜蒙版

选择菜单栏中的图层(L)→智能滤镜→删除滤镜蒙版命令，即可将智能滤镜中的蒙版从图层面板中删除，此时智能滤镜子菜单中的删除滤镜蒙版命令将变成添加滤镜蒙版命令，执行此命令即可将蒙版添加到滤镜后面，如图 9.4.6 所示。

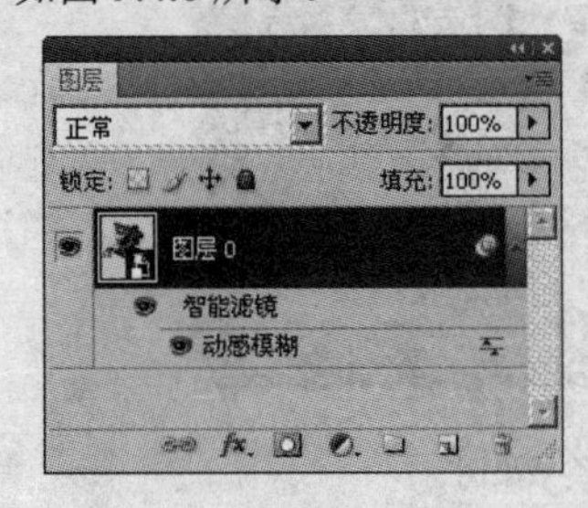

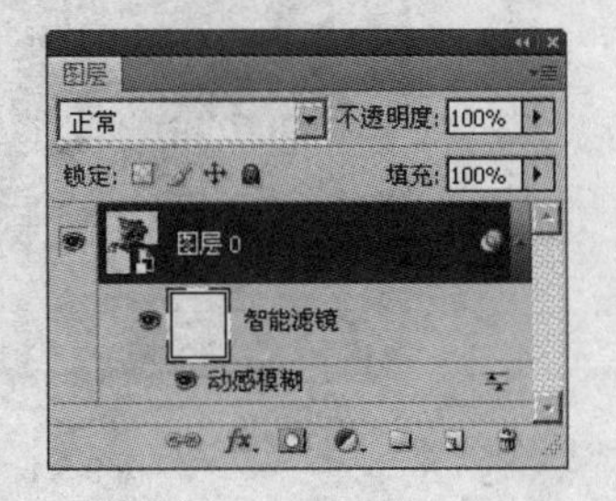

图 9.4.6　删除/添加滤镜蒙版

9.4.5　停用/启用滤镜蒙版

选择菜单栏中的图层(L)→智能滤镜→停用滤镜蒙版(B)命令，即可将智能滤镜中的蒙版停用，此时会在蒙版上出现一个红叉。应用停用滤镜蒙版(B)命令后，智能滤镜子菜单中的停用滤镜蒙版(B)命令将变成启用滤镜蒙版(B)命令，执行此命令即可将蒙版重新启用，如图 9.4.7 所示。

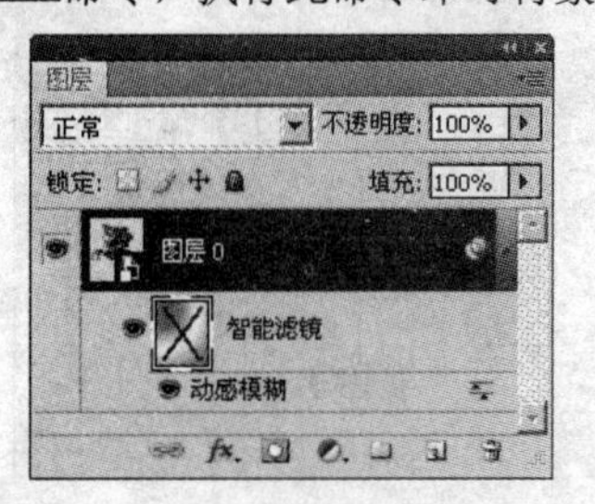

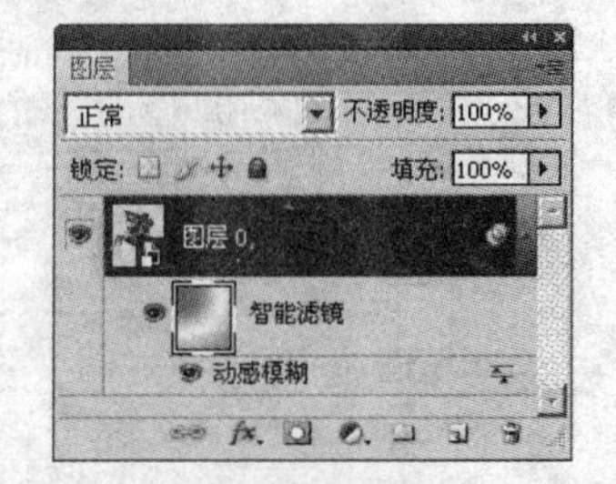

图 9.4.7　停用/启用滤镜蒙版

9.4.6　清除智能滤镜

选择菜单栏中的图层(L)→智能滤镜→清除智能滤镜命令，即可将应用的智能滤镜从“图层”面板中删除，如图 9.4.8 所示。

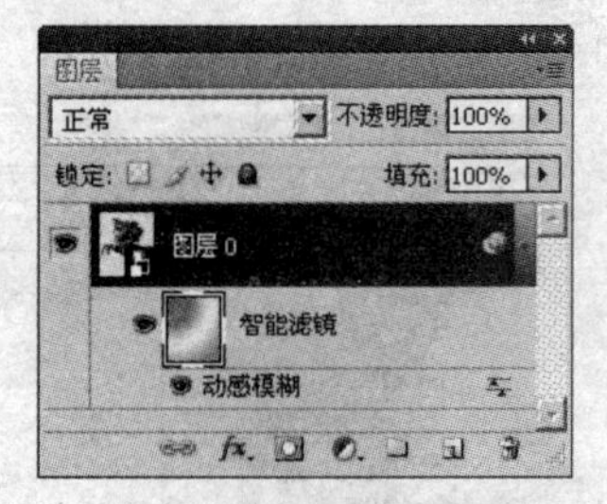

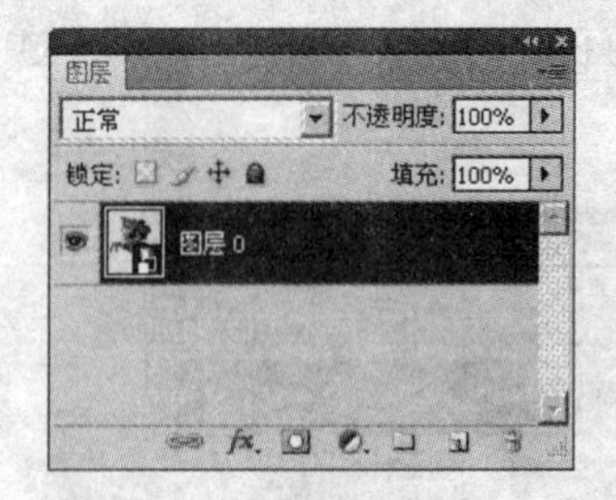

图 9.4.8　清除智能滤镜

9.5　实例速成——制作暴雨效果

本节主要利用所学的内容制作暴雨效果，最终效果如图 9.5.1 所示。

图 9.5.1　最终效果图

操作步骤

（1）选择菜单栏中的文件(F)→打开(O)...命令，打开要处理的图像，如图 9.5.2 所示。

（2）新建图层 1，设置前景色为黑色，按“Alt+Delete”键对其进行填充。

（3）选择菜单栏中的滤镜(T)→杂色→添加杂色...命令，弹出“添加杂色”对话框，设置其对

话框参数如图 9.5.3 所示。

图 9.5.2　打开的图像

（4）设置好参数后，单击 确定 按钮，效果如图 9.5.4 所示。

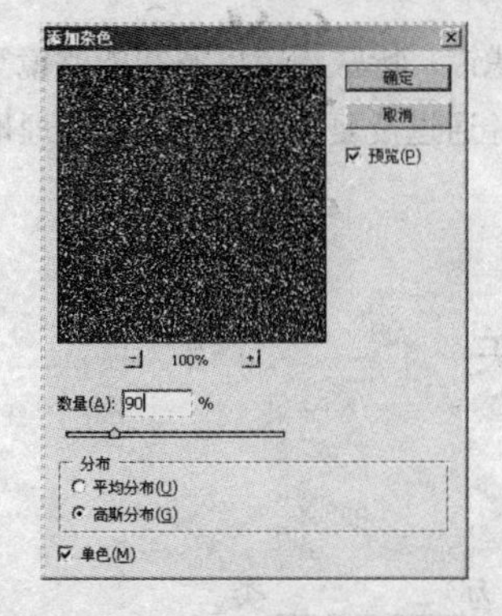

图 9.5.3　“添加杂色”对话框

图 9.5.4　“应用添加杂色滤镜效果

（5）选择菜单栏中 滤镜(T) → 模糊 → 动感模糊... 命令，弹出“动感模糊”对话框，设置其对话框参数如图 9.5.5 所示。

（6）设置好参数后，单击 确定 按钮，效果如图 9.5.6 所示。

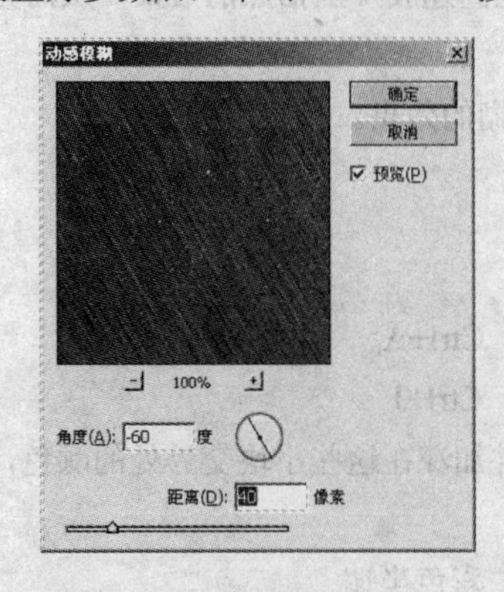

图 9.5.5　“动感模糊”对话框

图 9.5.6　应用动感模糊滤镜效果

（7）在图层面板中将图层 1 的混合模式设置为“滤色”，此时的效果如图 9.5.7 所示。

（8）选择菜单栏中 图像(I) → 调整(A) → 色阶(L)... 命令，弹出“色阶”对话框，设置其对话框参数如图 9.5.8 所示。

（9）设置好参数后，单击 确定 按钮，最终效果如图 9.5.1 所示。

图 9.5.7　设置图层混合模式效果

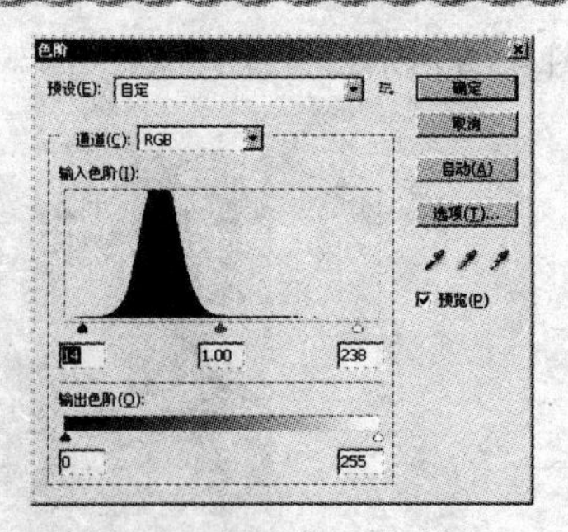

图 9.5.8　“色阶”对话框

本 章 小 结

本章主要介绍了 Photoshop CS4 中滤镜的概念、普通滤镜、特殊滤镜以及智能滤镜等知识。通过本章的学习，读者应了解和掌握滤镜的使用方法与技巧，并通过反复的实践学习，合理地搭配应用各种滤镜制作出精美的图像效果。

轻 松 过 关

一、填空题

1．在 Photoshop CS4 中滤镜按照不同的处理效果可分为＿＿＿＿＿类。

2．大部分滤镜命令只能用于＿＿＿＿＿的图像，所有滤镜命令都可应用在＿＿＿＿＿。

3．在＿＿＿＿＿、＿＿＿＿＿和＿＿＿＿＿模式下的图像不能使用滤镜。

4．使用＿＿＿＿＿滤镜可以对图像进行各种扭曲和变形处理。

5．＿＿＿＿＿滤镜将随机像素应用于图像，模拟在高速胶片上拍照的效果，从而为图像添加一些细小的颗粒状像素。

6．使用＿＿＿＿＿滤镜能够产生旋转模糊或放射模糊的效果。

二、选择题

1．按（　）键可重复执行上次使用的滤镜。

（A）Ctrl+F　　　　（B）Ctrl+A

（C）Ctrl+Shift+F　　　　（D）Ctrl+J

2．（　）滤镜通过将图像分割为不同形状的小块，并加深在这些小块交界处的颜色，使之显出缝隙的效果。

（A）马赛克拼贴　　　　（B）彩色半调

（C）点状化　　　　（D）晶格化

3．（　）滤镜用于为美术或商业项目制作绘画效果或艺术效果。

（A）素描　　　　（B）画笔描边

（C）艺术效果　　　　（D）风格化

4．制作风轮效果可以使用（　）滤镜。

（A）挤压　　（B）极坐标

（C）旋转扭曲　　（D）切变

5．使用（　）滤镜可以快速地将图像变形（如旋转、镜像、膨胀、放射等），从而产生特殊的溶解、扭曲效果。

（A）扭曲　　（B）旋转扭曲

（C）液化　　（D）切变

三、简答题

1．简述滤镜的基本使用方法与技巧。

2．如何使用“液化”滤镜处理图像效果？

四、上机操作题

1．打开一幅人物照片图像，使用本章所学的知识制作人物素描效果。

2．利用本章所学的滤镜知识，制作岩石纹理效果。

第 10 章　综合应用实例

为了更好地了解并掌握 Photoshop CS4 的应用，本章讲述了一些具有代表性的综合实例。所举实例由浅入深地贯穿本书的知识点，使读者通过本章实例的学习，能够熟练掌握该软件的强大功能。

本章要点

- 灯箱广告设计
- 室内效果图后期处理
- 宣传页设计
- 包装袋设计

综合实例 1　灯箱广告设计

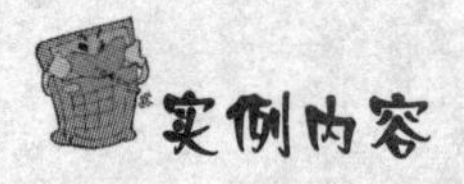

实例内容

本例主要利用所学的内容设计灯箱广告，最终效果如图 10.1.1 所示。

图 10.1.1　最终效果图

设计思路

通过本例的制作，使读者初步掌握设计灯箱广告的方法和技巧，并从中领悟灯箱广告设计的基本原理。在制作过程中，主要用到椭圆选框工具、渐变工具、钢笔工具、画笔工具、文本工具、图层蒙版、变换命令以及图层样式等命令。

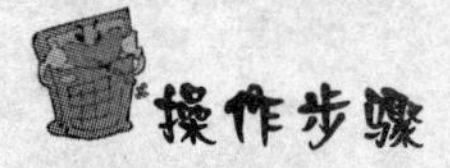

操作步骤

（1）按“Ctrl+N”键，弹出“新建”对话框，设置其参数如图 10.1.2 所示。设置完成后，单击

确定 按钮，即可新建一个图像文件。

（2）单击工具箱中的“渐变工具”按钮，设置属性渐变为“线性渐变”，模式为“正常”，不透明度为“100%”，双击 按钮，弹出“渐变编辑器”对话框，设置其对话框参数如图 10.1.3 所示。

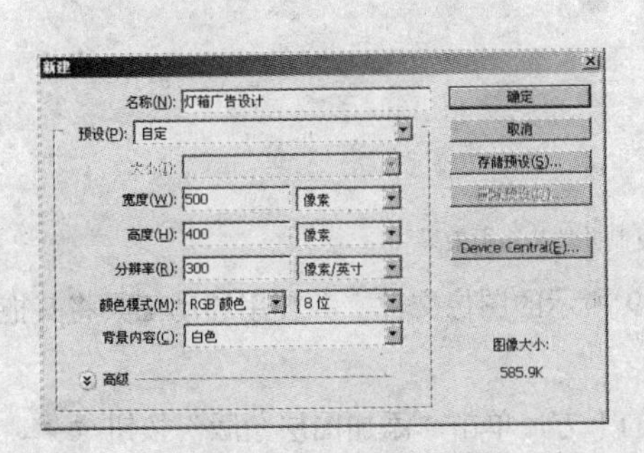

图 10.1.2　“新建”对话框

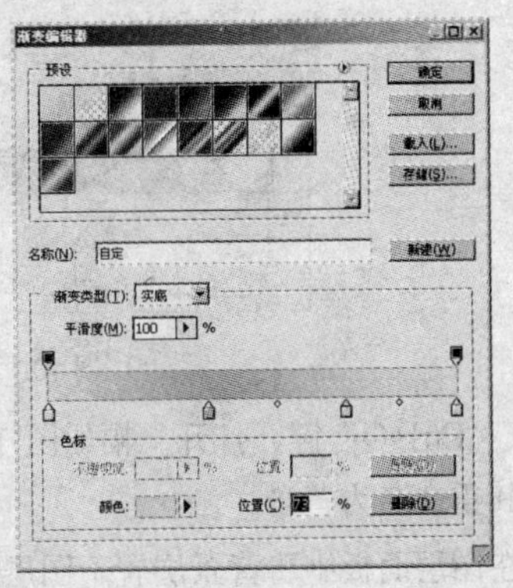

图 10.1.3　“渐变编辑器”对话框

（3）设置好参数后，在新建图像中从上向下拖曳鼠标填充渐变，效果如图 10.1.4 所示。

（4）新建图层 2，单击工具箱中的“钢笔工具”按钮，在新建图像中绘制一个如图 10.1.5 所示的路径。

图 10.1.4　渐变填充效果

图 10.1.5　绘制路径

（5）按“Ctrl+Enter”键，将路径转换为选区，将路径填充为蓝色，效果如图 10.1.6 所示。

（6）复制图层 2 为图层 2 副本，并将图层 2 副本置于图层 2 的下方，按住“Ctrl”键的同时单击图层面板中的图层 2 副本缩览图，将其载入选区。

（7）设置前景色为淡蓝色，按“Alt+Delete”键填充选区，然后按“Ctrl+D”键取消选区，并使用移动工具将其向下移动一定的距离，效果如图 10.1.7 所示。

图 10.1.6　填充路径

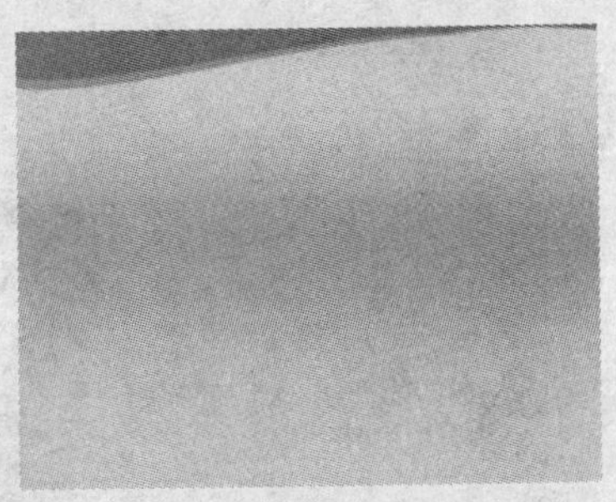

图 10.1.7　复制并填充路径

（8）重复步骤（6）和（7）的操作，复制 3 个图层 2 副本，并更该其颜色和位置，效果如图 10.1.8

所示。

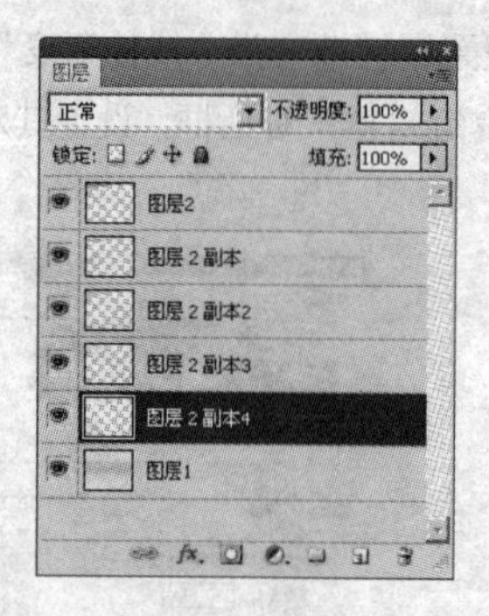

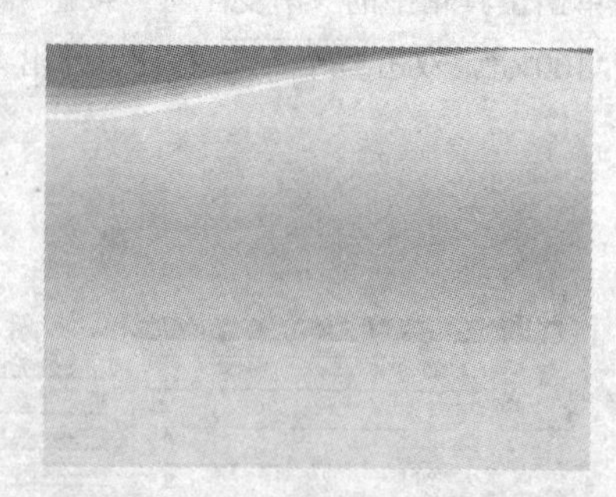

图 10.1.8　复制并填充路径效果

（9）按“Ctrl+O”键，打开一幅如图 10.1.9 所示的图像文件，并使用移动工具将其拖曳到新建图像中，将其重命名为背景。

（10）在图层面板中将背景层置于图层 1 的下方，单击“添加图层蒙版”按钮，为图层 1 添加一个图层蒙版。

（11）设置前景色为黑色，单击工具箱中的“画笔工具”按钮，在新建图像中拖曳鼠标擦除图层 1 中的部分图像，将背景层中的化妆品图像显示出来，效果如图 10.1.10 所示。

图 10.1.9　导入的图像

图 10.1.10　擦除图像效果

（12）打开一幅图像文件，使用移动工具将其拖曳到新建图像中，自动生成图层 3。

（13）按“Ctrl+T”键，调整图像的大小及位置，效果如图 10.1.11 所示。

（14）复制图层 3 为图层 3 副本，将图层 3 副本图层置于图层 3 的下方。选择菜单栏中的 编辑(E) → 变换 → 垂直翻转(V) 命令，对其进行垂直翻转，并在图层面板中设置其不透明度为“20%”，使用移动工具将其向下移动一定的距离，效果如图 10.1.12 所示。

图 10.1.11　复制并调整图像

图 10.1.12　翻转并更改其不透明度

（15）单击工具箱中的“文本工具”按钮 T，设置其属性栏参数如图 10.1.13 所示。

T · 文鼎齿轮体 · - · 35 点 · aa 犀利

图 10.1.13　“文本工具”属性栏

（16）设置好参数后，在新建图像中输入文本，效果如图 10.1.14 所示。

（17）选择 图层(L) → 图层样式(Y) → 斜面和浮雕(B)... 命令，弹出“图层样式”对话框，设置其对话框参数如图 10.1.15 所示。

图 10.1.14　输入文本

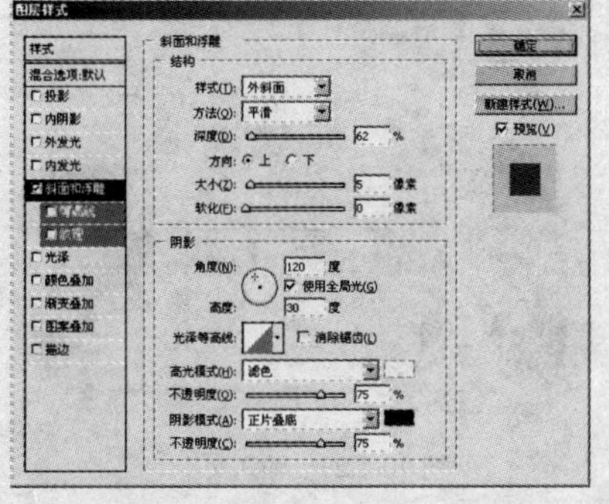

图 10.1.15　“斜面和浮雕”选项设置

（18）选中“图层样式”对话框左侧的“渐变叠加”选项，设置其对话框参数如图 10.1.16 所示。

（19）选中“图层样式”对话框左侧的“描边”选项，设置其对话框参数如图 10.1.17 所示。

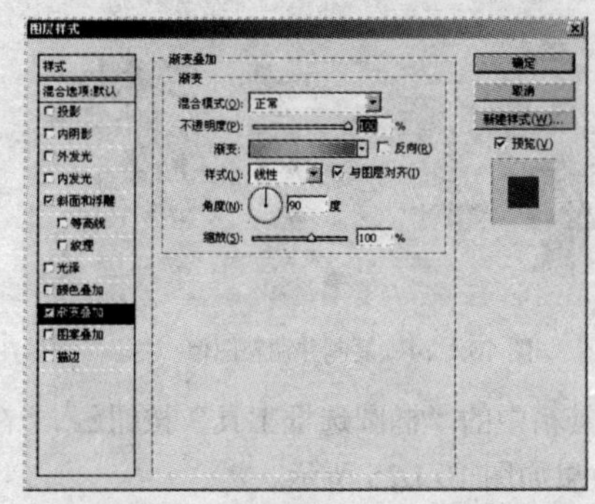

图 10.1.16　“渐变叠加”选项设置

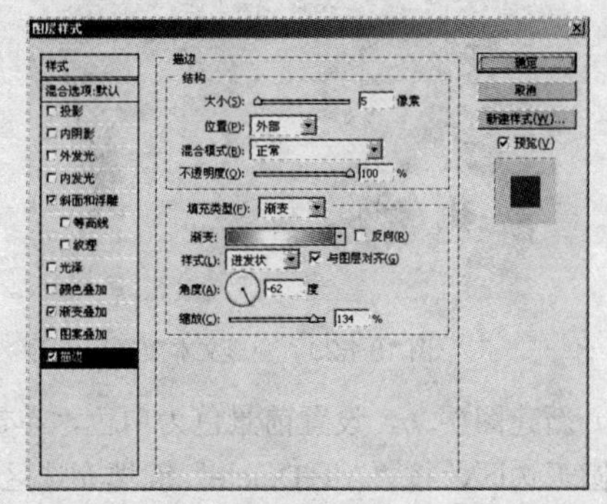

图 10.1.17　“描边”选项设置

（20）设置好参数后，单击 确定 按钮，效果如图 10.1.18 所示。

（21）打开一幅橙子图像文件，使用移动工具将其拖曳到新建图像中，自动生成图层 4。

（22）按“Ctrl+T”键，调整图像的大小及位置，效果如图 10.1.19 所示。

图 10.1.18　添加图层样式效果

图 10.1.19　复制并调整图像

（23）单击工具箱中的“文本工具”按钮，设置其属性栏参数如图 10.1.20 所示。

图 10.1.20 “文本工具”属性栏

（24）设置好参数后，在新建图像中输入文本，效果如图 10.1.21 所示。

（25）在文本工具的属性框中单击“创建文字变形”按钮，弹出“变形文字”对话框，设置其对话框参数如图 10.1.22 所示。设置好参数后，单击 确定 按钮，效果如图 10.1.23 所示。

图 10.1.21 输入文本

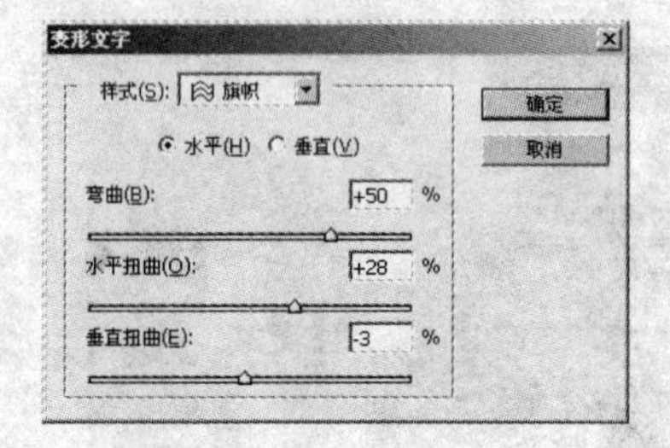

图 10.1.22 “变形文字”对话框

（26）打开一幅叶子图像文件，使用移动工具将其拖曳到新建图像中，自动生成图层 5。

（27）按“Ctrl+T”键，调整图像的大小及位置，效果如图 10.1.24 所示。

图 10.1.23 变形文本效果

图 10.1.24 复制并调整图像

（28）新建图层 6，设置前景色为白色，单击工具箱中的“椭圆选框工具”按钮，在图像中绘制一个圆形选区，按“Alt+Delete”键填充选区，效果如图 10.1.25 所示。

（29）按“Ctrl+Alt+D”键，弹出“羽化选区”对话框，设置其对话框参数如图 10.1.26 所示。设置好参数后，单击 确定 按钮。

图 10.1.25 绘制并填充选区

图 10.1.26 “羽化选区”对话框

（30）选择 选择(S) → 变换选区(T) 命令，按住“Alt”键，调整选区的大小，然后按“Delete”键进行删除，效果如图 10.1.27 所示。

（31）单击工具箱中的“画笔工具”按钮，在新建图像中为绘制的泡泡图像添加亮光效果，如图 10.1.28 所示。

图 10.1.27　变换并删除选区

图 10.1.28　添加亮光效果

（32）使用移动工具将泡泡图像移至适当的位置，并调整图像的大小及位置，如图 10.1.29 所示。

（33）复制 4 个图层 6 副本，分别按“Ctrl+T”键，调整其大小及位置，效果如图 10.1.30 所示。

图 10.1.29　移动并调整图像

图 10.1.30　复制并调整图像

（34）按“Alt+Shift+Ctrl+E”键，盖印图层，自动生成图层 7，按“Ctrl+A”键，选中图像的内容，然后对其进行复制。

（35）按“Ctrl+O”键，打开一幅灯箱图像，如图 10.1.31 所示。

图 10.1.31　打开的灯箱图像

（36）选择 滤镜(T) → 消失点(V)... 命令，弹出“消失点”对话框，设置其对话框参数如图 10.1.32 所示。设置好参数后，单击 确定 按钮，效果如图 10.1.33 所示。

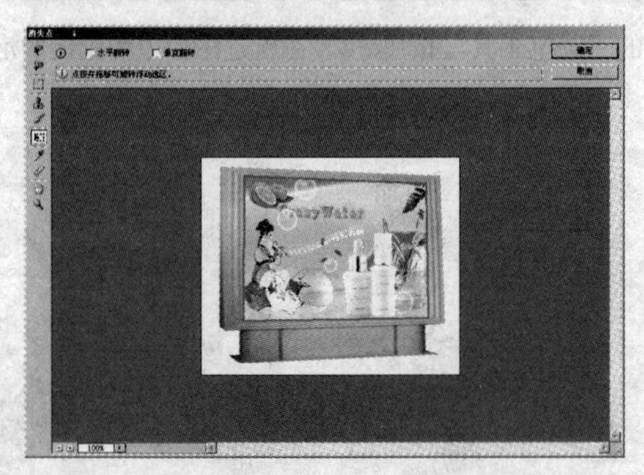

图 10.1.32 “消失点”对话框

（37）选择滤镜(T)→渲染→镜头光晕...命令，弹出“镜头光晕”对话框，设置其对话框参数如图 10.1.34 所示。

图 10.1.33 应用消失点滤镜效果

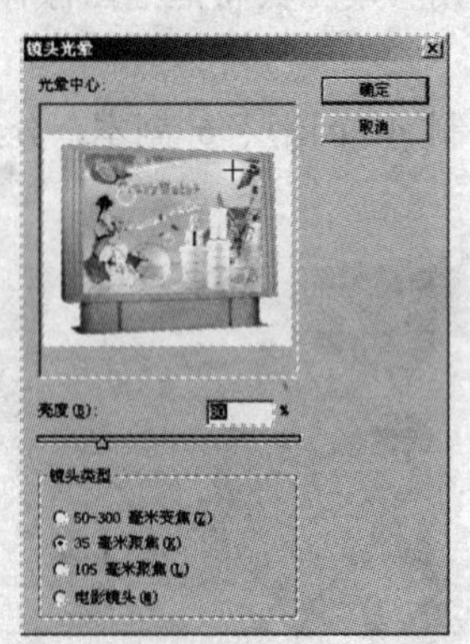

图 10.1.34 “镜头光晕”对话框

（38）设置好参数后，单击确定按钮，最终效果如图 10.1.1 所示。

综合实例 2 室内效果图后期处理

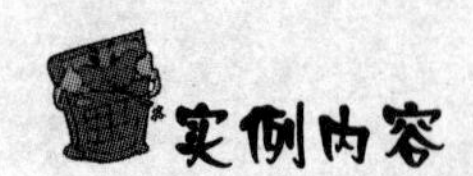

实例内容

本例主要利用所学的内容对室内效果图进行后期处理，最终效果如图 10.2.1 所示。

图 10.2.1 最终效果图

设计思想

通过本例的制作，使读者掌握对室内效果图后期进行美化润色的方法与技巧，并从中领悟如何使处理的效果图看起来更加生动、更加符合效果图自身的意境。在设计过程中，主要用到橡皮擦工具、减淡工具、钢笔工具、快速选择工具、移动工具、画笔工具、曲线命令、变换命令以及图层样式等命令。

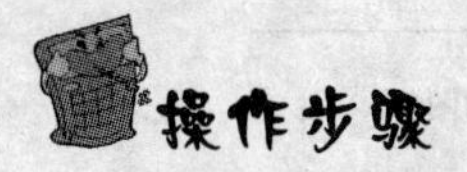

操作步骤

（1）按“Ctrl+O”键，打开一幅客厅图像文件，如图 10.2.2 所示。

（2）按“Ctrl+M”键，弹出“曲线”对话框，设置其对话框参数如图 10.2.3 所示。

图 10.2.2 打开的图像

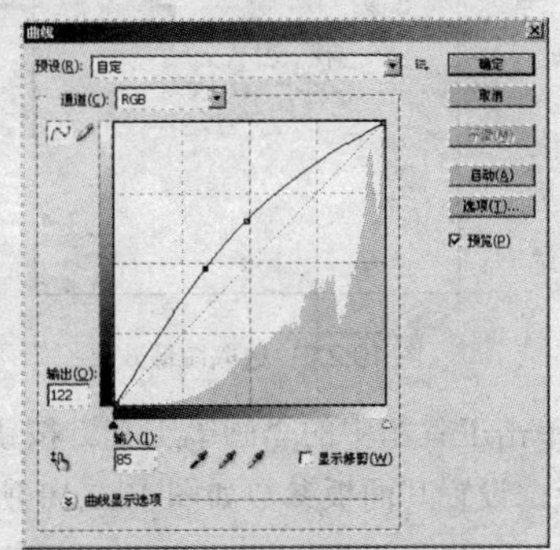

图 10.2.3 “曲线”对话框

（3）设置完成后，单击确定按钮，效果如图 10.2.4 所示。

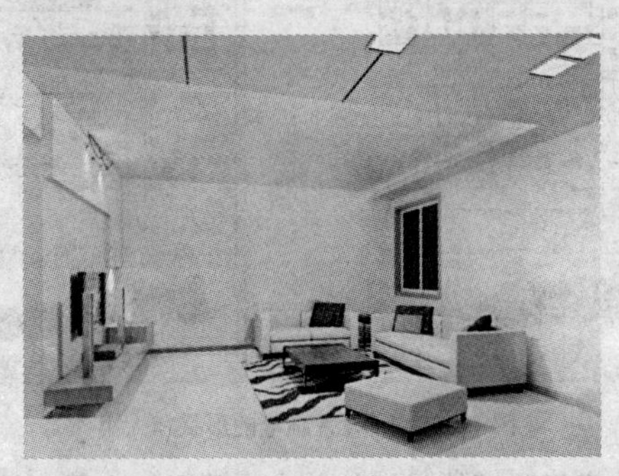

图 10.2.4 调整图像颜色效果

（4）单击工具箱中的“减淡工具”按钮，设置其属性栏参数如图 10.2.5 所示。

图 10.2.5 “减淡工具”属性栏

（5）设置好参数后，在图像的边缘和中心位置分别进行适当的减淡处理，绘制出光效，效果如图 10.2.6 所示。

（6）按“Ctrl+O”键，打开一幅吊灯图像文件，如图 10.2.7 所示。

（7）单击工具箱中的“钢笔工具”按钮，抠出图像中的吊灯部分，效果如图 10.2.8 所示。

（8）单击工具箱中的“移动工具”按钮，将打开的吊灯图像拖曳到客厅图像中，并调整其大小及位置，效果如图 10.2.9 所示。

图 10.2.6　减淡处理后的效果

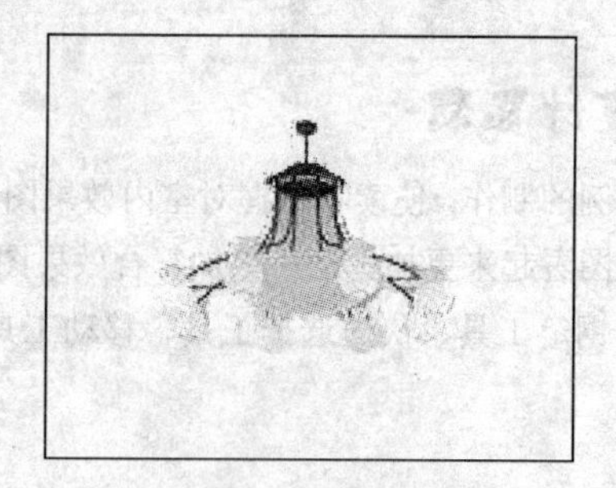

图 10.2.7　打开的图像

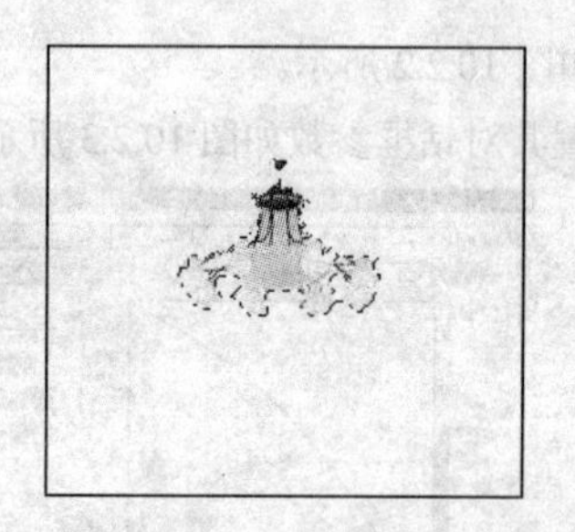

图 10.2.8　选取图像效果

图 10.2.9　调整图像后的大小及位置

（9）单击工具箱中的“画笔工具”按钮，在其属性栏中单击“切换画笔面板”按钮，弹出画笔面板，设置其面板参数如图 10.2.10 所示。

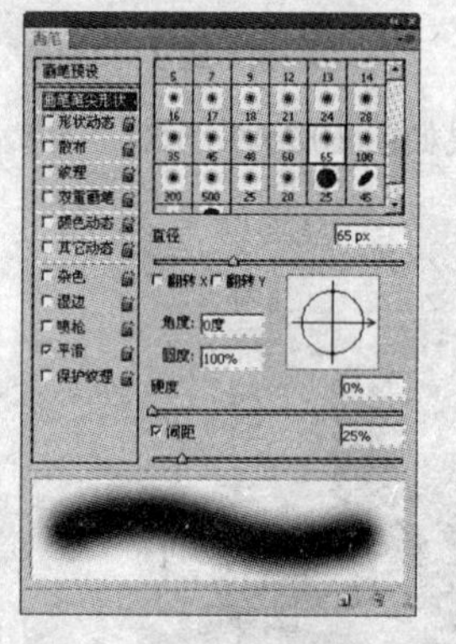

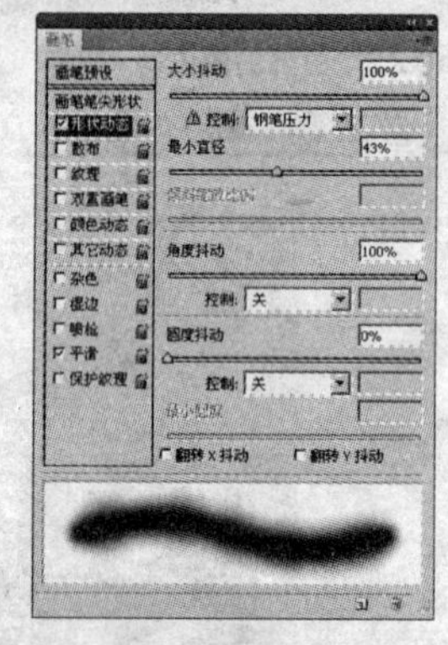

图 10.2.10　设置画笔的形状和大小

（10）设置好参数后，在房子顶棚的吊灯处单击为其添加光晕，效果如图 10.2.11 所示。

（11）打开一幅花瓶图像，单击工具箱中的“快速选择工具”按钮，选取图像中的白色区域，然后按“Ctrl+Shift+I”键反选选区，效果如图 10.2.12 所示。

图 10.2.11　为吊灯添加光晕效果

图 10.2.12　选取图像效果

（12）按“Ctrl+C”键，对选取的图像进行复制，然后按“Ctrl+V”键将其粘贴到客厅图像中，并调整其大小和位置，效果如图 10.2.13 所示。

（13）打开一幅椅子图像，重复步骤（11）和（12）的操作，将其移动到客厅图像中，效果如图 10.2.14 所示。

图 10.2.13　调整图像后的大小及位置

图 10.2.14　复制并调整图像效果

（14）选择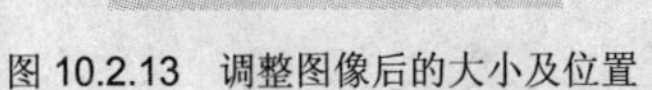命令，弹出“亮度/对比度”对话框，设置其对话框参数如图 10.2.15 所示。

（15）设置完成后，单击 确定 按钮，效果如图 10.2.16 所示。

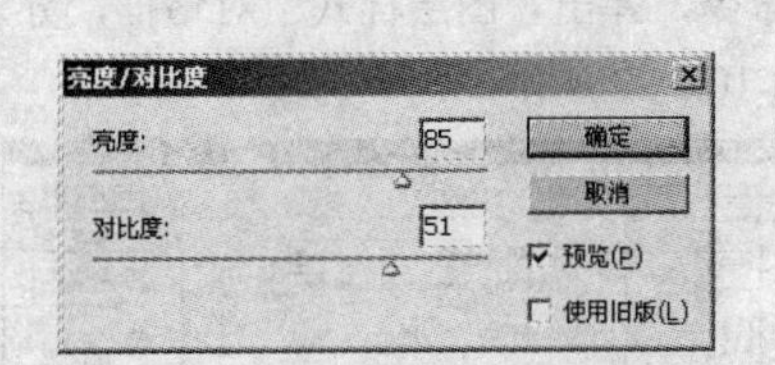

图 10.2.15　“亮度/对比度”对话框

图 10.2.16　调整图像颜色效果

（16）按“Ctrl+O”键，打开一幅装饰品图像，重复步骤（11）和（12）的操作，将其移动到客厅图像中，效果如图 10.2.17 所示。

（17）单击工具箱中“橡皮擦工具”按钮，设置其面板参数如图 10.2.18 所示。

图 10.2.17　复制并调整图像效果

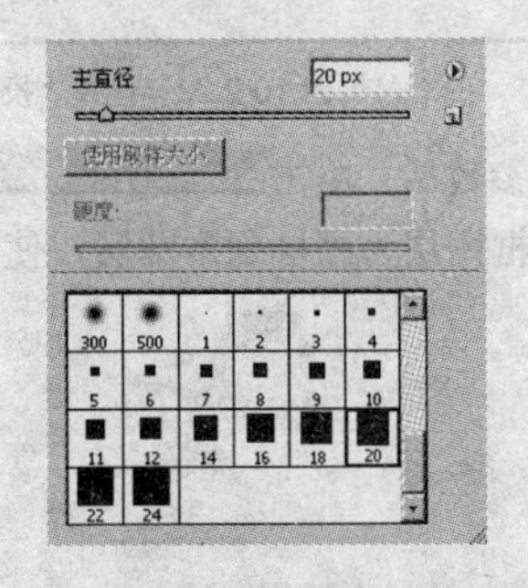

图 10.2.18　设置橡皮擦大小及形状

（18）设置好参数后，在客厅图像中拖曳鼠标，擦除图像中多余的部分，效果如图 10.2.19 所示。

（19）打开一幅盆景图像，重复步骤（11）和（12）的操作，将其移动到客厅图像中，效果如图 10.2.20 所示。

图 10.2.19　擦除图像效果

图 10.2.20　复制并调整图像效果

（20）按“Ctrl+O”键，打开一幅画框图像，重复步骤（7）和（8）的操作，将其移动到如图 10.2.21 所示的位置。

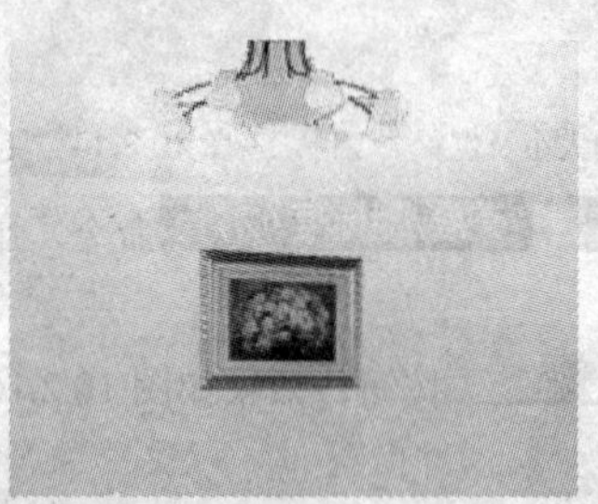

图 10.2.21　复制并调整图像效果

（21）选择 图层(L) → 图层样式(Y) → 投影(D)... 命令，弹出“图层样式”对话框，分别在其对话框中设置“投影”选项和“光泽”选项的参数，如图 10.2.22 所示。

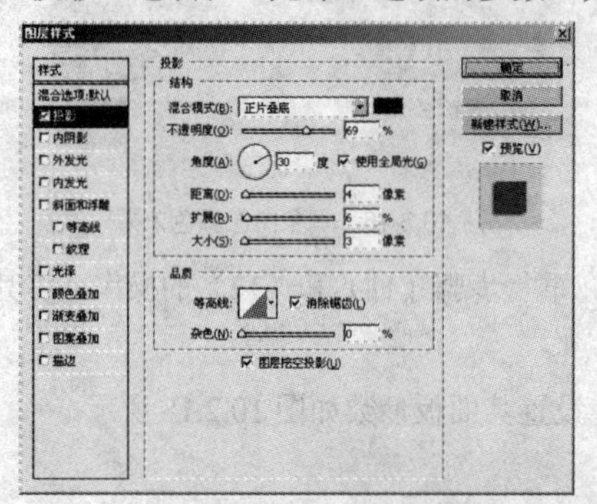

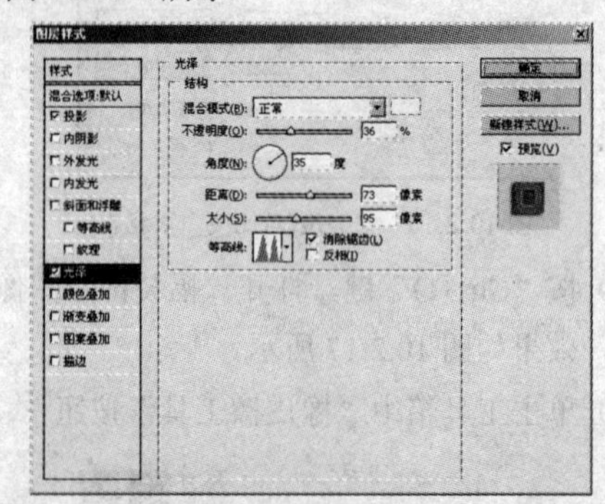

图 10.2.22　设置“投影”选项和“光泽”选项的参数

（22）设置好参数后，单击 确定 按钮，效果如图 10.2.23 所示。

（23）复制画框图层为画框副本图层，使用移动工具将其移至如图 10.2.24 所示的位置。

图 10.2.23　为图像添加图层样式效果

图 10.2.24　复制并移动图像效果

（24）选择 编辑(E) → 变换 → 透视(P) 命令，在图像中拖曳控制点变换图像，效果如图 10.2.25 所示。

（25）打开一幅盆景图像，单击工具箱中的“快速选择工具”按钮，选取图像内容，如图 10.2.26 所示。

图 10.2.25　变换图像效果

图 10.2.26　选取图像效果

（26）单击工具箱中的“移动工具”按钮，将选取的盆景图像拖曳到客厅图像中，按“Ctrl+T”键调整其大小及位置，效果如图 10.2.27 所示。

（27）按“Ctrl+O”键，打开一幅小猫图像，如图 10.2.28 所示。

图 10.2.27　复制并调整图像

图 10.2.28　打开的图像

（28）单击工具箱中“橡皮擦工具”按钮，擦除图像中多余的部分，然后重复步骤（25）的操作，选取图像中的内容，效果如图 10.2.29 所示。

（29）使用移动工具将其拖曳到客厅图像中，并调整其大小及位置，效果如图 10.2.30 所示。

图 10.2.29　擦除并选取图像

图 10.2.30　移动并调整图像

（30）打开一幅窗帘图像，重复步骤（28）和（29）的操作，将其拖曳到客厅图像中，效果如图 10.2.31 所示。

（31）选择 编辑(E) → 变换 → 斜切(K) 命令，在图像中拖曳控制点变换图像，效果如图 10.2.32 所示。

图 10.2.31 擦除并移动图像

图 10.2.32 变换图像效果

（32）单击工具箱中“橡皮擦工具”按钮，将窗帘底部的沙发部分显示出来，效果如图 10.2.33 所示。

（33）打开一幅底部带有褶皱的窗帘，然后选取窗帘底部的褶皱部分，使用移动工具将其拖曳到室内图像中，按“Ctrl+T”键调整其大小及位置，效果如图 10.2.34 所示。

图 10.2.33 擦除并移动图像

图 10.2.34 复制并调整图像效果

（34）按“Ctrl+M”键，弹出“曲线”对话框，设置其对话框参数如图 10.2.35 所示。

（35）设置完成后，单击 确定 按钮，效果如图 10.2.36 所示。

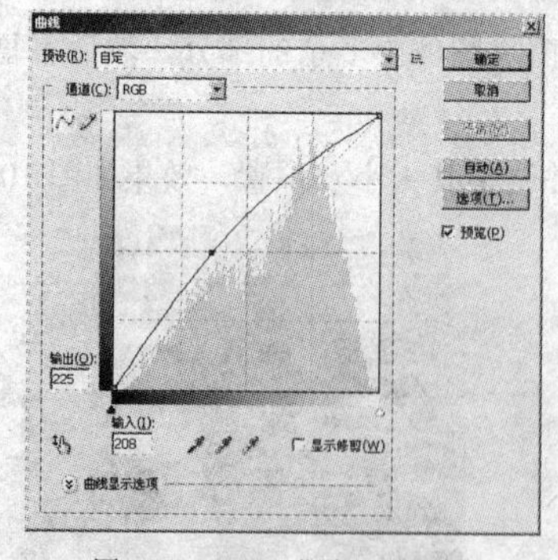

图 10.2.35 “曲线”对话框

图 10.2.36 调整图像颜色效果

（36）打开一幅扇子图像，使用移动工具将其移至如图 10.2.37 所示的位置。

（37）复制一个扇子图层，然后选择 编辑(E) → 变换 → 水平翻转(H) 命令，对其进行水平翻转，再使用移动工具将其移至适当的位置，效果如图 10.2.38 所示。

（38）打开一幅笔记本电脑图像，使用移动工具将其拖曳到客厅图像中，重复步骤（24）的操作，对其进行透视变形，效果如图 10.2.39 所示。

图 10.2.37　复制并移动图像

图 10.2.38　水平翻转效果

（39）按“Ctrl+O”键，打开一幅树叶图像，使用移动工具将其拖曳室内图像中，效果如图 10.2.40 所示。

图 10.2.39　复制并变换图像效果

图 10.2.40　复制并调整图像

（40）选择 图像(I) → 调整(A) → 阴影/高光(W)... 命令，弹出“阴影/高光”对话框，设置其对话框参数如图 10.2.41 所示。

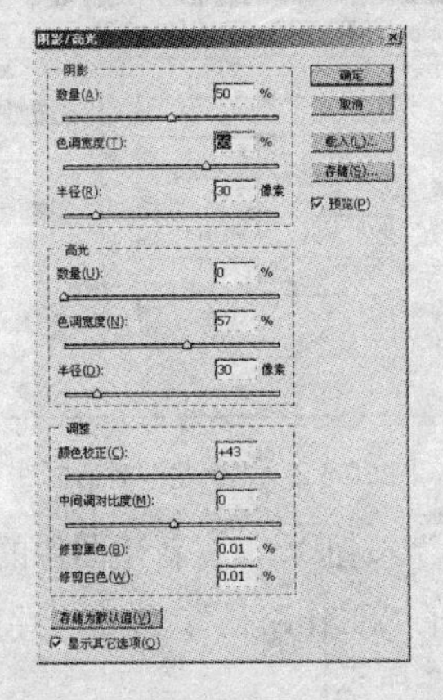

图 10.2.41　“阴影/高光”对话框

（41）设置好参数后，单击 确定 按钮，最终效果如图 10.2.1 所示。

综合实例 3　宣传页设计

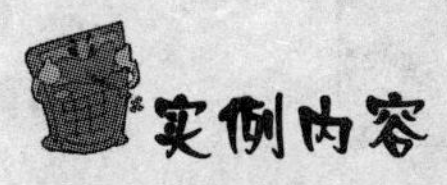

本例主要利用所学的内容设计宣传页，最终效果如图 10.3.1 所示。

图 10.3.1　最终效果图

设计思路

通过本例的制作，使读者初步掌握宣传页设计的方法和技巧，并从中领悟宣传页设计的基本原理。在制作过程中，主要用到钢笔工具、风滤镜、极坐标滤镜、高斯模糊滤镜、文字工具、变换命令以及图层样式等。

操作步骤

（1）启动 Photoshop CS4 应用程序，按“Ctrl+N”键，弹出“新建”对话框，设置其对话框参数如图 10.3.2 所示，单击 确定 按钮，可新建一个图像文件。

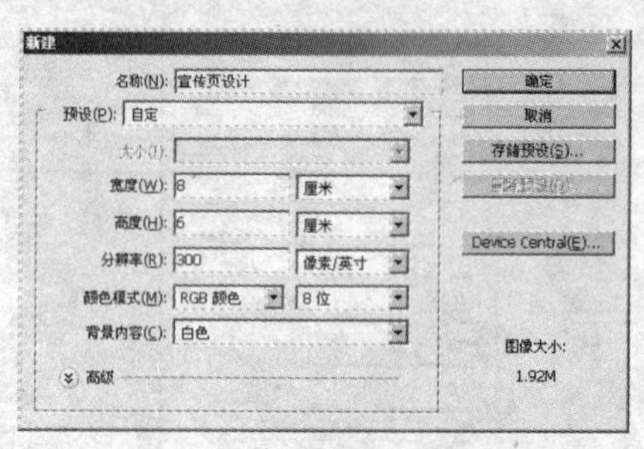

图 10.3.2　“新建”对话框

（2）单击工具箱中的“钢笔工具”按钮 ，在新建图像的右侧绘制一个路径。

（3）切换至路径面板，双击当前的“工作路径”，弹出“存储路径”对话框，单击 确定 按钮，将其保存为“路径 1”，如图 10.3.3 所示。

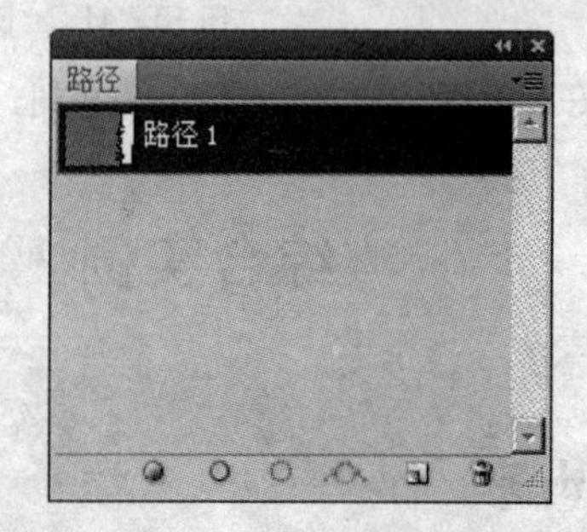

图 10.3.3　保存路径

（4）新建图层 1，按“Ctrl+Enter”键，将“路径 1”转换为选区，设置前景色的颜色为（C：72，

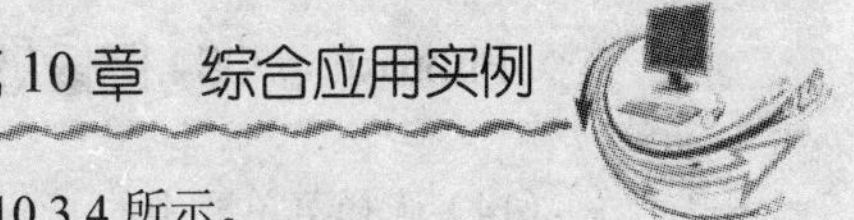

M：64，Y：64，K：20)，按“Alt+Delete”键填充选区，效果如图10.3.4所示。

（5）单击工具箱中的“钢笔工具”按钮，在文件的右侧再绘制路径，重复步骤（2）的操作方法，将其存储为“路径2”。

（6）按“Ctrl+Enter”键，将路径2转换为选区。

（7）新建图层2，设置前景色为（C：84，M：72，Y：71，K：44)，按“Alt+Delete”键，对选区进行填充。

（8）重复步骤（2）和（3）的操作，在文件的右侧再绘制一个路径，将其存储为路径3。

（9）新建图层3，设置前景色为黑色，按“Ctrl+Enter”键，将路径1转换为选区，按“Alt+Delete”键填充选区，效果如图10.3.5所示。

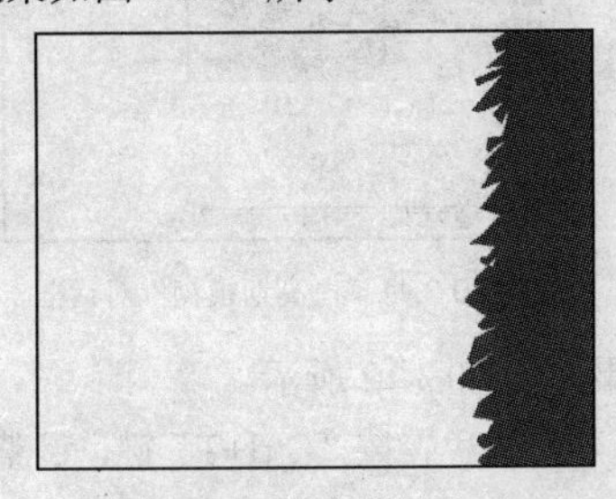

图10.3.4 填充选区（一）

图10.3.5 填充选区（二）

（10）将图层4作为当前图层，选择菜单栏中的 滤镜(T) → 风格化 → 风... 命令，设置其对话框参数如图10.3.6所示。

（11）按“Ctrl+F”键2次，并对图层2和图层3使用“风”滤镜，效果如图10.3.7所示。

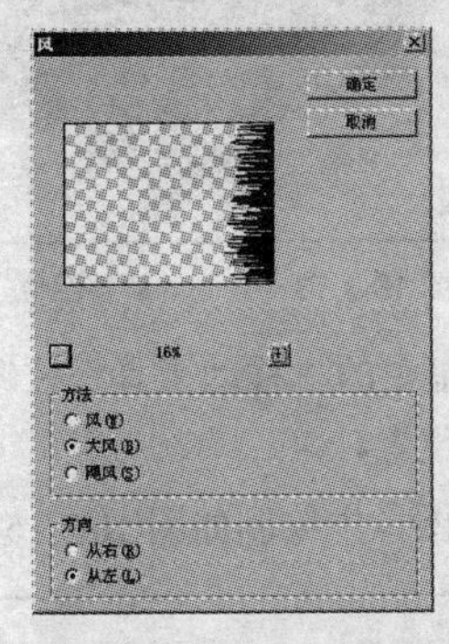

图10.3.6 “风”对话框

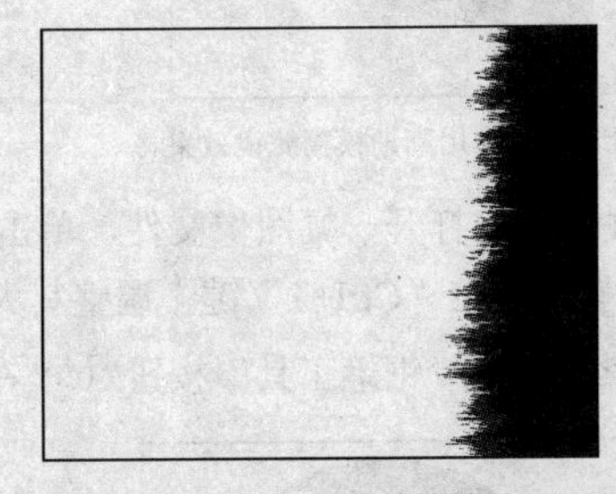

图10.3.7 应用风滤镜效果

（12）在图层面板中合并除背景层以外的其他图层为图层1，选择 编辑(E) → 变换 → 旋转 90 度(逆时针)(0) 命令，并使用移动工具将其移至如图10.3.8所示的位置。

（13）按“Ctrl+T”键，对其执行自由变换，效果如图10.3.9所示。

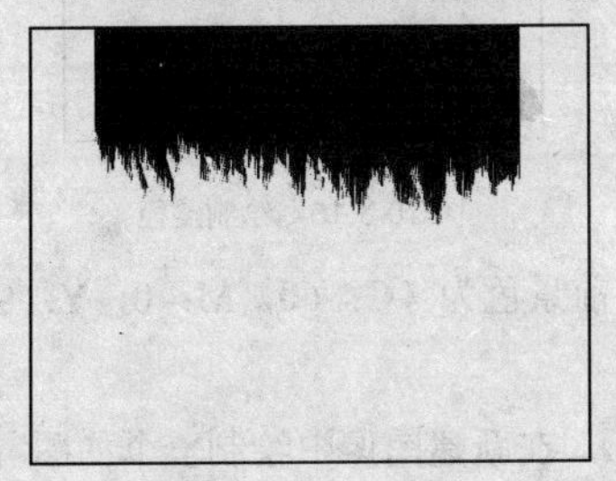

图10.3.8 旋转画布

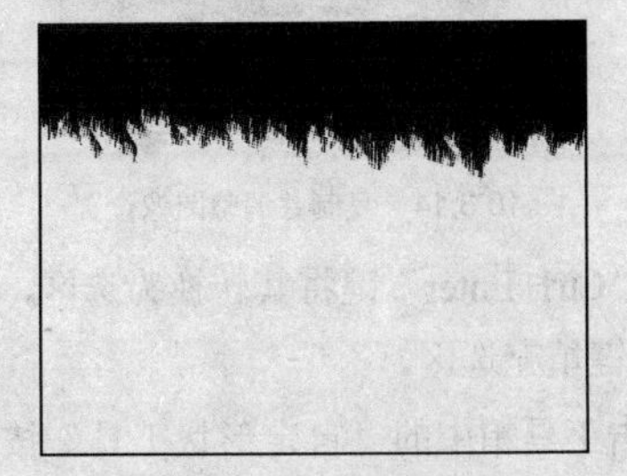

图10.3.9 执行变换操作

（14）选择菜单栏中的滤镜(T)→扭曲→极坐标...命令，在弹出的对话框中选中“平面坐标到极坐标”单选按钮，单击确定按钮，效果如图 10.3.10 所示。

（15）按“Ctrl+T”键，对其执行自由变换，选择菜单栏中的滤镜(T)→模糊→高斯模糊...命令，设置其对话框参数如图 10.3.11 所示。

图 10.3.10　应用极坐标滤镜的效果

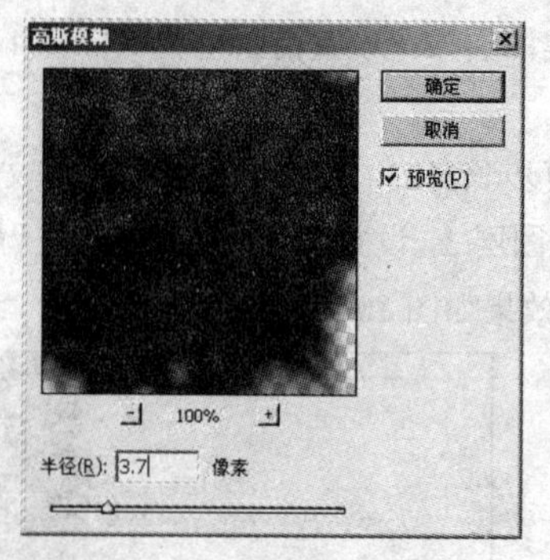

图 10.3.11　“高斯模糊”对话框

（16）设置完成后，单击确定按钮，效果如图 10.3.12 所示。

（17）复制图层 1 为图层 1 副本，并将其颜色填充为灰色，按“Ctrl+T”键，调整其大小及位置，效果如图 10.3.13 所示。

图 10.3.12　应用高斯模糊滤镜效果

图 10.3.13　复制并调整图像

（18）按“Ctrl+O”键打开一幅图像文件，单击工具箱中的“移动工具”按钮，将其移至如图 10.3.14 所示的位置，并按“Ctrl+T”键，调整其大小及位置。

（19）单击工具箱中的“钢笔工具”按钮，在新建图像中绘制如图 10.3.15 所示的路径。

图 10.3.14　复制并调整图像位置

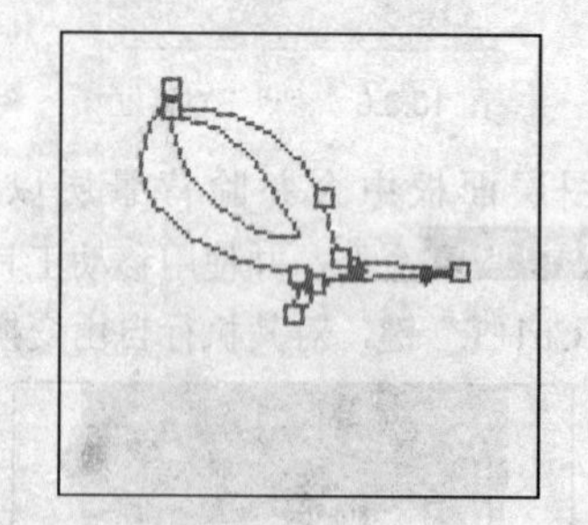

图 10.3.15　绘制路径

（20）按“Ctrl+Enter”键将其转换为选区，设置前景色为（C：60，M：0，Y：96，K：0），按“Alt+Delete”键填充选区。

（21）单击工具箱中的“自定形状工具”按钮，在新建图像中绘制一个如图 10.3.16 所示的形状。

（22）按“Ctrl+Enter”键将其转换为选区，设置前景色为（C：15，M：96，Y：100，K：0），

按“Alt+Delete”键填充选区，效果如图10.3.17所示。

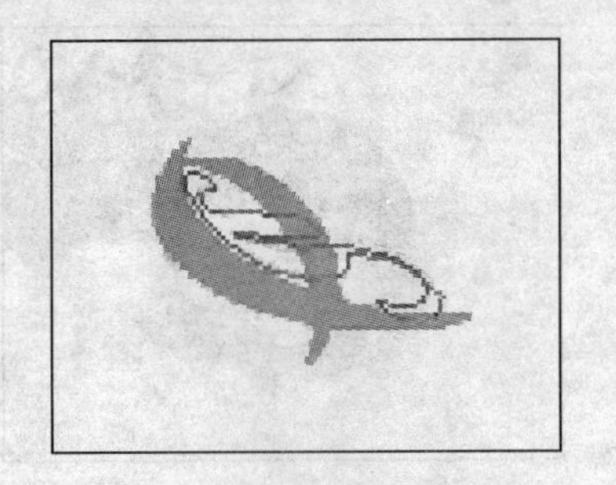

图10.3.16 绘制形状

图10.3.17 填充选区

（23）单击工具箱中的“横排文字工具”按钮T，设置其属性栏参数如图10.3.18所示。

图10.3.18 “横排文字工具”属性栏

（24）设置好参数后，在新建图像中输入文字，效果如图10.3.19所示。

（25）单击工具箱中的“直排文字工具”按钮IT，在属性栏中设置字体与字号，在图像中输入如图10.3.20所示的文字。

图10.3.19 输入横排文字效果

图10.3.20 输入直排文字效果

（26）单击工具箱中的“铅笔工具”按钮，按住“Shift”键，在新建图像中绘制一条垂直线，效果如图10.3.21所示。

（27）单击工具箱中的“直排文字工具”按钮IT，在属性栏中设置字体与字号，在新建图像中输入如图10.3.22所示的文字。

图10.3.21 绘制直线效果

图10.3.22 输入直排文字效果

（28）重复步骤（18）的操作，分别打开两幅图像文件，将其移至新建图像中，效果如图10.3.23所示。

（29）单击工具箱中的“横排文字工具”按钮T，在属性栏中设置字体与字号，在新建图像中输入联系方式，如图 10.3.24 所示。

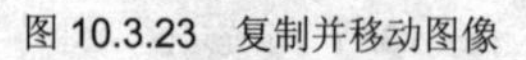

图 10.3.23 复制并移动图像

图 10.3.24 输入横排文字效果

（30）将“温”字图层作为当前图层，选择菜单栏中的 图层(L) → 图层样式(Y) → 渐变叠加(G)... 命令，弹出“图层样式”对话框，设置参数如图 10.3.25 所示。

（31）在“图层样式”对话框中为文字添加斜面和浮雕效果，设置参数如图 10.3.26 所示。

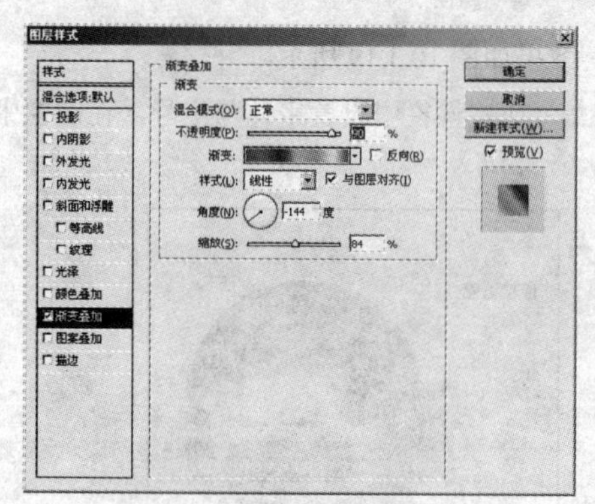

图 10.3.25 设置“渐变叠加”选项

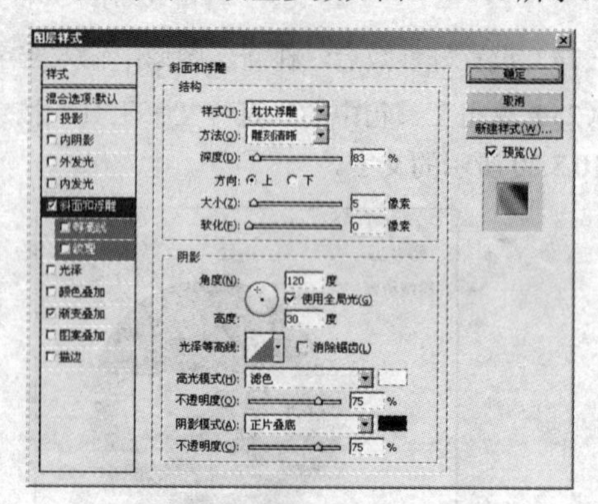

图 10.3.26 设置“斜面和浮雕”选项

（32）设置完成后，单击 确定 按钮，最终效果如图 10.3.1 所示

综合实例 4 包装袋设计

实例内容

本例将设计喜糖包装袋，最终效果如图 10.4.1 所示。

图 10.4.1 最终效果图

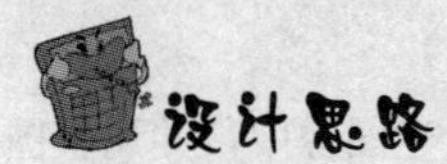

设计思路

通过本例的制作，使读者初步掌握包装袋的制作方法和技巧，并从中领悟包装设计的基本原理。在制作过程中，将用到矩形选框工具、渐变工具、快速选择工具、自定形状工具、直线工具、裁剪工具、图层蒙版、切变滤镜、描边命令、曲线命令以及图层样式等命令。

操作步骤

（1）按“Ctrl+N”键，弹出“新建”对话框，设置其对话框参数如图 10.4.2 所示。设置好参数后，单击 确定 按钮，新建一个图像文件。

（2）新建图层 1，单击工具箱中的“矩形选框工具”按钮，在新建图像中绘制一个矩形选区。

（3）设置前景色为红色，背景色为深红色，单击工具箱中的“渐变工具”按钮，在属性栏中设置渐变方式为“线性”，在选区中从上向下拖曳鼠标填充渐变，效果如图 10.4.3 所示。

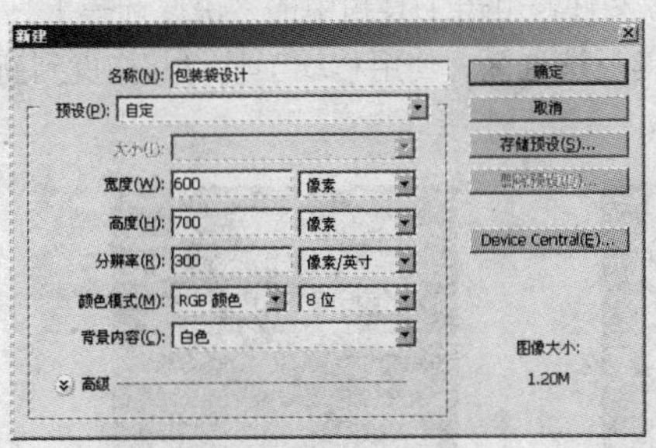

图 10.4.2　“新建”对话框

图 10.4.3　填充渐变

（4）按“Ctrl+D”键取消选区，单击工具箱中的“直线工具”按钮，设置其属性栏参数如图 10.4.4 所示。

图 10.4.4　“直线工具”属性栏

（5）新建图层 2，设置前景色为棕色，按住“Shift”键，在新建图像中绘制一条直线，效果如图 10.4.5 所示。

（6）复制图层 2 为图层 2 副本，使用移动工具将复制的图像移至新建图像的下方，效果如图 10.4.6 所示。

图 10.4.5　绘制直线

图 10.4.6　复制并移动图像

（7）新建图层 3，在“直线工具”属性栏中设置直线粗细为“3”，重复步骤（5）和（6）的操作，在新建图像中绘制两条直线，效果如图 10.4.7 所示。

（8）按“Ctrl+O”键，打开一幅奖章图标，使用移动工具将其拖曳到新建图像中，并调整图像的大小及位置，效果如图 10.4.8 所示。

图 10.4.7 绘制直线

图 10.4.8 复制并调整图像（一）

（9）打开一幅如图 10.4.9 所示的凤凰像文件，单击工具箱中的“快速选择工具”按钮，选取图像中的灰色区域，然后按“Ctrl+Shift+I”键反选选区，使用移动工具将其拖曳到新建图像中，并调整其大小和位置，效果如图 10.4.10 所示。

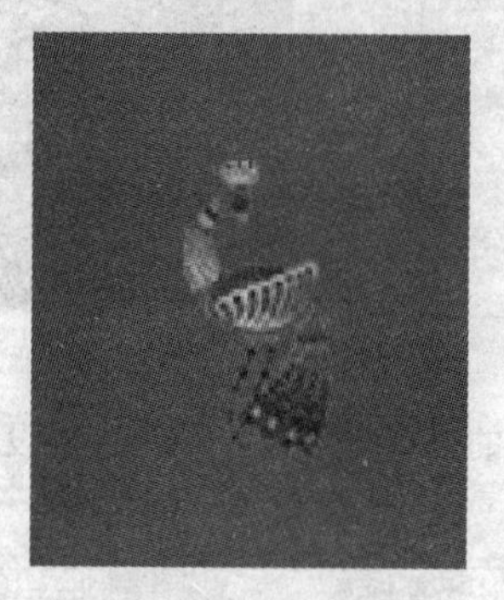

图 10.4.9 打开的图像

图 10.4.10 复制并调整图像（二）

（10）重复步骤（9）的操作，复制一幅蝴蝶结图像，效果如图 10.4.11 所示。

（11）单击工具箱中的“文本工具”按钮 T，设置好字体与字号后，在新建图像中输入文本“凤凰牌”，效果如图 10.4.12 所示。

图 10.4.11 复制并调整图像（三）

图 10.4.12 输入文本（一）

（12）重复步骤（11）的操作，在新建图像中输入文本“喜糖”，效果如图 10.4.13 所示。

（13）单击工具箱中的“裁剪工具”按钮，裁剪一幅如图 10.4.14 所示的图像内容，使用移动工具将其拖曳到新建图像中，并调整其图层顺序。

图 10.4.13　输入文本（二）　　图 10.4.14　裁剪图像效果

（14）按“Ctrl+O”键，打开一幅玫瑰图像文件，如图 10.4.15 所示。

（15）使用移动工具将玫瑰图像拖曳到新建图像中，调整其大小及位置，并在图层面板中设置其不透明度为“80%”，效果如图 10.4.16 所示。

图 10.4.15　打开的图像文件

图 10.4.16　复制并调整图像（四）

（16）单击工具箱中的“自定形状工具”按钮，设置其属性栏参数如图 10.4.17 所示。

图 10.4.17　“自定形状工具”属性栏

（17）新建图层 7，在新建图像中拖曳鼠标绘制一个如图 10.4.18 所示的形状。

（18）按住“Ctrl”键的同时单击图层面板中的图层 7 缩览图，将其载入选区，然后单击工具箱中的“渐变工具”按钮，将其填充为绿色到黄色的线性渐变，效果如图 10.4.19 所示。

图 10.4.18　绘制的形状

图 10.4.19　渐变填充效果

（19）选择 编辑(E) → 变换 → 变形(W) 命令，在图像中调节控制点变换图像，效果如图 10.4.20 所示。

（20）按“Ctrl+T”键，旋转并调整图像的大小及位置，效果如图 10.4.21 所示。

图 10.4.20　变换图像效果

图 10.4.21　移动并调整图像

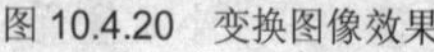

（21）按“Ctrl+O”键，打开一幅戒指图像文件，使用移动工具将其拖曳到新建图像中，并调整图像的大小及位置，效果如图 10.4.22 所示。

（22）选择图像(I)→调整(A)→亮度/对比度(C)...命令，弹出“亮度/对比度”对话框，设置其对话框参数如图 10.4.23 所示。设置好参数后，单击确定按钮，效果如图 10.4.24 所示。

图 10.4.22　复制并调整图像（五）

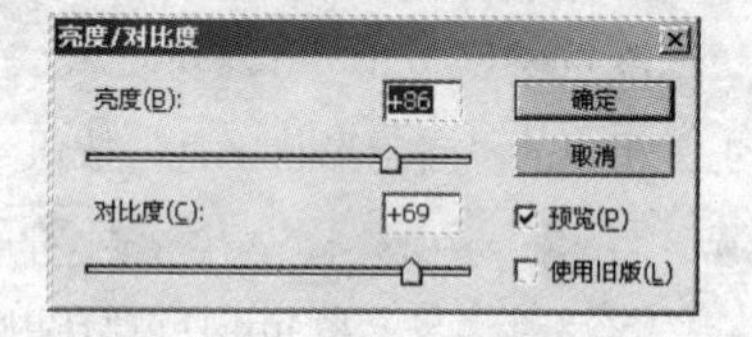

图 10.4.23　“亮度/对比度”对话框

（23）打开一幅酒杯图像文件，使用移动工具将其移至新建图像中，并调整图像的大小及位置，效果如图 10.4.25 所示。

图 10.4.24　调整图像亮度/对比度效果

图 10.4.25　复制并调整图像（六）

（24）按“Ctrl+M”键，弹出“曲线”对话框，设置其对话框参数如图 10.4.26 所示。设置好参数后，单击确定按钮，效果如图 10.4.27 所示。

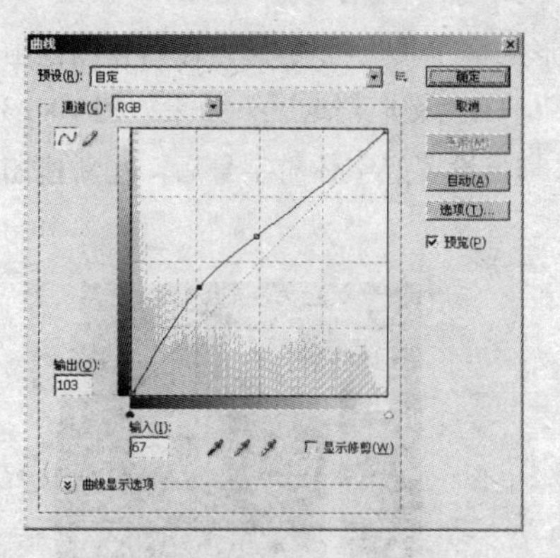

图 10.4.26　“曲线”对话框

图 10.4.27　调整曲线效果

（25）单击工具箱中的“文本工具”按钮 T，设置好字体与字号后，在新建图像中输入文本“净含量 500g”，效果如图 10.4.28 所示。

（26）按“Alt+Shift+Ctrl+E”键，盖印图层，在图层面板中隐藏除盖印图层外的所有图层，如图 10.4.29 所示。

图 10.4.28　输入文本（三）

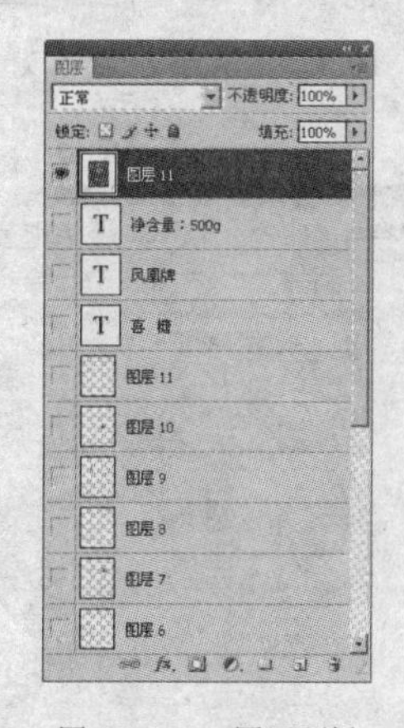

图 10.4.29　图层面板

（27）按住“Ctrl”键的同时单击图层面板中的盖印图层的缩览图，将其载入选区，按“Ctrl+C”键，对其进行复制。

（28）新建一个图像文件，按“Ctrl+V”键，将其粘贴到新建图像中，自动生成为图层 1。

（29）选择 滤镜(T) → 扭曲 → 切变... 命令，弹出“切变”对话框，设置其对话框参数如图 10.4.30 所示。设置好参数后，单击 确定 按钮，应用切变滤镜后的效果如图 10.4.31 所示。

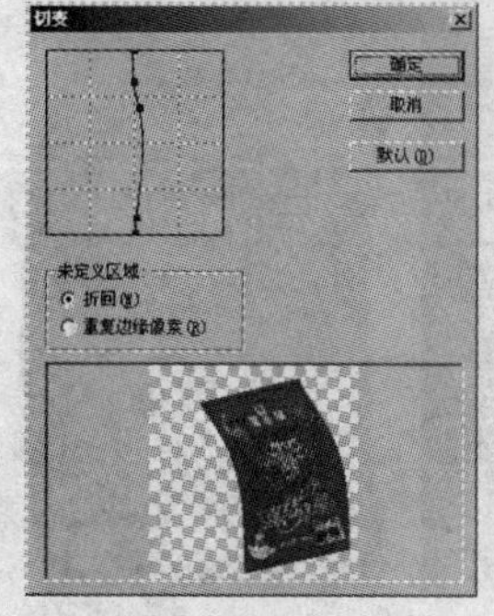

图 10.4.30　“切变”对话框

图 10.4.31　应用切变滤镜效果

（30）新建图层 2，单击工具箱中的“矩形选框工具”按钮，在新建图像中绘制一个矩形选区，并将其填充为红色到深红色的渐变，按“Ctrl+D”键取消选区，效果如图 10.4.32 所示。

（31）单击工具箱中的“文本工具”按钮 T，设置好字体与字号后，在新建图像中输入文本，效果如图 10.4.33 所示。

图 10.4.32　绘制并填充选区

图 10.4.33　输入文本（四）

（32）选择菜单栏中的 图层(L) → 图层样式(Y) → 渐变叠加(G)... 命令，弹出“图层样式”对话框，设置其对话框参数如图 10.4.34 所示。设置好参数后，单击 确定 按钮，效果如图 10.4.35 所示。

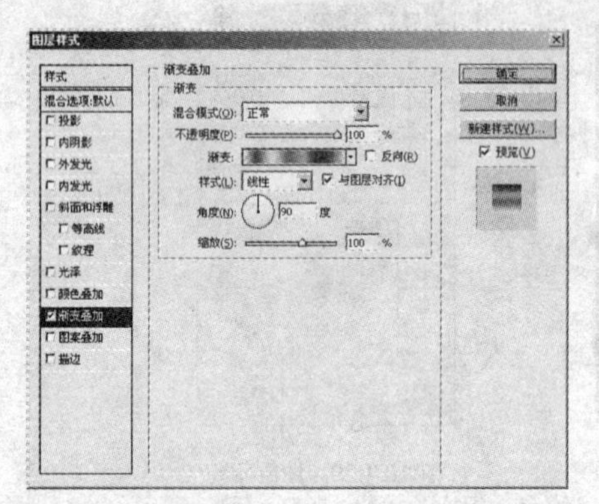

图 10.4.34　“图层样式”对话框

图 10.4.35　为文本添加图层样式效果

（33）单击工具箱中的“矩形选框工具”按钮，在新建图像中绘制一个如图 10.4.36 所示的矩形选区。

（34）新建图层 3，单击工具箱中的“钢笔工具”按钮，在新建图像中绘制一个如图 10.4.37 所示的路径。

图 10.4.36　绘制矩形选区

图 10.4.37　绘制路径

（35）在路径面板底部单击“将路径作为选区载入”按钮，可将路径转换为选区，按“Ctrl+Shift+I”键反选选区，然后按“Delete”键删除选区内的图像，效果如图 10.4.38 所示。

（36）将盖印图层作为当前可编辑图层，选择编辑(E)→描边(S)...命令，弹出“描边”对话框，设置其对话框参数如图 10.4.39 所示。设置好参数后，单击确定按钮。

图 10.4.38　删除选区内的图像

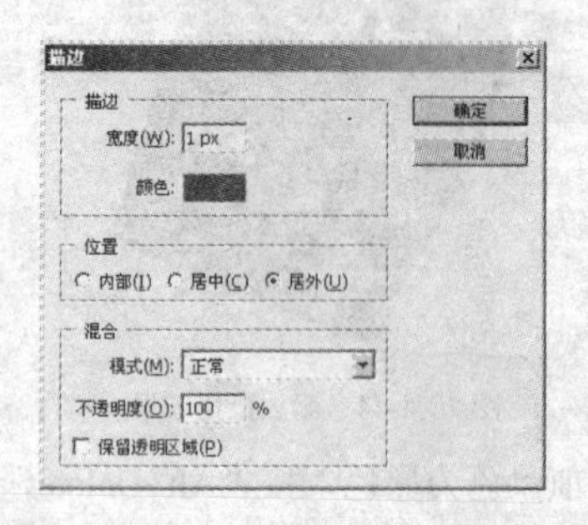

图 10.4.39　“描边”对话框

（37）单击工具箱中的“移动工具”按钮，将图层 3 中的图像拖曳到如图 10.4.40 所示的位置。

（38）按“Ctrl+T”键，旋转并调整图像的大小及位置，效果如图 10.4.41 所示。

图 10.4.40　移动图像位置

图 10.4.41　旋转并调整图像大小

（39）新建图层 4，设置前景色为黑色，单击工具箱中的“画笔工具”按钮，设置画笔大小为“1”，在新建图像中拖曳鼠标绘制一条线，效果如图 10.4.42 所示。

（40）选择图层(L)→图层样式(Y)→投影(D)...命令，弹出“图层样式”对话框，设置其对话框参数如图 10.4.43 所示。设置好参数后，单击确定按钮，效果如图 10.4.44 所示。

图 10.4.42　绘制线条

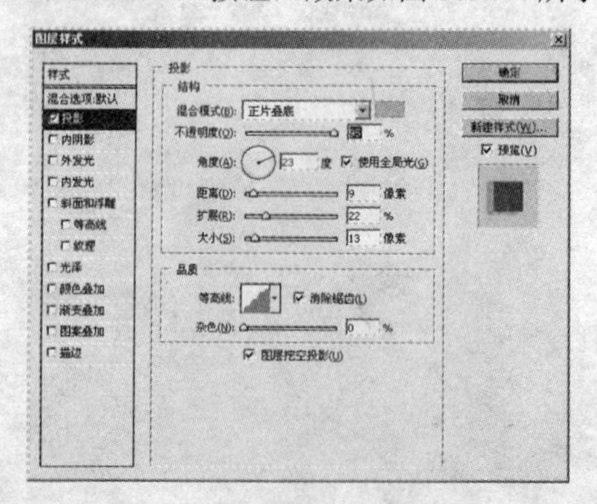

图 10.4.43　“图层样式”对话框

（41）在背景图层上新建图层 5，使用多边形套索工具在图像中创建一个选区，按“Ctrl+Alt+D”

键弹出“羽化选区”对话框，设置羽化半径为“11”，单击 确定 按钮，羽化后的效果如图 10.4.45 所示。

图 10.4.44 添加投影效果

图 10.4.45 创建并羽化选区

（42）设置前景色为黑色，按“Alt+Delete”键填充羽化后的选区，并在图层面板中设置其不透明度为“35%”，按“Ctrl+D”键取消选区，效果如图 10.4.46 所示。

图 10.4.46 羽化选区效果

（43）合并除背景层外的所有图层为图层 1，复制两个图层 1 副本，按“Ctrl+T”键，对其进行变换和移动操作，最终效果如图 10.4.1 所示。